航空发动机基础与教学丛书

特殊用途喷管设计方法与应用

周　莉　史经纬　张晓博　王占学　著

U0296594

科学出版社
北　京

内 容 简 介

随着航空发动机循环参数的不断提高,以及对航空发动机所提出的任务适应性不断增加,常规的收敛、收扩喷管已经不能满足任务适应性或高循环参数的需要,本书从未来战机技术发展或航空发动机多任务适应性的角度,针对未来战机迫切需求的S弯喷管、三轴承偏转喷管和单膨胀斜面喷管三类特殊用途喷管,系统、全面地论述了特殊用途喷管性能的气动设计、流动特性、红外辐射特性、冷/热态实验、性能提升方法,以及特殊用途喷管与航空发动机整机耦合影响等,为开展相关研究的科研人员提供较为全面的基础理论和数据支持。

本书可作为从事航空发动机特殊构型排气系统设计的工程技术人员、教师和研究生参考用书。

图书在版编目(CIP)数据

特殊用途喷管设计方法与应用/周莉等著. —北京:科学出版社,2021.10
(航空发动机基础与教学丛书)
ISBN 978-7-03-069760-8

Ⅰ.①特… Ⅱ.①周… Ⅲ.①航空发动机-喷管-设计 Ⅳ.①V23

中国版本图书馆 CIP 数据核字(2021)第 183765 号

责任编辑:胡文治/责任校对:谭宏宇
责任印制:黄晓鸣/封面设计:殷 靓

科学出版社 出版
北京东黄城根北街 16 号
邮政编码:100717
http://www.sciencep.com

南京展望文化发展有限公司排版
苏州市越洋印刷有限公司印刷
科学出版社发行 各地新华书店经销

*

2021年10月第 一 版 开本:B5(720×1000)
2021年10月第一次印刷 印张:21 1/4
字数:420 000
定价:150.00元
(如有印装质量问题,我社负责调换)

丛书序

  航空发动机是"飞机的心脏",被誉为现代工业"皇冠上的明珠"。航空发动机技术涉及现代科技和工程的许多专业领域,集流体力学、固体力学、热力学、燃烧学、材料学、控制理论、电子技术、计算机技术等学科最新成果的应用为一体,对促进一国装备制造业发展和提升综合国力起着引领作用。

  喷气式航空发动机诞生以来的80多年时间里,航空发动机技术经历了多次更新换代,航空发动机的技术指标实现了很大幅度的提高。随着航空发动机各种参数趋于当前所掌握技术的能力极限,为满足推力或功率更大、体积更小、质量更轻、寿命更长、排放更低、经济性更好等诸多严酷的要求,对现代航空发动机发展所需的基础理论及新兴技术又提出了更高的要求。

  目前,航空发动机技术正在从传统的依赖经验较多、试后修改较多、学科分离较明显向仿真试验互补、多学科综合优化、智能化引领"三化融合"的方向转变,我们应当敢于面对由此带来的挑战,充分利用这一创新超越的机遇。航空发动机领域的学生、工程师及研究人员都必须具备更坚实的理论基础,并将其与航空发动机的工程实践紧密结合。

  西北工业大学动力与能源学院设有"航空宇航科学与技术"(一级学科)和"航空宇航推进理论与工程"(二级学科)国家级重点学科,长期致力于我国航空发动机专业人才培养工作,以及航空发动机基础理论和工程技术的研究工作。这些年来,通过国家自然科学基金重点项目、国家重大研究计划项目和国家航空发动机领域重大专项等相关基础研究计划支持,并与国内外研究机构开展深入广泛合作研究,在航空发动机的基础理论和工程技术等方面取得了一系列重要研究成果。

  正是在这种背景下,学院整合师资力量、凝练航空发动机教学经验和科学研究成果,组织编写了这套"航空发动机基础与教学丛书"。丛书的组织和撰写是一项具有挑战性的系统工程,需要创新和传承的辩证统一,研究与教学的有机结合,发展趋势同科研进展的协调论述。按此原则,该丛书围绕现代高性能航空发动机所涉及的空气动力学、固体力学、热力学、传热学、燃烧学、控制理论等诸多学科,系统介绍航空发动机基础理论、专业知识和前沿技术,以期更好地服务于航空发动机领域的关键技术攻关和创新超越。

丛书包括专著和教材两部分,前者主要面向航空发动机领域的科技工作者,后者则面向研究生和本科生,将两者结合在一个系列中,既是对航空发动机科研成果的及时总结,也是面向新工科建设的迫切需要。

丛书主事者嘱我作序,西北工业大学是我的母校,敢不从命。希望这套丛书的出版,能为推动我国航空发动机基础研究提供助力,为实现我国航空发动机领域的创新超越贡献力量。

2020 年 7 月

前　言

特殊构型喷管是实现先进战机特殊功能的关键部件之一。本书以西北工业大学喷气推进理论与工程研究所的研究成果为基础,结合国内外的最新研究现状编著而成。

随着航空发动机循环参数的不断提高,以及对航空发动机所提出的任务适应性不断增加,常规的收敛、收扩喷管已经不能满足任务适应性或高循环参数的需要,例如,针对第四代战斗机所应具备的超隐身、高机动性等具体要求,采用常规喷管的航空发动机将无法满足任务要求,必须采用类似S弯喷管、推力矢量喷管等类型的喷管;针对短距起降战斗机所应具备的垂直起飞、垂直降落的特殊要求,具有90°推力矢量的三轴承偏转喷管则成为必备技术;针对高空高速战斗机,其喷管落压比显著增大,从减小喷管结构质量等角度,需要采用单边膨胀喷管等等。正是随着航空发动机多任务适应性等要求的不断变化,特殊用途喷管越来越得到重视。

为了给我国特殊类型喷管在不同任务需求下航空发动机上的应用提供理论基础和技术支撑,本书作者对国内外在S弯喷管、三轴承偏转喷管和单膨胀斜面喷管研究方面所取得的基础成果进行总结,形成本书,以期为相关技术领域的科技人员提供一本有价值的参考书,便于读者更加深入地了解与特殊用途喷管相关的基本知识和理论,并有助于开展相关设计及应用研究。

本书内容共包括6章,其中第1章从未来战机对特殊用途喷管的迫切需求出发,分析不同类型战机所需要的S弯隐身喷管、三轴承偏转喷管和单膨胀斜面喷管三类特殊用途喷管构型,给出适用于这些特殊用途喷管的几何特征参数和性能评价参数;第2章和第3章介绍S弯隐身喷管设计方法、关键参数对其流动/红外辐射特性影响;第4章针对三轴承偏转喷管,介绍其设计方法、流动特征、地面干涉效应及冷/热态模型实验;第5章介绍单膨胀斜面喷管设计方法、主动/被动流动控制方法改善串联/并联单膨胀斜面喷管过膨胀工况性能;第6章介绍S弯隐身喷管、三轴承偏转喷管和单膨胀斜面喷管与航空发动机整机耦合分析。

本书由王占学教授统筹并给予大力支持,第1章由王占学撰写,第2~5章由周莉撰写、第6章由史经纬、张晓博撰写,全书由周莉统稿。

在编写过程中,西北工业大学程稳博士、刘帅博士、孙啸林博士、肖华硕士、祁少波硕士、刘爱华硕士提供了部分编写素材,孙鹏博士生、是介博士生、孟钰博博士生、杨玉明博士生、郝旺博士生、叶一帆博士生、矫丽颖博士生参与了本书部分内容的编写及图表的制作工作,特表示感谢。此外,本书的编写得到了西北工业大学动力与能源学院和同事们的大力支持,在此一并表示感谢。

本书得到了国家科技重大专项(J2019‑Ⅱ‑0015‑0036)及陕西省杰出青年基金(2021JC‑10)的支持,并获得了"西北工业大学精品学术著作培育项目"的资助。

由于作者水平有限,本书难免存在缺点和不足之处,恳请读者批评指正。希望本书的出版能为满足我国航空发动机多任务适应性需求的特殊用途喷管的应用起到一定的推动作用。

作者

2021 年 1 月

目　录

第3章　S弯喷管红外辐射特性影响研究

第4章 三轴承偏转喷管设计方法与应用

第5章　单膨胀斜面喷管设计方法与应用

第 6 章　特殊用途喷管与发动机整机耦合设计与计算

第1章

喷管的概念及参数定义

1.1 喷管的功能及布局形式

1.1.1 喷管的功能

喷管作为航空发动机的一个重要部件，其主要功能是将涡轮后的高温、高压燃气膨胀加速并排出机体，从而产生发动机的推力；通过调节喷管喉道面积来改变涡轮和喷管中燃气膨胀比的分配，以改变压气机和涡轮的共同工作点，实现对发动机工作状态的控制，从而改变发动机的推力、耗油率，改善发动机的起动性能及接通、切断加力时尽量少影响发动机的工作（廉筱纯，2005）。随着航空技术的发展和未来空战特点的变化，喷管的功能已经扩展，如提供推力矢量，在飞机低速和大迎角飞行时，补充或替代气动舵面，实现过失速机动，从而减少气动舵面的质量、阻力及雷达散射面积，同时缩短飞机的起飞和着陆距离；它还可以控制喷管的红外辐射特征信号、雷达散射面积和喷管噪声，改善飞机的红外隐身、雷达隐身和声隐身能力，从而提高其生存能力（高彦玺等，1995）。因此，对航空发动机的喷管提出的基本要求是：内部损失和外部阻力小；红外辐射水平低和有效散射面积小；起飞、降落和战斗机动（对机动飞机）条件下能控制推力矢量；噪声低（允许水平）（崔响等，2018；刘大响，2002）。

喷管性能对发动机推力和耗油率影响较大，无论在超声速飞行状态还是在亚声速巡航状态下，喷管效率下降1%，发动机的净推力下降都大于1%（刘大响，2002）。因此喷管设计应力求获得尽可能高的喷管性能，并对喷管的质量、结构复杂性、可靠性、维修性及成本予以综合考虑。好的喷管要考虑其设计外形、所安装的飞机类型、在发动机上的位置和自身性能参数等多方面因素，既不增加发动机的外部阻力，又可以为飞机提供一定的轴向推力。所以应该做到以下几个方面：流动损失小、尽可能完全膨胀、排气方向尽可能沿所希望的方向、截面几何尺寸可调及噪声低。此外，喷管的发展还应在以下几个性能方面有所提升：实现大迎角过失速机动，突破失速障；改善飞机性能、机动性和敏捷性；缩短起落滑跑距离；提高隐身能力。

1.1.2　喷管的布局形式

尾喷管种类繁多,其选择要在全面分析飞机的用途、主要飞行状态、发动机的循环参数及其在飞机上的安装位置来决定。根据流道的特点分为收敛喷管和收敛扩张喷管;根据喷口面积的变化与否分为喷口面积可调和不可调;根据流道横截面形状可分为轴对称型和非轴对称型;根据推力方向可分为常规推力型、推力转向型、反推力型和推力矢量型等。下面简单介绍几种常见的喷管类型(崔响等,2018;刘大响,2002)。

(1) 不可调节的收敛型喷管(固定喷口面积的亚声速尾喷管):收敛喷管的流道面积沿流向逐渐缩小,喷管出口最大气流速度为马赫数1。这种喷管结构简单、质量小、工作可靠、调节方便、便于拆卸,常为亚声速飞机、短时间超声速和低超声速飞机用的不带加力燃烧室的涡喷发动机,以及涡轮后燃气焓降较小的涡桨和涡扇发动机采用。

(2) 可调节的收敛型喷管:能使发动机在各种工况下都获得良好的性能,带加力的发动机必须采用可调节的喷管,保证在加力状态下相应地加大喷口。有的发动机通过改变喷口面积来改变工况。可调式收敛喷管的流道由固定的管道、可调节的鱼鳞片及调节鱼鳞片开度的作动筒系统组成,适用于要求喷管出口面积有较大变化的带加力燃烧室的发动机。其主要类型有:多鱼鳞片式、双鱼鳞片式、移动尾椎体式、气动调节式。

(3) 可调节的收敛扩张型喷管:收敛扩张型喷管简称收-扩喷管,是超声速喷管的一种,其流道面积先缩小后扩大。这种喷管由收敛型转为扩张型处的流通面积最小,称为"喉道"。超声速飞机用的带加力燃烧室的燃气涡轮发动机,一般都采用收敛扩张型喷管,其喉道和出口面积均是可调的。

1.2　典型的特殊用途喷管

随着航空发动机循环参数的不断提高,以及对航空发动机所提出的任务适应性不断增加,常规的收敛、收扩喷管已经不能满足任务适应性或高循环参数的需要,例如,针对第四代战斗机所应具备的超隐身、高机动性等具体要求,采用常规喷管的航空发动机将无法满足任务要求,必须采用类似S弯喷管(艾俊强等,2017)、推力矢量喷管等类型的喷管(崔响等,2018);针对短距起降战斗机所应具备的垂直起飞、垂直降落的特殊要求,具有90°推力矢量的三轴承偏转喷管则成为必备技术(王占学等,2014);针对高空高速战斗机,其喷管落压比显著增大,从减少喷管结构质量等角度,需要采用单边膨胀喷管(刘爱华,2007)等等。正是随着航空发动机多任务适应性等要求的不断变化,特殊用途喷管越来越得到重视,以下介绍几种典型的特殊用途喷管。

1.2.1　S 弯喷管

低可探测性是未来军用飞机应具备的最主要特征之一（甘杰等，2016；宋新波等，2012），在飞机的可被探测信号特征中，发动机尾喷管是最强的红外辐射源和主要的雷达反射源，因此，降低尾喷管的红外辐射强度和雷达反射信号可显著降低战机的可探测信号特征，增强战机的隐身能力（艾俊强等，2017）。

喷管的红外辐射来自喷管可被探测到的热壁面（包括涡轮出口面、加力筒体以及喷管壁面）和经喷管排出的热喷流。喷管对于雷达波的反射取决于喷管腔体的空洞反射和涡轮叶片的正面回波。针对喷管的辐射特征，S 弯喷管具备明显的低可探测优势而受到广泛的关注：① S 弯喷管的 S 形弯曲型面可对发动机内部高温部件进行有效的遮挡，显著降低喷管热壁面的红外辐射强度；② 非轴对称的喷管出口形式可强化热喷流与外界大气的掺混，缩短热喷流的高温核心区长度，大幅降低喷管热喷流的红外辐射强度；③ S 弯流道亦能避免旋转的涡轮叶片和加力燃烧室火焰稳定器直接暴露在电磁波面前，并增加入射的电磁波在S 弯通道内的反射次数，减弱反射波的能量，明显缩减喷管的雷达信号特征。因此，S 弯喷管技术已被作为隐身战机的关键性技术之一（孙啸林，2018；Gridley et al. , 1996）。

S 弯喷管的低可探测优势使其得到国内外研究机构的高度重视，特别是以美国为代表的航空技术先进的国家都已将 S 弯喷管作为降低隐身战机可探测信号的重要部件，美国的 F - 117A"夜鹰"战斗机、B - 2"幽灵"隐身轰炸机、X - 47B 无人作战飞机（Perry，2011），瑞典的"Eikon"无人机，法国的"神经元"无人机以及英国的"雷神"无人机均装备了 S 弯喷管，如图 1 - 1～图 1 - 4 所示（邢银玲等，2014；徐顶国等，2012；Johansson，2006；查理，2002；温羡峤，2001）。鉴于美国的第六代战机对于超强隐身性能的需求，以及 S 弯喷管技术在隐身轰炸机和隐身无人机上的成熟应用，美国将 S 弯喷管技术列为其下一代战机动力系统的关键技术之一。图1 - 5 给出了 ADVENT 计划所提出的双外涵变循环发动机结构，除常规的内/外涵气流外，还增加了第三股冷气流用于提高功率、更好的热管理、降低安装阻力并提高进气道总压恢复系数。同时，冷却空气还能够与尾喷流掺混以降低排气系统的温

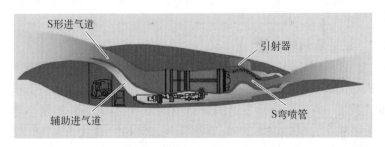

图 1-1　B - 2 隐身战略轰炸机发动机安装简图（温羡峤，2001）

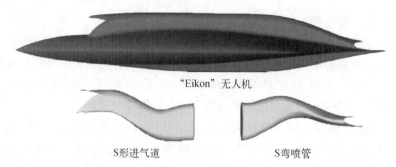

图 1-2 "Eikon"无人机以及 S 形进气道与 S 弯喷管(Johansson, 2006)

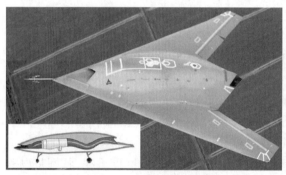

图 1-3 "神经元"无人机(邢银玲等,2014)   图 1-4 "雷神"无人机(徐顶国等,2012)

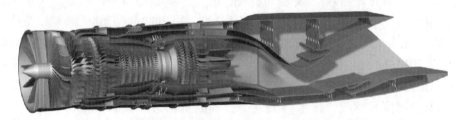

图 1-5 双外涵变循环发动机结构(Simmons, 2009)

度和红外信号特征。后部尾喷管为三涵道的 S 弯喷管构型,目的是遮挡涡轮部件以减小雷达反射和红外辐射,从而实现战机的超强隐身(Simmons, 2009)。

1.2.2 三轴承偏转喷管

短距/垂直起降(short/vertical takeoff and landing, S/VTOL)飞机兼具直升机与传统战斗机的优势,飞机通过推进系统产生的升力实现短距/垂直起降,S/VTOL飞机用推进系统一直是各航空发达国家研究的重点,是未来轻型航空母舰和两栖攻击舰上主要战斗力量(刘帅,2016;索德军等,2014)。现代 S/VTOL 飞机用推进系统的构型设计都是基于推力转向概念展开的,可概括为:一体式推进系统、组合型推进系统及复合型推进系统,它们的代表机型分别为"鹞"式战斗机、Yak‑141战斗机及 F‑35B 战斗机(索德军等,2014;Anderson,1983)。英国的"鹞"式战斗机是实用型 S/VTOL 战斗机的先行者。"鹞"式系列战斗机成功的关键是采用了"飞马"推力矢量发动机。"飞马"发动机通过矢量喷管实现升力与推力之间的互相转化,升力与推力由同一台发动机产生。"飞马"发动机(图 1‑6)为涵道比约为1.4 的双转子涡扇发动机,空气从飞机两侧的进气道流入发动机,经过风扇增压后,约 58% 的空气(此时的空气温度在 150℃左右)流入外涵道,由分布在发动机两侧的前外涵喷管排出,产生一部分升力;剩余的空气进入发动机核心机,由分布在发动机后方两侧的喷管排出(燃气温度约 670℃),产生与前方喷管升力相互平衡的另一部分升力。发动机前、后喷管出口采用百叶窗式导流叶片设计以减弱气流在喷管内壁面的分离程度,使喷管出口气流更均匀,从而增大了喷管的推力系数,发动机模态转换时,前后喷管通过传动系统实现同步转动以保证飞机的平衡。飞行试验表明,这种推进系统构型增大了飞机的质量,降低了飞机的飞行性能,对升力发动机的推重比要求较高,模态转换过程中,升力发动机与巡航发动机之间的工作转换增大了飞机的控制难度(Hooker,1981;Frost et al.,1965)。

图 1‑6　"飞马"发动机结构图(Hooker, 1981; Frost et al., 1965)

　　Yak‑141 动力装置为一台可产生 103 kN 的升力及 152 kN 的推力的装配矢量喷管的 R‑79 升力/巡航发动机和纵列装在座舱后的两台单台升力为 41 kN 的RD‑41 升力发动机(图 1‑7)。Yak‑141 仅能实现垂直起降,不能实现短距起降,飞机垂直起降时,巡航发动机喷管向下转动至与地面垂直位置,与升力发动机共同产生升力,飞机平飞时升力发动机不工作。但垂直起降过程中,R‑79 的加力燃烧室出口与地面距离过近,出现了严重的地面烧蚀问题,此外,进气道容易吸入升力发动机排出的高温高压燃气,影响了升力/巡航发动机的正常工作,为解决进气道吸入热燃气的问题,Yak-141 进气道下方装备了可伸缩的挡板,从而防止喷管尾气吸入进气道。Yak-141 的三轴承偏转喷管(图 1-8)在 0°状态时的型面略有弯曲,该喷管可偏转的最大偏角为 95°,短距起飞时,喷管偏角为 65°。Yak-141 战斗机虽然成功地实现了短距/垂直起降试飞,但由于苏联的解体及研究经费的欠缺,Yak-141 战斗机的研制于 1991 年终止(Russian Fedration, 2014,2010)。

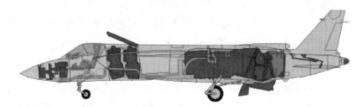

图 1-7　Yak-141 推进系统构型(Russian Fedration, 2014)

图 1-8　装配 Yak-141 的三轴承偏转喷管
(Russian Fedration, 2010)

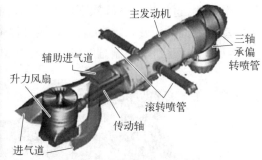

图 1-9　F-35B 用推进系统示意图
(Bevilaqua, 2009a)

　　F-35B 采用的带升力风扇的复合型推进系统是目前同类设计中综合性能最好的(图 1-9),至少迄今尚没有哪种 S/VTOL 战斗机的动力装置在综合性能上比该种构型的推进系统更具优势(Bevilaqua, 2009a, 2009b, 2003, 1990; Lewis, 2000)。与"鹞"式和 X-32B 采用的一体式推进系统相比,带升力风扇的复合型推进系统的布局方式更有利于飞机的气动外形设计,且简单的动力布局方式有利于飞机的平衡控制;与 Yak 系列采用的组合型推进系统相比,该推进系统只采用单台发动机,降低了飞机短距/垂直起降时所消耗的燃料,前置升力风扇产生的冷流可防止升力/巡航发动机排出的高温燃气吸入进气道,且对地面不产生烧蚀作用。

　　X-35B 用三轴承偏转喷管采用三个液压马达分别驱动三段筒体旋转,如图 1-10 所示(Bevilaqua, 2009b),其中,第二、三段喷管的驱动马达都安装在第二段喷管筒体上,且马达的转速及方向相同,该设计有利于喷管的改装,且使喷管外形更加紧凑。喷管的三个轴承采用德国 FAG 公司研制的耐高温轴承,轴承的内外圈采用耐高温、耐腐蚀的钢材,轴承滚珠采用耐高温、热膨胀系数低且有自润滑功能的陶瓷材料。喷管采用双层筒体的结构方式实现冷却,由压气机引出的高压冷气流通过内外筒之间的间隙冷却喷管各段筒体,内筒通过力矩传递结构与外筒刚性连接(Farah,2007),在外筒的带动下旋转。

短距起飞和垂直降落的能力取决于动力装置的技术水平和结构选择,从各国短/垂起降战机用动力装置的结构形式来看,采用类似 F‐35B 和 Yak‐141 的带三轴承

驱动第二、三段
喷管液压马达

图 1‐10　X‐35B 用三轴承偏转喷管
(Bevilaqua, 2009b)

矢量喷管的主发动机+前置升力发动机/风扇的形式最为可行。推进系统性能的优劣直接影响到飞行器的设计方案是否能够实现,因此,具有矢量功能的推进系统的性能及核心部件——三轴承偏转喷管设计是 S/VTOL 技术的重中之重。

三轴承偏转喷管主要功能一方面体现在短距/垂直起降过程中,配合升力风扇及滚转喷管,为飞行器提供动力输出、进行姿态调整,保障飞行器能够平稳的上升或着落;其主要功能另一方面体现在机动或格斗过程中,三轴承偏转喷管能够提供多轴矢量,在俯仰、滚转、偏航方向上提供动力使得战机在格斗、追击等时更加灵活机动。可以说,三轴承偏转喷管是实现短/垂起降战机矢量控制+机动过程矢量控制等方面功能的关键所在,也是现代短/垂起降战机的必备要求之一。

1.2.3　单膨胀斜面喷管

高超声速飞行器是指飞行马赫数大于 5、能在大气层内或跨大气层持续高超声速飞行的飞行器(流火,2004)。它被誉为继螺旋桨飞机和喷气式飞机后世界航空史上的第三次革命,是 21 世纪航空航天领域的发展趋势。近年来,各航空航天大国针对高超声速技术,开展了众多的高超声速飞行器发展计划,在这些研究中,吸气式高超声速推进技术作为高超声速飞行技术取得突破性进展的关键,并已成为高超声速飞行技术中的核心技术。涡轮基组合循环发动机(turbine based combined cycle, TBCC)作为吸气式高超声速飞行器最理想的动力选择之一,具有高比冲、宽飞行包线和可重复使用等优点,受到广泛的重视(Watanabe et al. ,1993)。各航空航天大国相继开展了一系列关于 TBCC 技术发展的计划,如美国的 RTA 计划(Bartolotta et al. , 2003)、日本的 HYPR 计划(Miyagi et al. , 1998)和欧洲的 LAPCAT 计划(Steelant, 2008)等。

尾喷管是发动机推力的主要产生部件,研究发现在飞行马赫数 $Ma=6$ 时,喷管产生的推力可达发动机总推力的 70% 左右,因此尾喷管设计的优劣直接影响到整

个发动机的性能（Bradford，2002）。一般在满足高超声速飞行器宽广飞行包线的同时，要使喷管性能达到最优，就需要喷管的落压比达到数百甚至上千。由于膨胀面的机械限制及密封机制等问题，传统的轴对称喷管无法满足上述要求。因此，TBCC 尾喷管一般采用单膨胀斜面喷管（single expansion ramp nozzle，SERN），如图 1-11 所示（Grarnland et al.，1995）。SERN 的构型特点是其外型面可与高超声速飞行器下表面较好地融合，有利于动力系统与飞行器的一体化设计，这不仅使 SERN 实现非常高的落压比，而且还能在宽广飞行包线内能获得较好的推力性能。研究还发现，SERN 的非对称构型，不仅能减小飞行器的质量，减少噪声、降低红外目标特性，而且相对传统喷管更易实现推力矢量控制（乐贵高等，2003；MacLean，1993）。

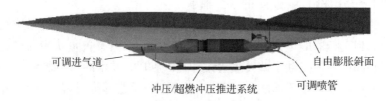

可调进气道　　自由膨胀斜面

冲压/超燃冲压推进系统　　可调喷管

图 1-11　X-43 类型的高超声速飞行器尾喷管（Grarnland et al.，1995）

SERN 采用的是高超声速飞行器后体和喷管高度一体化的构型，这种设计虽然在高超声速马赫数时具有良好的推力性能，但是在较低的飞行马赫数和较低的落压比下，SERN 内气流处于过膨胀状态，喷管内出现激波和附面层分离等复杂结构，严重影响了喷管的性能，喷管性能急剧恶化，推力系数大幅降低，如图 1-12 所示（Jurgen et al.，1998）。因此，如何改善大膨胀比 SERN 跨声速状态下的推力及推力矢量性能是目前高超声速飞行器设计关注的关键问题之一。

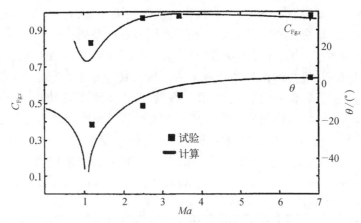

图 1-12　SERN 喷管轴向推力系数和推力矢量角随飞行
马赫数的变化（Jurgen et al.，1998）

1.3 喷管的典型截面及几何参数

1.3.1 S弯喷管

S弯喷管具有S弯构型、圆转方截面过渡以及二元喷口的几何特点,通过S弯构型实现对发动机高温部件及旋转部件的有效遮挡,以降低尾喷管的红外辐射强度和电磁散射强度,通过二元出口构型强化核心流与外界大气的掺混,以抑制热喷流的红外辐射强度。S弯喷管的型面结构具有以下特点。

(1) S弯构型的中心线。中心线的形状决定了喷管通道的形状,还决定着气流在喷管内的偏转情况,进出口气流方向均与发动机轴线平行。

(2) 圆转方的流通截面。喷管进口与圆形的混合室出口相连,为了便于与飞机后机身的一体化设计并强化核心流与外界大气的掺混,喷管出口通常为二元喷口,因此,喷管流通截面需从圆形的进口截面光滑过渡到方形(二元)的出口截面。二元出口截面通常包括矩形与椭圆形这两类构型。

(3) 低可探测条件。S弯喷管是通过其弯曲构型来实现对发动机高温部件及旋转部件的有效遮挡,因此,在进行S弯喷管的型面设计时,需考虑建立其低可探测条件,并将此条件融入喷管的设计过程中。为了使高温部件及旋转部件在飞机的任意飞行姿态下均不可能被探测到,通常采用完全遮挡高温涡轮的低可探测条件。

图1-13给出了双S弯喷管涉及的主要几何参数,包括:第一段S弯通道出口面积A_1、出口宽度W_1(或宽高比W_1/H_1)、轴向长度L_1、纵向偏距ΔY_1,第二段S弯通道轴向长度L_2、纵向偏距ΔY_2,出口宽高比W_e/H_e、等直段长度L_3以及两段S弯曲线的中心线变化规律。其中,采用等直段的目的是确保出口气流均匀。

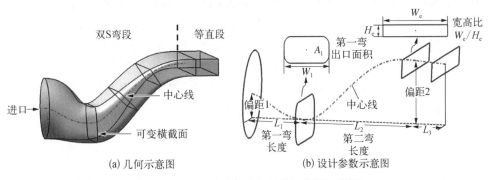

(a) 几何示意图   (b) 设计参数示意图

图1-13 双S弯喷管几何及设计参数示意图

1.3.2 三轴承偏转喷管

三轴承偏转喷管因其结构简单、质量小、自由度高等特点成为S/VTOL飞机用矢量喷管的研究热点。机械式矢量喷管一般通过复杂的作动系统,通过改变喷管的几何型面从而实现发动机推力方向的改变。三轴承偏转喷管由三段可互相旋转的筒体构成,通过改变三段筒体的旋转角度并将三段筒体进行组合从而改变喷管的偏转角度。

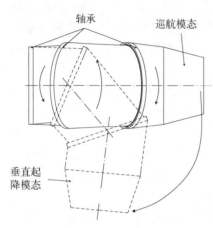

图 1-14   三轴承偏转喷管工作原理简图

图 1-14 为三轴承偏转喷管的工作原理简图,图中实线为喷管非矢量状态下的安装视图,虚线为喷管 95° 偏角状态下的工作视图。从图中可以看出,三轴承偏转喷管通过三段筒体之间的相互旋转实现喷管的偏转,相邻两段筒体之间通过轴承连接以减小各段筒体旋转时的摩擦力。喷管偏转过程中,第一、三段筒体旋转方向相同,第二段筒体相对第一、三段筒体的旋转方向相反,且三段筒体的轴线时刻保持在同一俯仰面内,即喷管偏转过程中仅产生俯仰力,不产生侧向力。关于三轴承偏转喷管相比其他机械式矢量喷管的优势,美国柯蒂斯莱特公司做了如下描述:

(1)偏转过程中,矢量推力保持在同一俯仰面内;

(2)偏转过程中,喷管的矢量角度可连续变化;

(3)喷管的偏转机构设计不影响喷管非矢量状态的气动性能。

图 1-15 为三轴承偏转喷管关键几何特征示意图。图 1-15(a)为喷管非矢量状态的型面示意图,截面 0、2、4 为喷管轴承的安装截面,也为相邻两段筒体之间的旋转接合面,为确保轴承的正常安装及旋转过程中两旋转接合面的几何边界始终吻合,则截面 0、2、4 须为圆截面。由几何原理可知,椭圆体的斜切截面可为圆截面,因此,由截面 0、2、4 为圆截面的几何条件可以得出,截面 1 与截面 5 之间的喷管筒体应为椭圆柱体,截面 0 与截面 1 之间的喷管筒体为圆柱到椭圆柱之间的过渡。

图 1-15(b)为喷管最大偏角状态下的型面示意图,设喷管的最大偏角为 β,截面 2 与截面 4 的斜切角为 α,从图中可以看出 α 与 β 的关系为

$$\alpha = \frac{\pi}{2} - \frac{\pi - \beta/2}{2} = \frac{\beta}{4} \tag{1-1}$$

图 1-15(c)为喷管各截面的轴向示意图,设截面 2、4 的半径为 R,由此可以得出截面 1、3、5 的椭圆长轴为 R,短轴为 $R/\cos\alpha$,由此可知截面 1、3、5 的椭圆型面公式为

$$y^2 + z^2\cos^2\alpha = R^2 \tag{1-2}$$

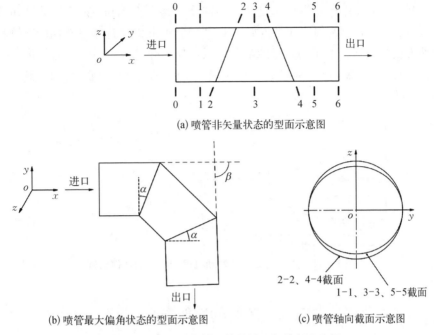

(a) 喷管非矢量状态的型面示意图

(b) 喷管最大偏角状态的型面示意图

(c) 喷管轴向截面示意图

图 1-15　三轴承偏转喷管关键几何特征示意图

通过上述分析,获得了三轴承偏转喷管的关键几何特征,总结如下:

(1) 喷管的三个旋转接合面为圆截面;

(2) 喷管第一段筒体包含圆截面到椭圆截面的过渡段;

(3) 喷管的第二段筒体为椭圆筒体;

(4) 若设定喷管的最大偏角为 β,则各段筒体倾斜截面的倾斜角 $\alpha = \beta/4$,且椭圆截面方程可由倾斜角 α 表示。

1.3.3　单膨胀斜面喷管

串联式 TBCC 发动机用 SERN 的二维型面,如图 1-16 所示,考虑到外流的影响,在喷管内部型面的基础上加入了上下两部分外部型面。SERN 的结构参数包含喷管下斜面出口处的面积 A_1;喷管上膨胀斜面出口处的面积 A_e;喷管上膨胀斜面延伸段面积 A_r;上膨胀斜面延伸段长度 L_r;喉部高度 H_t;下膨胀面长度 L_C。

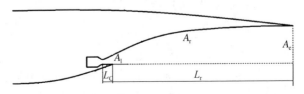

图 1-16　串联式 TBCC 发动机用 SERN 二维几何结构

并联式 TBCC 用尾喷管要满足两台不同设计状态发动机(涡轮发动机和冲压发动机)的需求,SERN 的几何结构如图 1-17 所示,其结构通常具有涡轮喷管和冲压发动机喷管通道的上下通道及双喉道。因此如何确定两个喷管通道的最佳位置关系,以及如何确保 TBCC 尾喷管在全包线宽工作范围内的性能等,均是设计中所关心的问题。

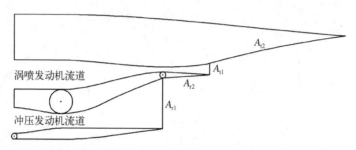

图 1-17　并联式 TBCC 发动机用 SERN 的几何结构

1.4　喷管的性能参数

1.4.1　S 弯喷管

喷管的气动性能参数主要包括:总压恢复系数 σ,流量系数 C_D 和推力系数 C_{Fg}。本书通过这三个参数对不同工况下、不同几何构型的低可探测 S 弯喷管的气动性能进行对比分析,以获取关键参数对低可探测 S 弯喷管气动性能的影响规律。

总压恢复系数 σ 为喷管出口质量加权平均总压与进口总压之比,即

$$\sigma = \left(\frac{1}{\dot{m}_e} \int p_e^* \, \mathrm{d}\dot{m}_e \right) \Big/ \left(\frac{1}{\dot{m}_{in}} \int p_{in}^* \, \mathrm{d}\dot{m}_{in} \right) \tag{1-3}$$

其中, $\dot{m}_{in}$、$\dot{m}_e$ 分别表示进出口截面的流量; p_{in}^*、p_e^* 分别表示进口出口截面上各计算点的总压。

流量系数 C_D 是通过数值模拟计算获得的流量 $\dot{m}$ 与理想流量 $\dot{m}_i$ 之比,即

$$C_D = \dot{m}/\dot{m}_i \tag{1-4}$$

$\dot{m}$、$\dot{m}_i$ 分别通过式(1-5)与式(1-6)求得。

$$\dot{m} = \int (\rho U) \, \mathrm{d}A_e \tag{1-5}$$

$$\dot{m}_i = \begin{cases} K \cdot p_{in}^* \cdot A_e \cdot q(\lambda) / \sqrt{T_{in}^*}, & \mathrm{NPR} < 1.893 \\ K \cdot p_{in}^* \cdot A_e / \sqrt{T_{in}^*}, & \mathrm{NPR} \geq 1.893 \end{cases} \tag{1-6}$$

其中，ρ、U 分别表示出口截面上各计算点的密度与速度；A_e 表示出口截面的面积；T_{in}^* 表示进口总温，$q(\lambda) = \left[(k+1)/2\right]^{1/(k-1)} \cdot \sqrt{(k+1)/(k-1) \cdot \left[1 - (p_b/p_{in}^*)^{(k-1)/k}\right]} \cdot (p_b/p_{in}^*)^{1/k}$，$p_b$ 表示环境压力，对于空气，$k = 1.4$。

推力系数 C_{Fg} 是通过数值模拟计算获得的轴向推力 F_x 与理想推力 F_i 之比，即

$$C_{Fg} = F_x/F_i \tag{1-7}$$

F_x、F_i 分别通过式(1-8)与式(1-9)求得。

$$F_x = \int \left[\rho \cdot U^2 + (p_e - p_b)\right] \mathrm{d}A_e \tag{1-8}$$

$$F_i = \begin{cases} \dot{m}_i \cdot \sqrt{2k/(k-1) \cdot R \cdot T_{in}^* \cdot \left[1 - (p_b/p_{in}^*)^{(k-1)/k}\right]}, & \mathrm{NPR} < 1.893 \\ \dot{m}_i \cdot \sqrt{2k/(k+1) \cdot R \cdot T_{in}^*} + (p_{in}^*/1.893 - p_b) \cdot A_e, & \mathrm{NPR} \geqslant 1.893 \end{cases}$$

$$\tag{1-9}$$

其中，p_e 表示出口截面上各计算点的静压；对于空气，$R = 287.06\,\mathrm{J/(kg \cdot K)}$。

1.4.2　三轴承偏转喷管

推力矢量角(δ_p)是三轴承偏转喷管的关键性能参数，一般可通过喷管所受的侧向力与轴向力之比得出 δ_p 的正切值。喷管所受的侧向力可通过对壁面压力积分得出，也可以通过动量定理得出。由于喷管在一定矢量角下内壁面压力分布不均匀，局部压力相差较大，通过壁面积分得出的侧向力精度会受到一定的影响，而动量定理从喷管整体的角度出发，避免了求解器精度造成的误差，因此，可采用动量定理求解喷管的侧向力及轴向力。

经过动量定理推导，可将喷管壁面的受力用喷管出口截面 A_{out} 的压差力和动量力表示，直接对喷管出口截面各微元面压力差求和，获得喷管出口压差力：

$$F_p = \sum_{i=1}^{n} (p_i - p_0) \cdot A_{out,i} \tag{1-10}$$

F_p 在 x、y 方向的分量分别为

$$F_{px} = F_p \times \cos\beta \tag{1-11}$$

$$F_{py} = F_p \times \sin\beta \tag{1-12}$$

喷管出口沿 x 方向的动量力 F_x 可以通过对出口截面微元面上流量与 x 方向速度乘积的求和获得

$$F_x = \sum_{i=1}^{n} (\rho V_i \cdot A_i) \cdot V_{x,i} \tag{1-13}$$

喷管出口沿 y 方向的动量力 F_y 可以通过对喷管出口截面微元面上流量与 y 方向速度乘积的求和获得

$$F_y = \sum_{i=1}^{n} (\rho V_i \cdot A_i) \cdot V_{y,i} \tag{1-14}$$

总推力为

$$F_{noz} = \sqrt{(F_{px} + F_x)^2 + (F_{py} + F_y)^2} \tag{1-15}$$

由动量力 F_x 及 F_y 可得出推力矢量角 δ_p 为

$$\delta_p = \arctan\left(\frac{F_{py} + F_y}{F_{px} + F_x}\right) \tag{1-16}$$

喷管推力系数 C_{Fg} 是衡量喷管推力性能的关键参数,定义为实际推力与理想推力之比,表示如下:

$$C_{Fg} = F_{noz}/F_i \tag{1-17}$$

式中, F_i 是喷管处于非矢量状态时,喷管内气流等熵完全膨胀且出口方向与喷管轴线平行时的总推力,可通过公式(1-9)计算。

喷管流量系数 C_D 和喷管总压恢复系数 σ 的定义与 S 弯喷管一致。

1.4.3 单膨胀斜面喷管

1. 串联式 TBCC 发动机用 SERN

本书采用流量系数 C_D、轴向推力系数 C_{Fgx}、推力矢量角 δ 和喷管尾部阻力 X_b 作为衡量 SERN 性能的参数。

(1)流量系数 C_D,定义与 S 弯喷管一致。

(2)轴向推力系数 C_{Fgx}:

$$C_{Fgx} = F_j/F_i \tag{1-18}$$

式中, F_j 为喷管的实际轴向推力; F_i 为喷管的理想推力,理想推力 F_i 计算见公式(1-9),实际轴向推力 F_j 计算公式如下:

$$F_j = \int_{A_1} \rho V_x^2 dA + \int_{A_1} (p - p_\infty) dA + \int_{A_r} (p - p_\infty) dA_x - X_{fx} \tag{1-19}$$

式中,右端 $\int_{A_1} \rho V_x^2 dA$ 为由面 A_1 排出的气流的动量产生的轴向推力; $\int_{A_1} (p - p_\infty) dA$ 为面 A_1 处的压力差产生的轴向推力; $\int_{A_r} (p - p_\infty) dA_x$ 为面 A_r 处的压力差产生的轴

向推力；X_{fx} 为面 A_r 处的摩擦力在轴向的投影，A_1 和 A_r 的定义见图 1 - 16。

（3）推力矢量角 δ_p：

$$\delta_p = \arctan(F_n/F_j) \qquad (1-20)$$

式中，F_n 为喷管产生垂直于轴线方向的力。

$$F_n = \int_{A_1} -\rho V_y^2 dA + \int_{A_r} (p - p_\infty) dA_y + X_{fy} \qquad (1-21)$$

式中，$\int_{A_1} -\rho V_y^2 dA$ 为面 A_1 排出气流的动量产生垂直于轴线方向的力；$\int_{A_r} (p - p_\infty) dA_y$ 为面 A_r 处的压力差产生的垂直于轴线方向的力；X_{fy} 为面 A_r 处的摩擦力在垂直于轴线方向的投影。

（4）喷管尾部阻力 X_b：

从尾喷管出口喷出的燃气和流过后机身的外部气流的相互干扰，会引起尾喷管内部和外部气流的分离，使飞机阻力增大。喷管的有效推力，即喷管的实际推力减去尾部阻力。尾部阻力的计算公式为

$$X_b = -\int_M^9 (p - p_0) dA + X_f \qquad (1-22)$$

式中，9、M 分别表示尾喷管出口截面及最大截面；X_f 为摩擦阻力。

2. 并联式 TBCC 发动机用尾喷管

并联式 TBCC 尾喷管由两套非对称喷管并列组成，流量系数定义如下：

$$C_D = (m_{Tj} + m_{Rj})/(m_{Ti} + m_{Ri}) \qquad (1-23)$$

式中，m_j 为喷管的实际流量；m_i 为喷管的理想流量；下标 T、R 分别代表涡轮喷管通道、冲压发动机喷管通道，理想流量的计算公式见公式（1-6）。

轴向推力系数定义为

$$C_{Fgx} = (F_{Tj} + F_{Rj})/(F_{Ti} + F_{Ri}) \qquad (1-24)$$

式中，F_j 为喷管的实际轴向推力，F_i 为喷管的理想推力，下标 T、R 分别代表涡轮喷管通道、冲压发动机喷管通道。

理想推力计算可通过公式（1-9）进行计算，实际轴向推力计算公式如下：

$$F_j = \int_{A_1} \rho V_x^2 dA + \int_{A_1} (p - p_\infty) dA + \int_{A_r} (p - p_\infty) dA_x - X_{fx} \qquad (1-25)$$

式中，右端第一项为面 A_1 排出气流产生的轴向动量力；右端第二项为面 A_1 处的压力差产生的轴向压差力；右端第三项为面 A_r 处的压力差产生的轴向压差力；X_{fx} 为面 A_r 处摩擦力在轴向的投影，A_1 和 A_r 的定义如图 1 - 17 所示。

喷管竖直方向力的计算公式如下：

$$F_n = \int_{A_1} \rho V_y V_x \mathrm{d}A + \int_{A_r} (p - p_\infty) \mathrm{d}A_y - X_{fy} \qquad (1-26)$$

式中,右端第一项为面 A_1 排出气流产生的竖直方向的动量力;右端第二项为 A_r 面处压力差产生的竖直方向的压差力;X_{fy} 为面 A_r 处的摩擦力在竖直方向的投影。

推力矢量角的定义为

$$\delta_p = \arctan\left[(F_{Tn} + F_{Rn})/(F_{Tj} + F_{Rj}) \right] \qquad (1-27)$$

第2章
S弯喷管设计方法及流动特性研究

2.1 引　言

相比于传统的轴对称喷管,S弯喷管具有独特的S形弯曲构型(Brunet et al.,2009)和圆转方截面过渡特征(Coates et al.,2012;Laughrey et al.,1979),它能够显著降低发动机排气系统的红外辐射强度(周孝明,2017;刘常春等,2013)和电磁散射强度(高翔等,2015;李岳锋等,2014)。但这种大曲率异形弯曲结构会导致喷管内部出现气动参数不均(王丁等,2017)、局部加速以及横向流动等复杂的三维流动特征(Sun et al.,2016)。而在真实涡扇发动机的工作环境中,基于不同落压比和温度的内/外涵两股气流、尾锥、复杂的波瓣混合器结构(刘友宏等,2015)以及由涡轮支板产生的喷管进口旋流等现象加剧了喷管内部流动的不均匀度和复杂度(Crowe et al.,2019),相比较均匀进口条件的S弯喷管,真实涡扇发动机工作环境中S弯喷管的内部流场出现了一些崭新的、特殊的复杂流动现象(Crowe et al.,2015),进而改变S弯喷管的气动性能(桑学仪等,2019),为高性能S弯喷管的型面设计及流动特性研究带来新的问题与挑战。因此,开展涡扇发动机用S弯喷管设计方法及其在真实涡扇发动机工作环境中的流动特性研究,深入分析复杂进气结构影响下喷管真实的精细化流场特征及几何参数的影响规律,可为后续基于高气动性能的S弯喷管隐身设计研究提供理论基础。

本章首先介绍了基于多参数耦合的S弯喷管型面设计流程;其次开展了涡扇发动机用S弯喷管的冷态模型实验,通过实验结果有效地验证了数值模拟方法的准确性;随后详细分析了涡扇发动机用S弯喷管内的复杂流场特征及其产生机理;最后研究了关键几何参数对S弯喷管流动特性的影响规律,明晰了S弯喷管的气动性能变化机制。

2.2　S弯喷管设计方法

S弯喷管是一个大曲率多弯异形管流部件,它具有多维度偏转构型、异形截面过渡以及二元异形喷口与飞机后体融合等几何特征。多维度偏转及复杂异形截面可遮挡喷管进口的高温部件,降低发动机的红外辐射特征;在二元异形截面的基础上易实现喷口与飞机后体融合,进而减小机身后体阻力,并提高飞机的隐身能力。因而S弯喷管的型面设计重点在于低可探测约束准则下的多维度偏转构型及异形截面特征。而S弯喷管的埋入式安装方式使得喷管几何构型受到机身型面的空间约束,在受限布局约束下,实现高气动性能的S弯喷管型面设计,相应地成为S弯喷管的型面设计难点。基于此,本节提出了基于多参数耦合的变截面设计思路,发展了受限空间布局条件下的S弯喷管型面设计方法,其可有效提取表征S弯喷管几何构型的关键参数,并设计出满足空间布局要求的高性能喷管。以下对S弯喷管型面设计流程进行详细介绍。

2.2.1　S弯喷管型面设计方法概述

在进行受限空间布局下的S弯喷管设计时,首先基于S弯喷管的受限空间布局特征,确定影响喷管几何构型的关键参数选取范围。在此基础上采用多参数耦合的变截面设计方法,建立完全遮挡高温部件的低可探测准则,并根据截面面积约束与低可探测准则约束,最终设计出满足受限空间布局要求的S弯喷管型面,如图2-1所示,具体的设计流程如下:

(1) 依据空间布局范围及进出口位置,确定S弯喷管的布局形式;

(2) 根据S弯喷管的布局形式确定关键几何参数的选取范围;

(3) 根据关键参数取值及喷管布局形式进行S弯喷管的中心线设计;

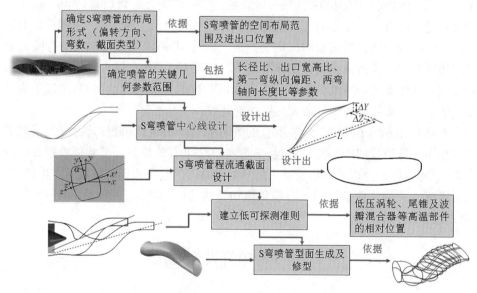

图2-1　受限空间布局下的S弯喷管设计流程

（4）根据喷口截面形状进行喷管沿程流通截面设计；

（5）建立完全遮挡高温部件的低可探测准则；

（6）完成 S 弯喷管的型面生成，并根据空间布局及飞机后体对喷管进行截面修型。

根据上述 S 弯喷管型面的设计流程，在同时满足受限空间布局和低可探测准则的条件下，能够完成如图 2-2 所示的满足实际工程需要的多种类型的 S 弯喷管型面设计，如单向/多维偏转 S 弯喷管型面，S 弯数可包含单弯、双弯、三弯等，截面形状包含类矩形、类椭圆、豌豆形等，具体型面构造形式取决于设计约束要求。

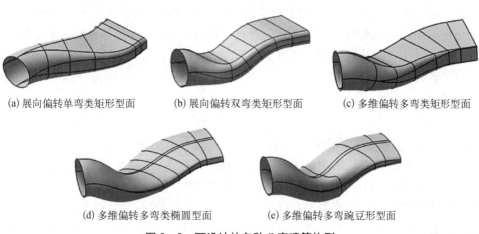

(a) 展向偏转单弯类矩形型面　　(b) 展向偏转双弯类矩形型面　　(c) 多维偏转多弯类矩形型面

(d) 多维偏转多弯类椭圆型面　　　(e) 多维偏转多弯豌豆形型面

图 2-2　可设计的多种 S 弯喷管构型

S 弯喷管的空间布局范围及进出口位置决定了 S 弯喷管的布局形式，包括偏转方向及弯曲形式，如单向偏转还是多维偏转，单弯还是多弯，弯曲方向是向上还是向下，出口截面形状为类矩形还是类椭圆。根据 S 弯喷管的布局形式进一步确定关键几何参数的选取范围，包括长径比 L/D、出口宽高比 W_e/H_e、第一弯纵向偏距 $\Delta Y_1/L_1$、两弯轴向长度比 L_1/L_2 等。通过这两步分析基本完成受限空间下的 S 弯喷管总体型面特征构建。

在明确 S 弯喷管的空间布局形式和关键几何参数的取值范围后，根据 S 弯喷管的多维度偏转构型、异形截面过渡以及二元异形喷口等几何特征，可采用多参数耦合的变截面设计方法进行 S 弯喷管的型面设计，它的核心内容包括中心线设计及流通截面设计。鉴于 Lee 曲线方法有利于进行管道参数化研究的优点，可参考 Lee 曲线方法进行 S 弯喷管的中心线及流通截面设计，其设计应遵循下列要求。

（1）S 弯喷管的中心线设计。中心线的形状由喷管的空间布局形式决定，当中心线设计完成时，喷管通道的弯曲形状被确定，气流在喷管内的偏转情况也被确定。而中心线的长度及偏距由关键几何参数决定。此外，在进行喷管流通截面设计前，必须首先完成中心线设计以确定截面的中心位置。因此，中心线设计是 S 弯喷管型面设计的基础。

（2）二元异形流通截面设计。流通截面形状同样由喷管的空间布局形式决定，喷管进口与圆形混合室出口相连，出口通常为二元喷口，因此，喷管流通截面需从圆形的进口截面光滑过渡到二元异形出口截面。而流通截面的尺寸由关键几何参数决定，包括截面宽度、截高度等。在截面面积的约束下，它所涉及的沿程截面几何参数需要进行修正。为了满足空间布局的要求，S弯喷管的局部流通截面需要进行修型。

为了提高S弯喷管的隐身能力，需要在喷管设计过程中通过其弯曲构型实现对进口高温部件的完全遮挡，即建立适用于不同S弯喷管构型的低可探测准则，明确由低可探测准则所带来的喷管几何参数的耦合关系，并将此条件融入喷管的设计过程中。在完成S弯喷管的型面生成后，需要对喷管出口形状进行斜切、添加收敛段等各种修型，以实现喷管出口与飞机后体的型面融合，提高喷管的实际工程应用价值。

2.2.2　S弯喷管的关键几何参数

S弯喷管的关键几何参数由其空间布局形式决定，包括S弯喷管的偏转形式及S形曲线数目，如单向偏转还是多维偏转，单S弯曲线还是双S弯曲线，出口截面形状为类矩形还是类椭圆。这里选择两种S弯喷管构型进行详细说明。第一种是单向偏转的双S弯喷管，它的出口截面形状为类矩形；第二种是多维偏转的展向单S弯、纵向双S弯喷管，它的出口截面形状为类椭圆。单向偏转的S弯喷管涉及的关键几何参数包括第一段S弯通道出口面积 A_1、出口宽度 W_1、轴向长度 L_1、纵向偏距 ΔY_1，第二段S弯通道轴向长度 L_2、纵向偏距 ΔY_2，出口宽高比 W_e/H_e、等直段长度 L_3，如图2-3（a）所示，它们可转换成7组无量纲参数，包括长径比 L/D，等直段长度 L_3/L，两段S弯曲线的轴向长度之比 L_1/L_2、第一弯截面面积 A_1/A_{in}、第一弯截面宽度 W_1/D、第一弯纵向偏距 $\Delta Y_1/L_1$ 以及出口宽高比 W_e/H_e。而多维偏转的S

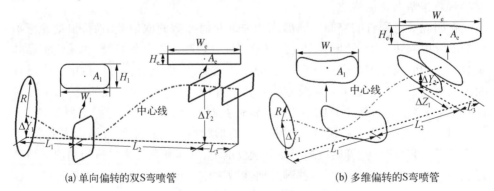

(a) 单向偏转的双S弯喷管　　　　　(b) 多维偏转的S弯喷管

图2-3　S弯喷管的关键几何参数

弯喷管除了上述几何参数外,还增加了第一弯展向偏距 ΔZ_1,它对应的无量纲参数为 $\Delta Z_1/(L_1+L_2)$,如图 2-3(b) 所示。确定关键参数的取值范围为后续的 S 弯喷管中心线及流通截面设计提供具体的设计约束。

2.2.3　S 弯喷管中心线设计

S 弯喷管的中心线形状由喷管的空间布局形式决定,通过中心线的弯曲构型设计实现对发动机高温部件的有效遮挡,使其难以被红外制导武器直接探测到。中心线的偏转方向及个数决定了 S 弯喷管的名称。对于中心线单向偏转的喷管,根据其偏转方向命名为纵(展)向 S 弯喷管;中心线由一段或两段 S 弯曲线组成,命名为单(双)S 弯喷管,如图 2-4(a)、(b) 所示。对于中心线多维偏转的喷管,通过组合其各个偏转方向的 S 形曲线个数进行命名,例如,S 弯喷管的中心线沿纵向由两段 S 弯曲线组成,沿展向由一段 S 弯曲线组成,则命名为纵向双弯、展向一弯的多维偏转 S 弯喷管,如图 2-4(c) 所示。中心线在起点与终点处的导数均等于零,目的是保证喷管进出口的气流方向均与发动机轴线平行。

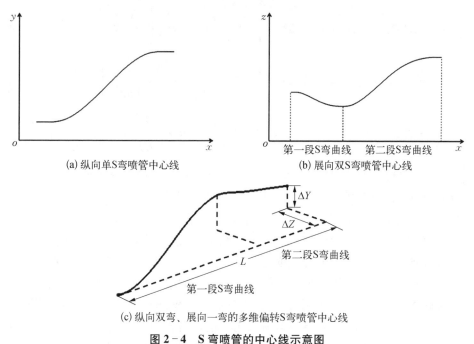

(a) 纵向单S弯喷管中心线　　　　(b) 展向双S弯喷管中心线

(c) 纵向双弯、展向一弯的多维偏转S弯喷管中心线

图 2-4　S 弯喷管的中心线示意图

航空发动机排气系统中的弯曲型面构造采用过很多种数学公式,如常用维氏曲线生成收敛喷管的外型面,CST 曲线构造短舱外型面等。鉴于 Lee 曲线方法(Lee et al.,1985)多用于弯曲管道的中心线设计,且有利于进行管道参数化研究的优点,本节主要采用 Lee 曲线进行 S 弯喷管的中心线设计,Lee 曲线的变化规律

有三种,如图 2 - 5 所示,其数学表达式见式(2 - 1)~式(2 - 3)。

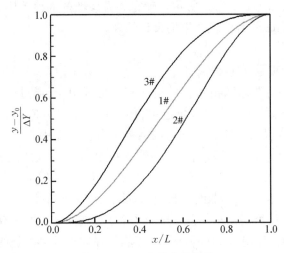

图 2 - 5　Lee 曲线变化规律

$$1\#,均匀变化,y_i = y_0 + \Delta Y \times \left[3 \times \left(\frac{x_i}{L} \right)^2 - 2 \times \left(\frac{x_i}{L} \right)^3 \right] \qquad (2 - 1)$$

$$2\#,前缓后急,y_i = y_0 + \Delta Y \times \left[-3 \times \left(\frac{x_i}{L} \right)^4 + 4 \times \left(\frac{x_i}{L} \right)^3 \right] \qquad (2 - 2)$$

$$3\#,前急后缓,y_i = y_0 + \Delta Y \times \left[3 \times \left(\frac{x_i}{L} \right)^4 - 8 \times \left(\frac{x_i}{L} \right)^3 + 6 \times \left(\frac{x_i}{L} \right)^2 \right] \quad (2 - 3)$$

其中, y_0 为各段 S 弯曲线起点的纵坐标; ΔY 为各段 S 弯曲线起始点与终止点的纵坐标差值; L 为 S 弯曲线的轴向长度; i 表示 S 弯曲线上的任意坐标位置。

中心线的变化规律决定了 S 弯喷管内部流向的压力梯度分布,"均匀变化""前缓后急"以及"前急后缓"的曲线变化规律分别会导致喷管内部不同的流向速度梯度分布。S 弯喷管的中心线变化规律与构成中心线的 S 弯曲线个数有关,对于单 S 弯喷管,中心线由一条 Lee 曲线构成,相应的中心线变化规律有三种。对于单向偏转的双 S 弯喷管,中心线由两条 Lee 曲线构成,相应的中心线变化规律共有 9 种,图 2 - 6 给出了"均匀变化-均匀变化""前缓后急-前缓后急"以及"前急后缓-前急后缓"三种典型的中心线变化规律。对于多维偏转的 S 弯喷管,以纵向双弯、展向一弯的多维偏转 S 弯喷管为例,对应的中心线变化规律共有 27 种,以此类推。图 2 - 7 给出了沿展向方向为"均匀变化",沿纵向方向分别为"均匀变化-均匀变化""前缓后急-前缓后急"以及"前急后缓-前急后缓"三种典型的中心线变化规律。

图 2-6　双 S 弯喷管的中心线变化规律

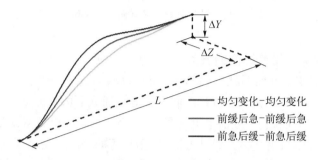

图 2-7　多维偏转的 S 弯喷管中心线变化规律

　　S 弯喷管的中心线设计需要依据空间布局确定中心线的曲线个数,并依据关键几何参数获取中心线的设计参数,包括:中心线的轴向总长度(包括中心线长度和等直线长度)、各段 S 弯曲线的轴向长度比例以及中心线的纵向偏距和展向偏距。S 弯喷管的中心线的设计过程如下。

　　(1) 根据喷管的关键几何参数选取范围,确定 S 弯喷管中心线的轴向长度 L、纵向偏距 ΔY 以及展向偏距 ΔZ。以喷管进口中心为坐标原点,x 轴为轴向方向,y 轴为纵向方向,z 轴为展向方向,从喷管进口到出口沿轴向布置一系列均布排列的控制点,各控制点的轴向坐标为 x_i,纵向坐标为 y_i,展向坐标为 z_i(其中 $i = 1, 2, \cdots, K$,则沿程共有 K 个截面)。

　　(2) 根据喷管的空间布局形式确定中心线分别沿展向方向与纵向方向的 S 弯曲线个数 M_z 和 M_y。依据各段 S 弯曲线的轴向长度比例关系,分别沿纵向方向和展向方向确定各段 S 弯曲线的轴向长度值 $L_{jy}(j = 1, 2, \cdots, M)$ 及 $L_{jz}(j = 1, 2, \cdots, M)$,并获取各段 S 弯曲线对应的纵向偏距 $\Delta Y_j(j = 1, 2, \cdots, M)$ 或展向偏距 ΔZ_j $(j = 1, 2, \cdots, M)$。

　　(3) 根据图 2-5 所示的 Lee 曲线变化规律,针对不同的 S 弯曲线选择不同的关系式(2-1)~式(2-3)计算出各控制点的纵坐标 y_i 和 z_i,从而得到一系列离散点的坐标 (x_i, y_i, z_i)。

　　(4) 采用三次自然样条插值将这些离散点拟合成一条空间三维 S 弯曲线,从而完成 S 弯喷管的中心线设计。图 2-8 给出了展向一弯、纵向两弯的多维偏转 S 弯喷管的中心线。

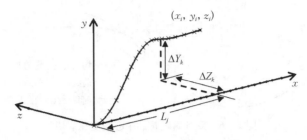

图 2 - 8 展向一弯、纵向两弯的多维偏转 S 弯喷管的中心线

2.2.4 S 弯喷管流通截面设计

S 弯喷管的流通截面形状由喷管的空间布局形式决定,喷管进口与圆形混合室出口相连,出口通常为二元喷口,因而喷管的流通截面由圆形进口截面逐渐过渡至二元异形出口截面,它导致流通截面的面积、宽度、高度以及截面形状均发生变化。基于多参数耦合的变截面设计方法,根据喷管的进出口截面形状及截面参数,采用 Lee 曲线变化规律求得沿程各截面的截面面积、截面宽度、截面高度等参数,并通过截面面积约束对沿程截面参数进行修正,最终获得沿程截面的几何参数,完成 S 弯喷管的流通截面设计。而 S 弯喷管的流通截面中心位于中心线上的离散控制点处,因而流通截面设计即是在中心线上的各离散点处进行其截面参数计算与截面形状设计。

二元异形出口截面广泛采用类矩形与椭圆形这两种构型。S 弯喷管流通截面设计时通常选取的三种不同的截面形状如图 2 - 9 所示,分别为:"类矩形""类椭圆"以及"豌豆形"。

(a) "类矩形"截面   (b) "类椭圆"形截面   (c) "豌豆形"截面

图 2 - 9 三种不同的流通截面形状

1. "类矩形"流通截面

"类矩形"流通截面形状如图 2 - 10 所示,它由 4 条直线段和 4 段 1/4 圆弧拼接而成,直线段与圆弧相切,形成 8 个特征点。截面的形状由其面积 A_i、宽度 W_i、高度 H_i 以及倒圆角半径 R_i 唯一确定,并满足面积公式(2 - 4)。

$$A_i = W_i \times H_i - (4 - \pi) \times R_i^2 \qquad (2 - 4)$$

在进行"类矩形"的流通截面设计时,通常先采用 Lee 曲线变化规律计算出截面的面积 A_i、宽度 W_i、高度 H_i 以及倒圆角 R_i,再根据面积公式(2-4)对截面高度进行

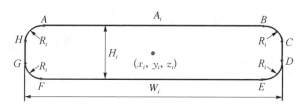

图 2 - 10　"类矩形"流通截面

修正。随后判断截面宽度 W_i 以及截面高度 H_i 是否满足式(2 - 5)的约束条件：

$$W_i \geqslant 2R_i, \; H_i \geqslant 2R_i \tag{2-5}$$

若满足,则完成截面形状的参数化设计。根据确定的截面参数 A_i、W_i、H_i 以及 R_i,开始进行截面剖面线的设计。若不满足,则通过修正倒圆角 R_i 以满足截面形状的设计条件。

2. "类椭圆"形流通截面

"类椭圆"形的流通截面形状如图 2 - 11 所示,它由 4 条直线段和 4 段 F 值曲线拼接而成,直线段与曲线相切,形成 8 个特征点。截面的形状由其面积 A_i、宽度 W_i、高度 H_i 以及二次曲线 F_i 唯一确定,并满足面积公式(2 - 6)。

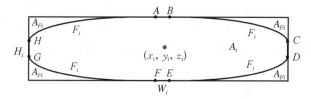

图 2 - 11　"类椭圆"形的流通截面

$$A_i = W_i \times H_i - 4 \times A_{Fi}^2 \tag{2-6}$$

式中,A_{Fi} 为二次曲线与矩形边框围成的面积。

在进行"类椭圆"的流通截面设计时,通常先采用 Lee 曲线变化规律计算出截面的面积 A_i、宽度 W_i、高度 H_i 以及二次曲线的 F 值 F_i,再计算出 4 段 F 值曲线方程,并通过积分方式计算获得 A_{Fi},最后根据面积公式(2 - 7)对截面高度进行修正,从而完成截面的剖面线设计。F 值曲线是指由 F 值的大小决定曲线弯曲程度的二次曲线,曲线的表达式为

$$ax^2 + bx + cxy + dy^2 + ey + f = 0 \tag{2-7}$$

求解 F 值曲线方程即通过已知条件求解未知变量 $a \sim f$,已知条件包括曲线 F 值、两端点坐标值以及曲线在两端点处的切线斜率。求解过程如下。

对于图 2 - 12 所示的二次曲线 AB,已知两端点坐标 $A(x_1, y_1)$、$B(x_2, y_2)$ 以及

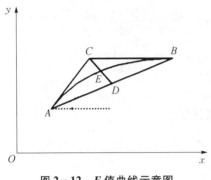

图 2 - 12　F 值曲线示意图

曲线在两端点处的切线斜率。

（1）求两个端点 A、B 处的切线的交点 $C(x_c, y_c)$。

（2）求线段 AB 的中点 $D(x_m, y_m)$：

$$x_m = \frac{x_1 + x_2}{2} \qquad (2-8)$$

$$y_m = \frac{y_1 + y_2}{2} \qquad (2-9)$$

（3）F 值的大小定义为线段 DE 的长度与线段 CD 的长度的比值：

$$F = \frac{|DE|}{|CD|} \qquad (2-10)$$

（4）根据 F 值的大小，确定 E 点的坐标 $E(x_0, y_0)$：

$$x_0 = x_m + (x_c - x_m) \times F \qquad (2-11)$$

$$y_0 = y_m + (y_c - y_m) \times F \qquad (2-12)$$

（5）规定二次曲线在 E 点的切线斜率等于直线 AB 的斜率，因而 A、B 和 E 这三点的坐标值以及该位置处的切线斜率均已知，可以解出二次曲线方程 $a \sim f$ 的值，并求得二次曲线方程。

3. "豌豆形"流通截面

相比其他截面形状，"豌豆形"的流通截面在有效遮挡高温部件的同时，可以显著降低 S 弯喷管的纵向与横向偏距，减小喷管的型面弯曲特征。截面形状如图

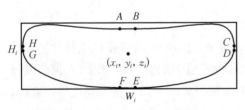

图 2 - 13　"豌豆形"的流通截面

2 - 13 所示，截面由 4 条直线段和 8 段曲线构成，直线段与曲线的切点形成 8 个特征点，而每段曲线由两条 F 值曲线拼接而成。"豌豆形"的截面形状设计过程与"类椭圆"流通截面一致，其面积 A_i、宽度 W_i、高度 H_i 以及二次曲线 F_i 唯一确定，并满足面积公式（2-6）。

S 弯喷管的流通截面设计需要依据空间布局确定出口截面形状，并依据关键几何参数获取喷管的出口截面参数，包括：截面宽度、截面高度、截面面积以及倒圆角半径或曲线 F 值。S 弯喷管的流通截面设计过程如下。

（1）根据 S 弯喷管出口区域的型面约束确定出口截面形状为"类矩形"还是"类椭圆"，并通过几何参数选取范围确定进口截面直径 d、出口截面宽度 W_{ex} 及截

面高度 H_{ex}。

（2）完成喷管进出口的截面参数计算，进口截面面积计算公式如下：

$$A_{in} = \frac{\pi}{4}d^2 \tag{2-13}$$

式中，d 为发动机直径，喷管的进口宽度 W_{in}、进口高度 H_{in} 均等于直径。

喷管的出口面积根据发动机性能参数计算，由喷管进口的燃气流量 $\dot{m}$，总压 p^*、总温 T^* 以及喷管总压恢复系数 σ 计算得到喷管的出口面积，即

$$A_e = \frac{\dot{m} \cdot \sqrt{T^*}}{K \cdot \sigma \cdot p^*} \tag{2-14}$$

（3）采用 Lee 曲线的变化规律，通过进出口截面参数计算得到中心线上各控制点处的流通截面参数。对于"类矩形"截面，截面参数包括截面面积 A_i、截面宽度 W_i、截面高度 H_i 以及倒圆角 R_i，采用"均匀变化"规律求解截面参数的计算表达式如下：

$$\begin{cases} A_i = A_{in} + \left[3 \times \left(\frac{x_i}{L} \right)^2 - 2 \times \left(\frac{x_i}{L} \right)^3 \right] \times (A_{ex} - A_{in}) \\[2mm] W_i = W_{in} + \left[3 \times \left(\frac{x_i}{L} \right)^2 - 2 \times \left(\frac{x_i}{L} \right)^3 \right] \times (W_{ex} - W_{in}) \\[2mm] H_i = H_{in} + \left[3 \times \left(\frac{x_i}{L} \right)^2 - 2 \times \left(\frac{x_i}{L} \right)^3 \right] \times (H_{ex} - H_{in}) \\[2mm] R_i = R_{in} + \left[3 \times \left(\frac{x_i}{L} \right)^2 - 2 \times \left(\frac{x_i}{L} \right)^3 \right] \times (R_{ex} - R_{in}) \end{cases} \tag{2-15}$$

（4）根据流通截面形状选择不同的方式进行截面修正，确定截面的剖面线特征。已知截面上各特征点的坐标值以及各特征点之间的曲线方程，通过离散方法将各段曲线离散成有限个数的点，"类矩形"的截面剖面线离散示意如图 2-14 所示，从而得到截面剖面线上的各离散点坐标 (x_k, y_k, z_k)。

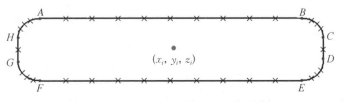

图 2-14　"类矩形"的截面剖面线离散化

（5）S 弯喷管的流通截面布局通常采用框切剖面及法向剖面两种方式,如图 2 - 15 所示,其中框切剖面是沿垂直于轴线方向布置不同数量的截面,法向剖面则是沿垂直于中心线方向布置不同数量的截面。在实际的弯曲通道内部流场中,中心线的切线方向与气流流动方向基本一致。为了确保气流流动满足喷管流道的型面变化特征,采用法向剖面形式保证喷管沿程各流通截面与中心线切线方向垂直,从而可更加准确地反映气流通过喷管沿程截面时的流动状态。因此,需以中心线为基础将流通截面上的离散点坐标进行旋转变换,如图 2 - 16 所示。

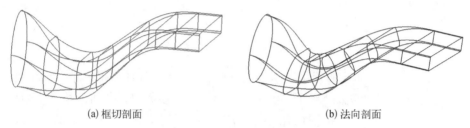

(a) 框切剖面　　　　　　　　　　　　　(b) 法向剖面

图 2 - 15　S 弯喷管流通截面布局方式

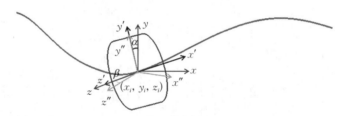

图 2 - 16　流通截面的旋转变换示意图

假设 S 弯喷管中心线上的点 (x_i, y_i, z_i) 处的流通截面绕 z 轴的旋转角度 α,绕 y 轴的旋转角度 β。流通截面上的某点未旋转前的坐标为 (x_k, y_k, z_k),绕 z 轴旋转后的坐标为 (x_m, y_m, z_m),再绕 y 轴旋转后的坐标为 (x_n, y_n, z_n),则:

$$x_m = (x_k - x_i) \cdot \cos\alpha + (y_k - y_i) \cdot \sin\alpha + x_i \qquad (2-16)$$

$$y_m = -(x_k - x_i) \cdot \sin\alpha + (y_k - y_i) \cdot \cos\alpha + y_i \qquad (2-17)$$

$$z_m = z_k \qquad (2-18)$$

$$x_n = (x_m - x_i) \cdot \cos\beta + (z_m - z_i) \cdot \sin\beta + x_i \qquad (2-19)$$

$$z_n = -(x_m - x_i) \cdot \sin\beta + (z_m - z_i) \cdot \cos\beta + z_i \qquad (2-20)$$

$$y_n = y_m \qquad (2-21)$$

由上式得到旋转后的流通截面上的离散点坐标 (x_n, y_n, z_n),采用三次自然样条插值将这些离散点拟合成剖面线,最终完成S弯喷管的流通截面设计。

2.2.5　S弯喷管低可探测准则的建立

高温部件遮挡技术被认为是一种可有效增强排气系统隐身能力的方式(Baranwal et al.,2016)。S弯喷管的S弯型面可对发动机高温部件进行有效遮挡,从而显著降低发动机的红外辐射强度和电磁散射强度。相比涡喷发动机,实现涡扇发动机排气系统高温部件有效遮挡的难度更高,除了低压涡轮部件外,还包括排气混合器中的尾锥和波瓣混合器等热喷流冲刷的高温部件,因而有必要同时考虑多个高温部件的有效遮挡。为了使高温部件在飞机的任意飞行姿态下均不可能被探测到,本节建立了基于涡扇发动机的完全遮挡高温部件的低可探测准则。下面以单向偏转的双S弯喷管为例,选择公切线法则对S弯喷管的高温部件实现完全遮挡。具体过程如下。

(1)根据发动机类型分析S弯喷管所需遮挡的高温部件类型及数目;以涡扇发动机为例,S弯喷管进口前的高温部件包括低压涡轮以及排气混合器中的尾锥和波瓣混合器。

(2)通过几何测量确定低压涡轮、尾锥以及波瓣混合器这三种高温部件的相对位置,通过分别对这三种高温部件实现完全遮挡,确定相应的S弯喷管纵向偏距,明确各个部件的遮挡难度。以本节所给的排气混合器构型为例,当波瓣混合器被恰好完全遮挡时,低压涡轮、尾锥均不可见,这意味着波瓣混合器的遮挡难度相对最大。

(3)采用公切线法则,使得双S弯喷管对称面上下纵向线的公切线经过喷管出口上顶点C或波瓣混合器末端下顶点B,即M、N、C三点共线或者M、N、B三点共线,如图2-17所示。

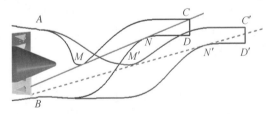

图2-17　单向偏转的双S弯喷管完全遮挡高温部件示意图

2.2.6　S弯喷管的型面生成与修型

在完成S弯喷管的中心线与流通截面设计后,采用三次自然样条插值将各截面上相应的特征点拟合成8条纵向线,并根据截面剖面线及8条纵向线生成多截面曲面,即为S弯喷管的型面,如图2-18所示。

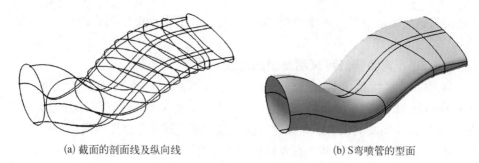

(a) 截面的剖面线及纵向线　　　　　　　　(b) S弯喷管的型面

图 2-18　S 弯喷管的型面生成

在某些极端受限的空间布局约束条件下,采用上述方法设计完成的 S 弯喷管型面还不能完全满足空间布局的要求,需要根据喷管空间布局进行局部截面修型,如图 2-19 所示,将"豌豆形"的对称截面修型为非对称截面,以满足空间布局要求。在进行 S 弯喷管出口与飞机后体的一体化设计,需要根据飞机后体形状对喷管出口进行修型,以实现喷口与机身后体的型面融合,如图 2-20 所示。

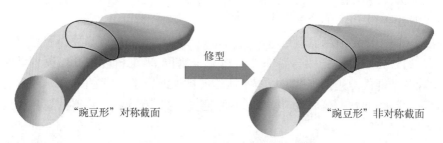

修型

"豌豆形"对称截面　　　　　　　　　"豌豆形"非对称截面

图 2-19　基于空间布局的 S 弯喷管局部截面修型

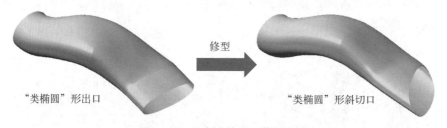

修型

"类椭圆"形出口　　　　　　　　　"类椭圆"形斜切口

图 2-20　S 弯喷管出口截面修型

2.3　涡扇发动机用 S 弯喷管流动特性研究

相比涡喷发动机,涡扇发动机用 S 弯喷管进口之前的排气混合器复杂结构会对喷管的内部流场特征产生影响,进而改变 S 弯喷管的气动性能(Sun et al., 2018)。本节开展双涵道条件下的 S 弯喷管流动特性的数值模拟研究,首先对双涵道条件下的S弯喷管的流场分布特征和气动性能参数进行实验测量,获取双涵道条件下的S弯喷管在不同工作状态下的基本特性;其次,通过对比双涵道条件下的S弯喷管的数值计算与实验测量结果,验证所采用数值模拟方法的准确性;最后,深入分析双涵道条件下的S弯喷管典型流动机理,获取复杂进气结构影响下S弯喷管真实的精细化内/外流场特征。

2.3.1　计算模型及数值模拟方法

图2-21给出了涡扇发动机真实工作环境下的S弯喷管整体几何模型(M0)。排气混合段模型的内/外涵道进口面积以及双S弯喷管模型的出口面积由发动机总体程序根据某型混排涡扇发动机的总体性能计算获得,尾锥与波瓣混合器模型通过该发动机结构得到。

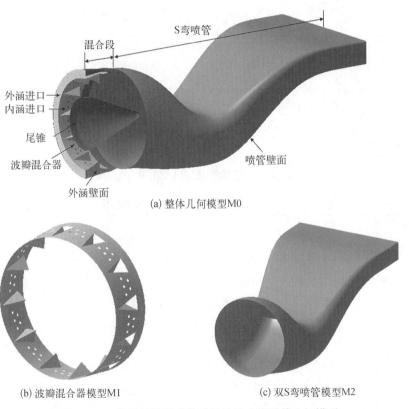

(a) 整体几何模型M0

(b) 波瓣混合器模型M1　　　(c) 双S弯喷管模型M2

图2-21　基于某型涡扇发动机的双S弯喷管几何模型

S弯喷管整体几何模型涉及的主要几何参数如图2-22所示,坐标原点设置在排气混合段模型的进口中心位置处,各参数的取值如表2-1所示。排气混合段基于某型双轴混排涡扇发动机建立,包括尾锥、外壁面以及波瓣混合器。波瓣混合器不同于常规的混合器构型,它沿轴向表现为扩张型结构,它将排气混合段通道分为内涵通道与外涵通道,且外涵为收敛通道,内涵为扩张通道。其环形表面沿周向均布 12 个"漏斗型"主掺混区,且每个主掺混区两侧呈梯形形状等间距分别排列 5 个掺混孔,目的是进一步加强外涵高压冷流与内涵低压热流的掺混效果。尾锥位于内涵通道中心,其结构尺寸较大,贯穿排气混合段和 S 弯喷管两段模型区域,末端延伸至 S 弯喷管内部,减小了 S 弯喷管弯曲型面的设计空间。

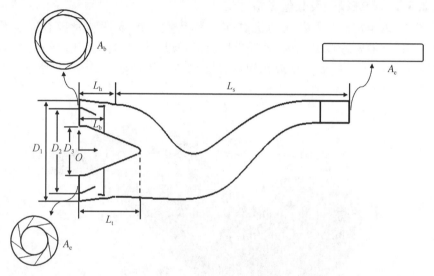

图 2-22　S 弯喷管整体模型主要几何参数

表 2-1　整体模型主要几何参数的取值

几何参数	D_2/D_1	D_3/D_1	L_h/D_1	L_s/D_1	L_t/D_1	L_b/D_1
值	0.838	0.486	0.370	2.362	0.622	0.265

S 弯喷管采用双 S 弯收敛喷管构型,喷管出口型面为类矩形。S 弯喷管的型面设计采用 2.2 节介绍的多参数耦合的变截面方法,基于公切线法则对双 S 弯喷管前端的波瓣混合器实现完全遮挡,S 弯喷管几何构型特征如图 2-21 所示。S 弯喷管的进、出口面积均为固定值,面积收缩比为 0.436,关键几何参数的取值在设计状态下的取值如表 2-2 所示。

表 2-2　双 S 弯喷管构型的关键几何参数的取值

几何参数	L/D	W_1/D	A_1/A_{in}	L_2/L_1	$\Delta Y_1/L_1$	W_e/H_e	L_3/D
值	2.6	1.015	0.6	1.5	-0.296	6	0.124

采用 ANSYS CFX 商用软件对涡扇发动机用 S 形排气系统流场特征进行数值模拟,流动类型为可压缩、黏性、三维湍流流动。通过有限体积法将 S 形排气系统

的流场全三维计算域离散为有限个单元体,求解雷诺平均 Navier-Stokes(N - S)方程。其中,对流项和湍流项均采用高阶格式求解,参考涡喷发动机用 S 弯喷管关于湍流模型选取的研究结果,选取 SST $k - \omega$ 模型作为湍流模型。涡扇发动机用 S 形排气系统的计算模型采用 ICEM 商业软件进行网格划分。S 形排气系统计算模型的全三维计算域尺寸为 $30D×10D×10D$,由排气混合域、S 弯喷管域以及喷管出口远场域构成,如图 2 - 23 所示,其中 D 为喷管进口直径。远场区域沿喷流方向长度为喷管进口直径的 30 倍,垂直于流向方向长度为喷管进口直径的 10 倍。S 形排气系统的整体计算模型较为复杂,不能完全实现结构网格划分,而采用非结构网格又会导致对喷管内外流场特征的捕捉不够精细且带来更大的计算量,因此整体计算域采用混合网格拼接而成,S 形排气系统整体计算模型的各区域网格模型如图 2 - 24 所示。由于波瓣混合器、尾锥等复杂几何结构的存在,排气混合段内的波瓣混合器附近区域采用四面体非结构网格划分,如图 2 - 24(a) 所示,排气混合段其他区域、双 S 弯喷管域及周围远场域均采用结构六面体网格划分,分别如图 2 - 24(b)、(c) 所示。在计算域拼接时,为了保证网格交界面上数据传递的准确性,交界面两侧的非结构网格与结构网格数量应保持大致相等。此外,在网格划分时对 S 弯喷管的近壁面网格进行加密处理,保证喷管近壁面网格对应的 $y^+ < 1$。

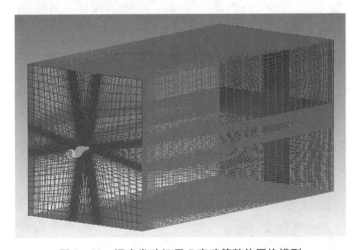

图 2 - 23　涡扇发动机用 S 弯喷管整体网格模型

　　S 形排气系统的计算域分为内流域和外流域,其中内流域包括排气混合域、波瓣混合器附近区域及双 S 弯喷管域,外流域指的是远场域,涉及四种边界类型:进口边界、出口边界、远场边界以及固体壁面边界,边界条件设置如图 2 - 25 所示。发动机设计点为地面工况,内/外涵流道进口边界设置为压力进口边界条件,即给定气流进口总压、总温以及气流方向。内、外涵的进口条件通过发动机

(a) 波瓣混合器附近区域非结构网格模型

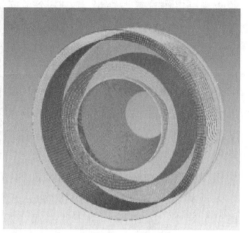
(b) 排气混合域结构网格模型

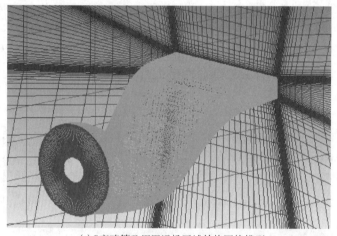
(c) S弯喷管及周围远场区域结构网格模型

图 2-24 涡扇发动机用 S 弯喷管各区域网格模型

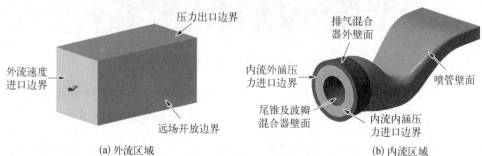
(a) 外流区域   (b) 内流区域

图 2-25 计算区域边界条件设置

总体程序获得,地面状态下的内/外涵进口边界条件如表2-3所示,进口来流沿轴向方向。

表2-3　S弯喷管内/外涵进口边界条件设置

位　　置	总压/atm①	总温/K
内涵进口	2.71	987.15
外涵进口	2.78	412.70

S弯喷管周围的远场域进口采用入口边界条件,进口来流速度为0,基于数值计算的合理性,进口速度设置为0.05Ma,进口压力为1 atm;远场域出口采用压力出口边界条件,出口静压p_0=1 atm,远场边界设置为开放边界条件;双S弯喷管与排气混合器外壁面、波瓣混合器及尾锥壁面均采用无滑移绝热壁面边界条件。

2.3.2　涡扇发动机用S弯喷管流动特性实验研究

为了获得真实的涡扇发动机用S弯喷管内部流场特征及气动性能,并为数值模拟方法的合理性与准确性提供实验依据。本节基于"双流路排气系统推力矢量和红外辐射一体化实验平台"开展双涵道条件下的S弯喷管的冷态模型吹风实验研究,实验平台如图2-26所示。实验主要测量了不同落压比下S弯喷管的流量、

图2-26　双流路排气系统推力矢量和红外辐射一体化实验台

---

① 1 atm=101 325 Pa。

推力以及壁面静压分布。

1. 实验装置

实验平台主要由以下几部分组成：六分量测力天平系统、主流系统、二次流系统、流场测量系统等。六分量天平是实验台的核心部件之一，静校精度为 0.5%，用于测量 S 弯喷管三个方向的力和力矩，如图 2-27 所示，其中，它沿轴向的推力测量范围为 0~6 kN。主/次流系统分别用于喷管主/次流流量和压力的调节，其中，主流流量范围为 0~4.0 kg/s，次流流量范围为 0~2.0 kg/s。流场测量系统包括电子压力扫描阀、大直径镜面彩色纹影仪，如图 2-28 所示。压力扫描阀共 96 个通道，测量精度 0.5%，用于测量 S 弯喷管在不同工作状态下的沿程壁面压力。彩色纹影仪主要包括主反射镜系统，光源狭缝聚光系统等结构，它能够捕捉到 $Ma<2.5$ 的高速气流流场中的复杂流动特征，用于测量 S 弯喷管出口内/外流场的激波系结构。

图 2-27　六分量天平实物图

(a) PSI压力扫描阀

(b) 彩色纹影仪

图 2-28　实验测量仪器

2. 实验模型

双S弯喷管的实验件模型如图2-29所示,它是由设计状态下的S弯喷管几何模型缩比得到的。综合考虑相似准则以及实验条件要求,模型缩比比例设定为10:1。喷管上、下及侧壁面沿纵向开设3条静压孔,每条8个,共24个。为了能够更加真实地模拟双涵道条件下的S弯喷管的内/外涵来流条件,本实验设计了平行混合器构件,用来连接主/次流引气装置与S弯喷管实验件,其模型示意如图2-30所示。平行混合室的两股流道分别用于模拟排气系统内/外涵通道,内涵通道为圆形管道,主流沿轴向进入管内;外涵通道设计为径向进气装置,目的是消除次流来流对喷管轴向推力测量带来的误差,即外涵通道纵向截面为倒置的T形(图2-30),次流由8个尺寸相同的圆形管沿径向进入通道,在混合器出口位置与主流开始掺混。平行混合室的模型安装实物图及其与次流引气管道的连接装置如图2-31所示。双涵道条件下的S弯喷管模型在试验台上的安装实物如图2-32所示。

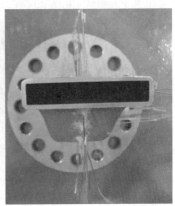

图2-29　试验件及壁面静压测点分布

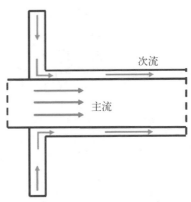

(a) 平行混合室三维结构示意图　　　　　(b) 平行混合室T形纵向截面示意图

图2-30　平行混合室构件示意图

(a) 平行混合室安装实物图　　　　　(b) 平行混合室与次流引气管道的连接装置

图 2-31　平行混合室实物图及其连接装置

图 2-32　S 弯喷管实验件在实验台上的安装实物图

3. 实验测量方案

实验分别测量了双涵道条件下的 S 弯喷管在不同内涵落压比(nozzle pressure ratio, NPR)与外涵落压比(second nozzle pressure ratio, SPR)条件下的尾喷流流场纹影图像,上、下壁面及侧壁面的沿程压力分布,喷管出口总压参数、流量参数及推力参数。具体的实验测量方案见表 2-4。

表 2-4　双涵道条件下的 S 弯喷管实验测量方案

内涵落压比	外涵落压比	总压、流量、推力	喷管沿程壁面静压及出口波系分布
2.0	1.8	√	√
	2.0	√	√
	2.2	√	√
	2.4	√	√

续　表

内 涵 落 压 比	外 涵 落 压 比	总压、流量、推力	喷管沿程壁面静压及出口波系分布
3.0	2.7	√	√
	3.0	√	√
	3.3	√	√
	3.6	√	√
4.0	3.6	√	√
	4.0	√	√
	4.4	√	√
	4.8	√	√

4. 实验测量结果

图 2 - 33 ~ 图 2 - 35 给出了内涵落压比分别为 2、3、4 条件下的双涵道条件下的 S 弯喷管出口波系分布。可以看到,当内涵落压比为 2 时,S 弯喷管处于轻微的欠膨胀状态,喷管出口下游产生的压缩波-膨胀波系较弱,纹影图显示较为模糊,喷管出口的两条自由边界近似平行且沿轴向方向。随着外涵落压比的增加,喷管出口的波系分布特征变化不明显。当内涵落压比为 3 时,S 弯喷管欠膨胀状态加剧,

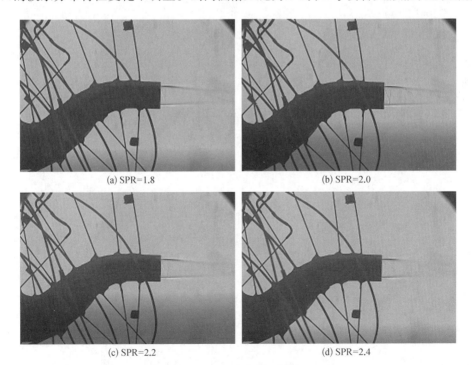

(a) SPR=1.8　　　　　　　　　　(b) SPR=2.0

(c) SPR=2.2　　　　　　　　　　(d) SPR=2.4

图 2 - 33　NPR = 2 条件下的 S 弯喷管出口波系分布

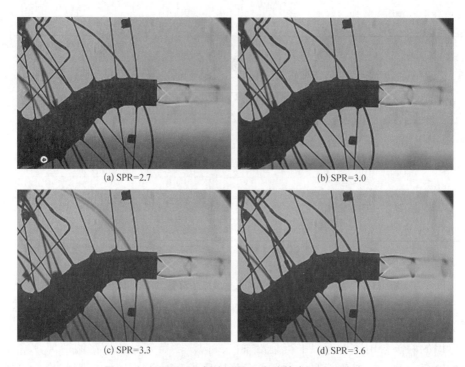

(a) SPR=2.7　　　　　　　　　　　　　　(b) SPR=3.0

(c) SPR=3.3　　　　　　　　　　　　　　(d) SPR=3.6

图 2-34　NPR=3 条件下的 S 弯喷管出口波系分布

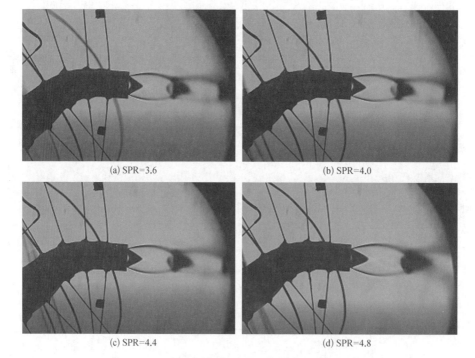

(a) SPR=3.6　　　　　　　　　　　　　　(b) SPR=4.0

(c) SPR=4.4　　　　　　　　　　　　　　(d) SPR=4.8

图 2-35　NPR=4 条件下的 S 弯喷管出口波系分布

喷管出口产生两道膨胀波,尾喷流经过膨胀波后向外侧偏转一定角度,即产生较大的气流膨胀角,两道膨胀波交汇后仍然是膨胀波,之后膨胀波遇见自由边界反射出两道压缩波,气流经过压缩波后向内偏转一定角度,两道压缩波交汇后仍然是压缩波,且此压缩波在气流边界反射出两道膨胀波,依次交替,这就是典型的压缩波-膨胀波系。由于气流经历持续的膨胀-压缩-再膨胀-再压缩过程,喷管出口的两条自由边界表现出扩张-收缩-再扩张-再收缩的形状。相比内涵落压比2,此落压比条件下纹影显示的波系分布更加清晰。随着外涵落压比的逐渐增大,压缩波-膨胀波系无明显变化。当内涵落压比为4时,基本波系的结构与落压比为3的时候基本一致,但膨胀角和压缩角更大,气流膨胀-压缩过程更加剧烈,纹影显示的波系分布特征更加显著。随着内涵落压比的增大,单个膨胀-压缩波系范围会变大,纹影视图中可容纳的波系数量相应减少。随着外涵落压比的逐渐增大,压缩波-膨胀波系仍然无明显变化。

图 2-36~图 2-38 对比了不同内/外涵落压比条件下 S 弯喷管模型的上、下壁面以及侧壁面上的无量纲静压(以环境压力无量纲化)的分布。可以看出,不同落压比条件下的 S 弯喷管沿程壁面的静压分布趋势基本保持一致,且随着落压比的逐渐增大,壁面测点静压

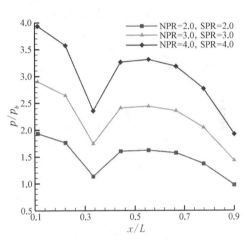

图 2-36　不同落压比下的喷管
上壁面静压分布

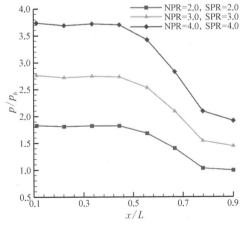

图 2-37　不同落压比下的喷管
下壁面静压分布

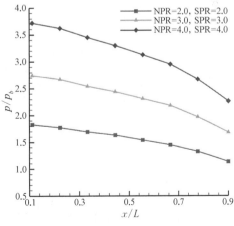

图 2-38　不同落压比下的 S 弯
喷管侧壁面静压分布

值均持续增大。喷管上壁面的静压值在第一弯通道内快速降低并在第一弯转弯处附近达到局部最小值。气流通过转弯处,上壁面静压在第二弯通道前段快速上升,随后静压逐渐下降直到喷管出口。喷管下壁面的静压值在喷管进口至第二弯通道前段区域变化较小,随后开始快速下降,并在第二弯转弯处达到局部最小值,在等直段内,静压继续降低,但下降速度明显减缓。侧壁面沿程静压逐渐减小,且减小幅度逐渐增大。

图 2-39~图 2-41 对比了三组内涵落压比条件下,不同外涵落压比对 S 弯喷管模型的上、下壁面以及侧壁面无量纲静压分布的影响规律。可以看到,内涵落压比相同、外涵落压比不同的 S 弯喷管沿程壁面的静压分布趋势基本保持一致,分布规律与前文所述一致。随着外涵落压比的逐渐增大,除了喷管等直段区域外,沿程

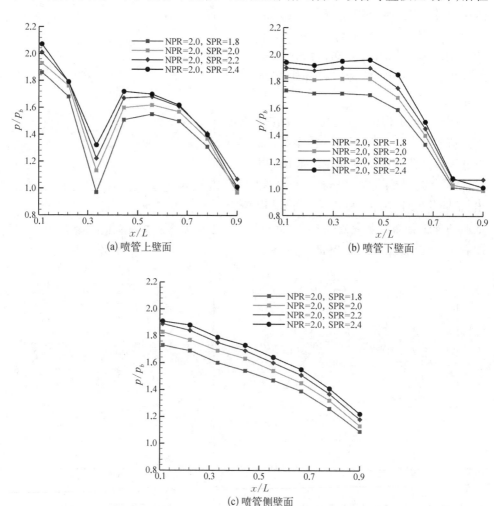

图 2-39　不同外涵落压比下的 S 弯喷管侧壁面静压分布(NPR=2)

壁面测点的静压值均持续增大。当内涵落压比 NPR=2 和 3 时,外涵落压比增大,壁面静压增加幅值逐渐减小;当 NPR=4 时,外涵落压比增大,壁面静压增加幅值先减小后增大。在喷管等直段区域,对于三种内涵落压比状态,随着外涵落压比的增大,侧壁面静压逐渐上升,但上、下壁面静压出现先增大后减小的变化趋势。对于 NPR=2,上壁面静压随外涵落压比逐渐增大而出现减小的趋势发生在外涵落压比 SPR 从 2 变化到 2.2;对于 NPR=3,该趋势发生在 SPR 从 3.3 变化到 3.6;对于 NPR=4,该趋势发生在 SPR 从 4.0 变化到 4.4。对于三种内涵落压比状态,下壁面静压随外涵落压比逐渐增大而出现减小的趋势均发生在 SPR 变化到相应的最大外涵落压比处,可能的原因在于 S 弯喷管沿纵向截面的结构弯曲所产生的上下壁面非对称静压分布。

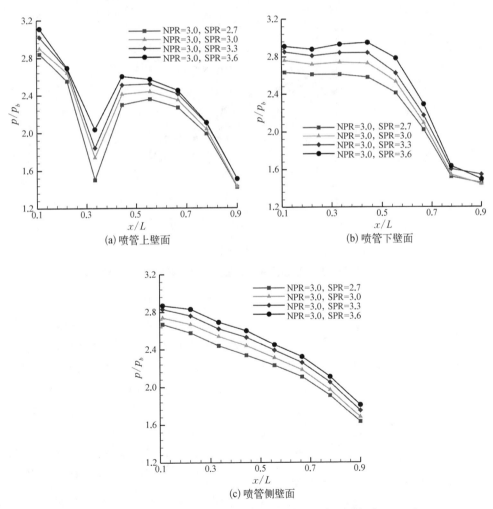

图 2-40　不同外涵落压比下的 S 弯喷管侧壁面静压分布(NPR=3)

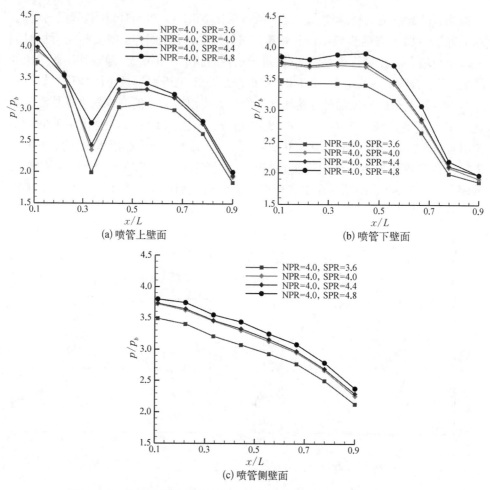

(a) 喷管上壁面

(b) 喷管下壁面

(c) 喷管侧壁面

图 2-41　不同外涵落压比下的 S 弯喷管侧壁面静压分布(NPR=4)

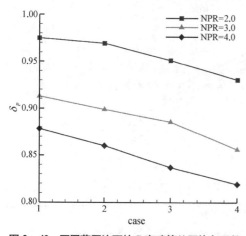

图 2-42　不同落压比下的 S 弯喷管总压恢复系数

图 2-42~图 2-44 给出了不同内/外涵落压比条件下喷管的总压恢复系数、涵道比及流量的变化趋势。关于 NPR=2 条件,分别定义 SPR=1.8、2.0、2.2、2.4 为 case1、case2、case3 以及 case4;相应地,关于 NPR=3 条件,分别定义 SPR=2.7、3.0、3.3、3.6 为 case1、case2、case3 以及 case4;关于 NPR=4 条件,分别定义 SPR=3.6、4.0、4.4、4.8 为 case1、case2、case3 以及 case4。可以看到,随着内涵落压比和外涵落压比的

增大,S 弯喷管的总压恢复系数逐渐减小;相同内涵落压比情况下,随着外涵落压比的逐渐增大,S 弯喷管的涵道比快速上升,而内涵落压比对涵道比的影响相对较小。关于流量的变化趋势,内涵落压比一定时,随着外涵落压比的逐渐增大,喷管流量逐渐增大,但增加幅度较小;外涵落压比一定时,随着内涵落压比的逐渐增大,喷管流量显著上升。这反映出内涵落压比对 S 弯喷管总流量的影响远大于外涵落压比。

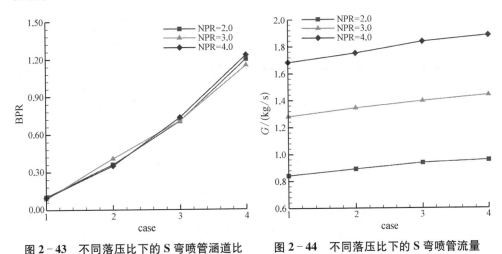

图 2－43　不同落压比下的 S 弯喷管涵道比　　　图 2－44　不同落压比下的 S 弯喷管流量

2.3.3　双涵道条件下 S 弯喷管数值模拟方法验证研究

图 2-45 给出了不同内/外涵落压比条件下,S 弯喷管上、下壁面上的静压分布数值模拟结果与实验测量数据的对比。由图可知,数值计算获得的喷管壁面静压分布趋势与实验结果基本一致,静压变化规律为:上壁面静压在喷管第一段 S 弯通道内快速下降,并在第一弯转弯处附近达到局部最小值;上壁面静压在第二段 S 弯通道前段静压开始急剧上升,随后开始迅速下降直到第二弯转弯处;在喷管等直段内,静压下降速度减缓。喷管下壁面的静压在第一段 S 弯通道内基本不变,静压在第二段 S 弯通道内迅速下降,并在第二弯转弯处达到局部最小值。此外,对于不同的内/外涵落压比条件,实验测量得到的各点壁面压力值大都落在了数值预测曲线上。数值预测结果与实验测量结果的主要差异表现在上壁面第一弯测点以及 S 弯喷管出口测点的压力值大小。

本节还给出了各测量点处的气动参数预测值 p_n 与实验值 p_e 之间的相对误差计算公式:$|(p-p_{ex})/p_{ex}|\times100\%$,图 2－46 为各测点处数值预测的壁面静压值与实验测量值的相对误差。由图可知,NPR＝2,SPR＝2 以及 NPR＝3,SPR＝3 两组落压比条件下,上、下壁面大多数测点的实验与数值模拟相对误差均小于 2%,仅在第一弯转弯处上壁面、第二弯转弯处下壁面相对误差较大,但基本都在 4% 以内;落压比

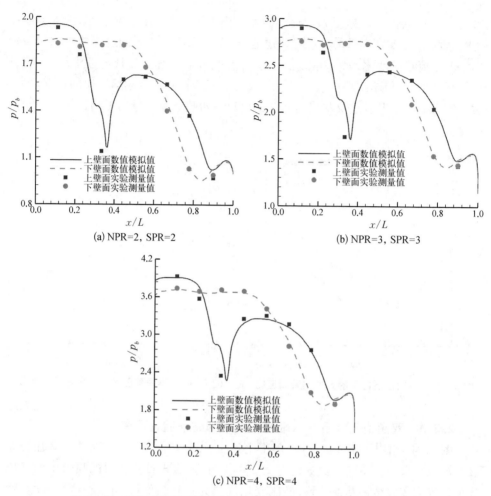

图 2-45　S 弯喷管壁面静压分布的数值模拟与实验测量结果的对比

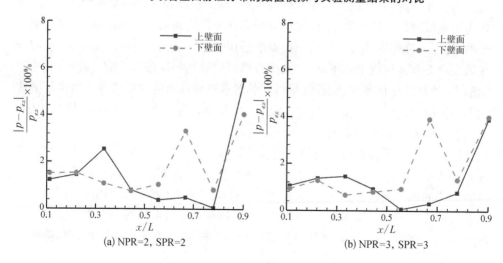

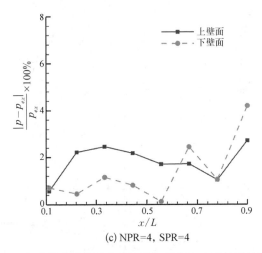

(c) NPR=4, SPR=4

图 2－46　S 弯喷管壁面静压分布的数值模拟与实验结果的相对误差

NPR＝4,SPR＝4 条件下,上、下壁面大多数测点的实验与数值模拟结果的相对误差几乎均小于 3%。个别测点出现较大误差的原因可能是实验测量点定位有偏差或实验中气流落压比不稳定;此外,较大误差点均出现在静压变化梯度较大的区域内,从而间接增大了实验测量的误差。综上所述,不同内/外涵落压比条件下,S 弯喷管壁面静压的数值模拟与实验测量结果误差总体较小,本节采用的数值模拟方法能够准确模拟双涵道条件下的 S 弯喷管内部流动特征。

2.3.4　涡扇发动机用 S 弯喷管流动机理分析

涡扇发动机用 S 弯喷管的流场特征与喷管及排气混合器的几何构型密切相关,排气混合器结构以及 S 弯喷管的标准几何模型如图 2－21 所示,其关键几何参数及流场计算所需的气动边界已在本书 2.3.1 节进行了介绍。在此基础上,为了便于分析 S 弯喷管内部的具体流场细节,这里给出了喷管横向流通截面沿轴向的无量纲位置分布,如图 2－47 所示,其中:截面 A 为排气混合器进口截面;截面 B 为 S 弯喷管进口截面;截面 C 位于第一弯转弯处;截面 D 和截面 E 位于第一、二弯转弯处之间;截面 F 位于第二弯转弯处,即喷管等直段进口,S 形收敛段出口;截面 G 为喷管出口截面。根据主视图所反映的纵向截面特征,喷管内部流通截面 C、D 处的曲率中心位于喷管型面上侧,截面 E 处的曲率中心位于喷管型面下侧;根据侧视图所反映的横向截面特征,喷管内部流通截面 C、D 处的曲率中心位于喷管型面外侧,截面 E 处的曲率中心位于喷管型面内侧。

此外,通过建立横向流通截面的周缘壁面无量纲坐标系,获取 S 弯喷管的沿程截面周缘壁面静压分布特征,如图 2－48 所示,横向流通截面关于 Z＝0 平面对称,这里分析右半侧截面上的周缘壁面静压分布。侧壁 Y＝0 处定义为坐标系原点,无

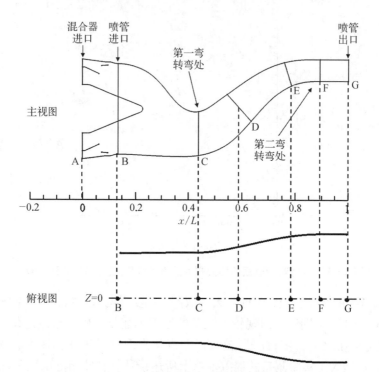

图 2-47　S 弯喷管流通截面沿轴向的无量纲位置分布

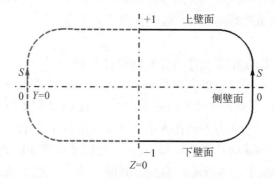

图 2-48　S 弯喷管周缘壁面无量纲坐标系

量纲弧长 S 为周缘壁面上各点距坐标原点的距离与 1/2 右侧周缘壁面周长的比值。因而整个流通横截面的周缘壁面上壁面中点对应 $S=1$，下壁面中点对应 $S=-1$。

　　本节主要从以下方面分析涡扇发动机用双涵道条件下的 S 弯喷管内部的复杂流动特征及其产生机理。分析内容包括：对称面上马赫数、流线及对称面壁面上的静压分布；波瓣混合器结构的马赫数、壁面极限流线分布，尾锥结构壁面极限流线分布；沿程截面上的 x 方向涡量分布、静温分布以及喷管壁面温度分布；沿程截面的周缘壁面静压分布及壁面极限流线分布；对称面及沿程截面上的总压分布等流场特征。

图 2-49、图 2-50 分别给出了 S 弯喷管对称面上马赫数、流线以及对称面壁面上静压分布。从马赫数及流线分布可以看出，S 形弯曲通道导致管内的气流流动发生了明显的弯曲且出现流线汇聚；气流速度存在明显的非均匀特征，第一弯转弯处上壁面附近区域以及第二弯转弯处下壁面附近区域均存在着局部高速区；在 S 形弯曲管道与尾锥、波瓣混合器复杂结构的共同作用下，尾锥下壁面及波瓣混合器后端内侧均出现了显著的流动分离，形成了低速气流区，且低速区在对称面上关于对称的尾锥及波瓣混合器结构呈现出典型的非对称分布特征。从对称面壁面上的压力分布可以看出，在排气混合器收敛段内，上、下壁面静压均逐渐减小。对于上壁面静压分布特征：在第一段 S 弯通道，壁面静压先稳定不变，随后开始快速下降，至第一弯转弯处达到局部最小值；在第二段 S 弯通道前段静压快速上升，随后持续下降直到第二弯转弯处附近；在等直段内，静压基本保持不变。对于下壁面静压分布特征：在第一段 S 弯通道内，壁面静压基本保持不变；进入第二弯通道内，静压持

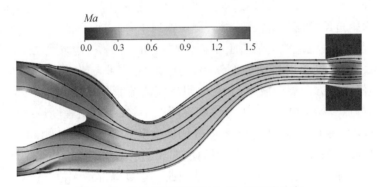

图 2-49　S 弯喷管对称面上 *Ma* 及流线分布

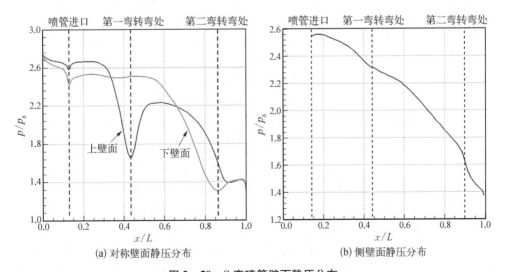

(a) 对称壁面静压分布　　　　(b) 侧壁面静压分布

图 2-50　S 弯喷管壁面静压分布

续快速下降,在第二弯转弯处附近达到局部最小值;在等直段内,静压略微上升随后保持不变,且与上壁面静压分布基本一致。而喷管的侧壁面静压沿流向逐渐降低,且在第一弯转弯处附近出现压力陡降,而在第二弯转弯处附近,压力下降趋势减缓。

气流流动的弯曲特征与对应法向方向上的壁面压力梯度有关,而对称壁面上静压分布与气流速度分布密切相关,气流的加减速差异则与几何弯曲型面的曲率大小和方向有关,本节按照几何构型特征—气流加减速差异—对称壁面上静压分布—气流流动法向方向压力梯度—气流流线弯曲—流场分布特征的思路详细分析上述涡扇发动机用 S 弯喷管内部出现的各种流动现象的产生机理。

在排气混合段内,混合器结构沿纵向呈现对称特征,但是下游 S 形弯曲管道的非对称几何特征导致其压力分布呈现非对称性,即上壁面压力大于下壁面压力,这种纵向非对称压力分布在亚声速流场内向前传递,从而改变排气混合器内的压力分布,因而排气混合器的上壁面压力值高于下壁面,且排气混合器的壁面静压沿流向逐渐下降。而在 S 弯喷管区域,第一弯通道的曲率中心位于喷管上壁面外侧,这导致上壁面附近的气流流管快速收缩,静压快速下降,进而形成了方向向上的法向压力梯度,因此,气流流线向喷管上壁面外侧弯曲。在第一弯转弯处,上壁面曲率达到局部最大值,气流的局部加速作用最强,形成局部高速区。在第二弯通道前段,曲率值沿流向方向逐渐减小,上壁面附近气流流管呈扩张状态,气流开始逐渐减速,因而静压开始上升,法向压力梯度逐渐减小,气流弯曲程度持续减弱。在第二弯通道后段,曲率中心从喷管上壁面外侧移动至喷管下壁面外侧,下壁面附近的气流流管快速收缩,静压快速下降,因而法向压力梯度方向向下,气流流线向喷管下壁面外侧弯曲。在第二弯转弯处,下壁面曲率达到局部最大值,气流的局部加速作用最强,形成局部高速区。在等直段内,上下壁面气流速度开始趋于一致,上下壁面静压也逐渐趋于相等。关于 S 弯喷管的侧壁面静压分布,由于气流沿流向方向持续加速,因而侧壁面静压逐渐降低。但在第一弯转弯处下游,喷管的横向型面出现弯曲扩张,因而侧壁面局部气流加速程度增大,在第一弯转弯处附近出现局部压力陡降。而在第二弯转弯处上游,喷管横向型面出现弯曲收缩,因而局部气流加速程度减弱,在第二弯转弯处上游区域压力下降速度减缓。

图 2-51 给出了排气混合器内波瓣混合器结构内/外涵道侧的近壁面马赫数、流线分布。可以看到,波瓣混合器内/外涵道侧的“漏斗形”掺混区下游均存在一个明显的低速区,这是由于该区域发生了显著的流动分离,根据之前所述,排气混合器下游背压分布呈现非对称性,因而外涵通道侧的流动分离区域明显小于内涵通道侧。由于外涵通道是一个收敛通道,随着外涵高压气流的快速压迫,外涵近壁面气流很快重新贴壁流过波瓣混合器,因此这是一个闭式分离区,且分离区域较小。当外涵气流沿着波瓣混合器“漏斗形”型面进入内涵,阻碍并改变了内涵气流的初始流动方向,内/外涵混合气流沿“漏斗形”型面向右下方高速冲击,情形类似

高速射流,因而在波瓣混合器内涵侧"漏斗形"掺混区下游出现了一个低速气流区,但随着"高速射流"沿"漏斗形"型面的发展逐渐减弱且内/外涵气流的逐渐压迫,该低速分离区沿流向方向逐渐减小,在波瓣混合器下游一定距离后,内/外涵气流实现了进一步的第二次掺混。因此这同样也是一个闭式分离区,形状类似"三角锥",分离区域相比外涵侧分离区更大,且"三角锥"分离区沿轴向方向向右偏转角度相对较大。

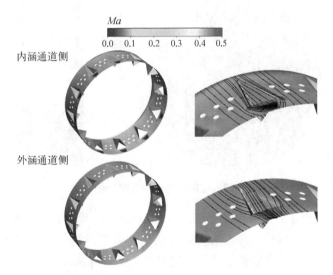

图 2 - 51　波瓣混合器结构内/外涵道侧近壁面马赫数与流线分布

　　如前面图 2 - 49 所示,尾锥结构产生的流动分离导致下游出现了两个低马赫数区域,它们分别来自尾锥下壁面和上壁面。由于尾锥尺寸较大,排气混合器段尺寸较短,使得尾锥壁面附近的流动特征受 S 形弯曲通道的影响较大。图 2 - 52 给出了尾锥结构的壁面极限流线分布。可以看到,尾锥上、下壁面的两个区域发生了流动分离。上壁面的流动分离出现在尾锥半球体上侧的起始位置;下壁面的流动分离出现在尾锥下壁面中间位置之后、下壁面半球体起始位置之前。这两个位置处的流动分离特征不同,流动分离产生的原因也是不同的。上壁面半球体起始位置的流动分离表现为两个横向对称的分离旋涡;而下壁面是一个范围较大的流动分离区,表现为从鞍点到结点的分离流线,周围的极限流线向分离线汇聚。由于尾锥型面是一个收敛结构,因而内涵是一个扩张通道,内涵气流表现为减速增压,从而在尾锥壁面附近产生了轴向逆压梯度。另外,根据之前所述,下游 S 形弯曲通道的影响使得尾锥壁面附近产生了沿纵向向下的压力梯度。这两个方向的压力梯度的综合作用对于尾锥上、下壁面的影响是完全相反的。在尾锥上壁面区域,纵向压力梯度与气流流动方向的夹角为锐角,因而合压力梯度沿流向表现为顺压力梯度;在尾锥下壁面区域,纵向压力梯度与气流流动方向的夹角为钝角,合压力梯度沿流线方向表现为逆压力梯度,相应地,在尾锥下壁面上形成了沿流向的逆压梯度。因此,尾锥上壁面半球附近的流动分离是由尾锥上壁面半球体较大的曲率导致的,上壁面流动分离出现在尾锥半球体起始位置,且分离区域较小;而尾锥下壁面附近的流动分离是由沿流向方向的逆压梯度导致的,从而证明了下壁面流动分离出现在尾锥半球前侧、中间位置偏后,且分离区域较大。

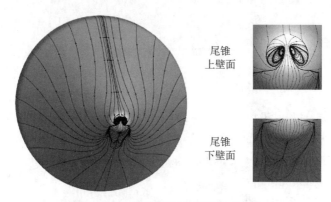

尾锥
上壁面

尾锥
下壁面

图 2 - 52　尾锥结构壁面极限流线分布

图 2 - 53 给出了 S 弯喷管沿程截面上的 x 方向涡量分布。根据文献(刘友宏等,2015)所述,流向涡是一对互为反向且沿流动方向发展的涡。对于涡喷发动机用 S 弯喷管三维流场,涡量量级较大的流向涡主要来自壁面边界层和近壁面角区。对于本节研究的 S 弯喷管三维流场,可以看到上述涡量的存在。除此以外,在核心流区域,波瓣混合器及尾锥结构的引入分别导致不同的流向涡分布。

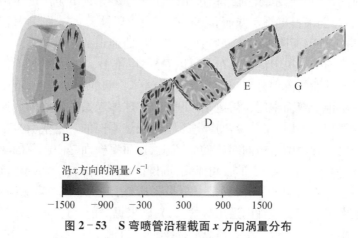

沿 x 方向的涡量/s^{-1}

-1500　　-900　　-300　　300　　900　　1500

图 2 - 53　S 弯喷管沿程截面 x 方向涡量分布

根据前文所述,本节采用的复杂波瓣混合器结构是 12 组几何特征相同波瓣构型环形均布,每个波瓣构型包含一个"漏斗形"主掺混结构和常规环形结构。当内/外涵气流流过波瓣构型中的常规环形结构时,环形型面的内涵侧流体具有沿径向向外的速度分量,而环形型面的外涵侧流体具有沿径向向内的速度分量,从而在常规环形结构下游形成一对互为反向的流向涡。截面 B 显示,整个波瓣构型由常规环形结构产生的流向涡共有 12 对,且沿环形分布,流向涡涡量相对较弱。"漏斗形"结构可以被近似看作一个与常规环形结构曲率方向相反的环形结构。基于上述原理,整个波瓣构型由"漏斗形"主掺混结构产生的流向涡也有 12 对,方向与常规环形结构形成的流向涡方向相反。截面 C 显示,由波瓣混合器诱导产生的两组流向涡由环形排列逐渐变成"类矩形"形状排列。在法向压力梯度作用下,流向涡分布整体向上侧移动。此外,由于弯道上壁面气流加速较快,较大的速度梯度导致较强的涡管收缩,所以截面上侧涡量增强。随着流向涡继续向下游发展,由于截面的持续横向扩张,流向涡进一步向外扩散,开始贴壁分布并与壁面角区产生的流向涡合并。在截面 D 上,上壁面附近区域的涡量由于涡拉伸作用而减弱。而流向涡继续发展到了截面 E,截面的持续横向扩张导致截面核心流区域的涡量显著降低,且涡量分布变得杂乱无章。由波瓣混合器诱导产生的较强的流向涡紧贴侧壁分布。由于横截面 E 位于第二弯附近,气流流管快速收缩,气流速度迅速增加,下壁面区域涡量显著增强。横截面 G 核心流区域的涡量因为气流掺混也进一步减弱,涡量分布显得更加混乱。

尾锥是引起 S 弯喷管内部出现高涡量分布特征的另一个重要结构。由尾锥上、下壁面诱导产生的流动分离所形成的两股低马赫数气流在截面 B 形成两对反向旋转的流向涡,在喷管第一弯处的法向压力梯度的作用下,这两对流向涡的位置偏离了截面的中心,位于横截面 B 中间偏上的位置。位置相对靠上的流向涡是由上壁面半球体曲率过大诱导产生的流动分离所形成的,涡量值相对较小,涡分布区域也较小;位置相对靠下的流向涡是由下壁面逆压梯度诱导产生的流动分离形成的,涡量值相对较大,涡分布区域也相对较大。随着流向涡继续向下游发展,流向涡不断强迫内/外涵气流掺混,尾锥诱导产生的核心区域的流向涡涡量逐渐降低,在截面 D 处,尾锥诱导产生的流向涡与波瓣混合器产生的流向涡合并,且涡量减弱。随着流通截面的持续横向扩张,尾锥产生的流向涡对也发生横向扩散。

图 2-54、图 2-55 分别给出了 S 弯喷管沿程截面上的静温分布及壁面上的静温分布。可以看出,沿程截面及喷管壁面上的静温分布主要取决于流通截面上 x 方向的涡量(流向涡)分布。其中,波瓣混合器及尾锥结构诱导产生的流向涡是影响静温分布的主要动因,而边界层内的涡量以及 S 弯圆转方构型所诱导产生的角区涡则影响不大,在下述分析中没有提及。

在截面 B 上,由波瓣混合器诱导产生的流向涡能够驱使内涵热流与外涵冷流掺混,但其中波瓣混合器"漏斗形"结构诱导产生的流向涡是内、外涵气流掺混的主要动因。在"漏斗形"结构产生的环形流向涡的作用下,截面 B 上的静温分布表现为类似"花瓣"形状的分布特征。在截面 C 上,"花瓣形"静温分布逐渐变为类似

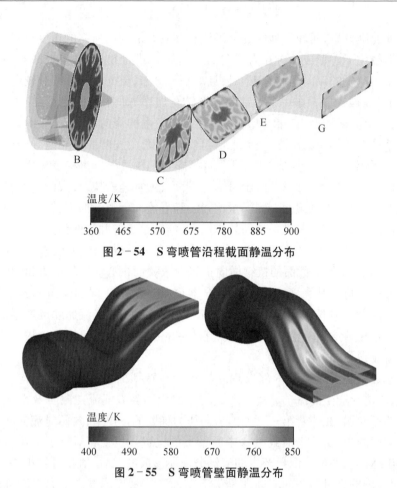

图 2-54 S 弯喷管沿程截面静温分布

图 2-55 S 弯喷管壁面静温分布

"蜘蛛形"的分布特征。由于 S 形弯曲通道的影响,上壁面附近区域的气流掺混增强,高温区域减小,温度降低。在法向压力梯度的作用下,截面上的高温区域分布整体向上侧移动。随着截面的横向扩张,高温区域逐渐向外侧扩散。在截面 D 上,随着下壁面附近区域的气流掺混增强,上下侧高温区域的分布差异减小。随着截面的持续横向扩张,高温核心区域沿横向拉伸。由尾锥上壁面产生的流向涡沿纵向向下伸展,并与波瓣混合器产生的涡发生合并,加强了截面核心区上侧区域的气流掺混效果,因而截面 D 上的高温核心区域由"类矩形"改变为类似"豌豆形"。在截面 E 上,由于 S 形弯曲通道的影响,下壁面附近的高温区域显著减小。而随着流向涡逐渐贴壁分布,涡卷吸着内涵高温气流冲击由外涵冷流包裹着的低温壁面,喷管壁面上开始出现局部"热斑"特征,由于下壁面附近区域涡量相对上壁面更强,因而下壁面热流冲击面积更大,冲击强度也更大。截面上的高温核心区进一步沿横向拉伸,因而由"豌豆形"变为类似"鲸鱼尾形"。在截面 G 上,位于截面中间区域的流向涡进一步扩散,高温气流持续外翻冲击喷管壁面。位于横截面中心的高温核心区继续被横向拉伸,截面上的"鲸鱼尾形"高温核心区域范围及强度均明显减小。

此外,S 弯喷管的壁面热斑主要集中于喷管第二弯转弯处及其下游。由于 S 弯喷管内部的涡量分布始终关于纵向对称面对称,因而喷管的壁面热斑分布同样关于纵向对称面对称。S 弯喷管沿纵向弯曲呈典型非对称型面结构,在第二弯转弯处及其下游区域,下壁面的涡量覆盖范围及其强度均明显高于上壁面。因此,S 弯喷管下壁面"热斑"区域强度及范围明显高于上壁面,且高强度热斑区均对应喷管相应的近壁面高涡量区,它对 S 弯喷管的结构带来不可忽视的影响。

图 2-56、图 2-57 分别给出了 S 弯喷管沿程截面的周缘壁面静压分布和一半壁面上的极限流线及剪切应力分布。可以看到,S 弯喷管的近壁面流动存在着流线沿纵向和横向弯曲、汇聚、扩张等特殊现象,这与喷管垂直于流动方向的纵向压力梯度与横向压力梯度密切相关,而法向与横向压力梯度沿流向的分布特征又决定于喷管法向、横向的曲率大小,即取决于喷管沿流动方向的几何弯曲构型。本节按照 S 弯喷管弯曲构型——流动沿程曲率分布——压力梯度变化趋势——壁面极限流线分布的思路着重分析 S 弯喷管特殊几何构型对其壁面极限流线分布特征的影响机理。

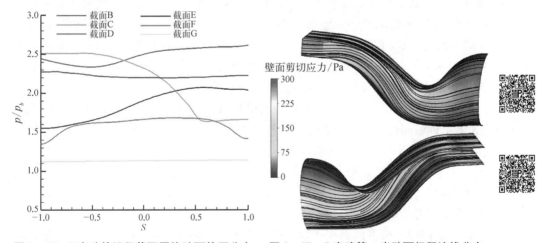

图 2-56　S 弯喷管沿程截面周缘壁面静压分布　　图 2-57　S 弯喷管一半壁面极限流线分布

在截面 B 上,由于喷管沿纵向截面向下弯曲,纵向曲率中心位于喷管型面下侧,因此存在纵向向下的法向压力梯度,喷管上壁面静压大于下壁面静压,整个截面 B 的周缘壁面静压分布特征为上壁面静压>侧壁面静压>下壁面静压,壁面极限流线沿该截面下游区域弯曲向下。截面 C 位于喷管第一弯转弯处,喷管的纵向曲率中心位于型面上侧,因而产生沿纵向向上的压力梯度,喷管上壁面压力快速降低,截面 C 的周缘壁面静压分布特征为下壁面静压>侧壁面静压>上壁面静压,壁面极限流线在截面 C 下游区域弯曲向上。从截面 C 至截面 D,喷管横截面扩张,喷管壁面流线沿横向向外侧弯曲扩张流动的趋势较为明显。较大的弯曲曲率也导致截面 C 上壁面附近气流剧烈加速,壁面剪切应力显著上升。在截面 D 处,喷管型面上侧的纵向曲率减小,上壁面静压升高。从截面 D 至截面 E,喷管截面继续横向扩张,截面 D 附近的曲率几乎减小至零,因此,整个截面 D 的周缘上、下壁面及侧壁面静压几乎一致,壁面流线沿横向向外侧弯曲扩张流动的趋势依旧较为明显。截面 E 位于喷管第二弯转弯处,喷管纵向曲率中心移动至喷管型面下侧,喷管下壁面压力快速降低。在较大纵向逆压梯度的作用下,截面 E 附近的壁面极限流线沿轴线方向弯曲。较大的曲率也导致截面 E 下壁面附近气流剧烈加速,壁面剪切应力显著上升。从截面 E 至截面 F,喷管横截面扩张,横向压力梯度指向喷管内侧,喷管侧壁面静压下降速度减缓。因此,整个截面 E 的周缘壁面静压分布特征为上壁面静压>侧壁面静压>下壁面静压。喷管上下壁面的极限流线在横向逆压梯度的作用下,开始出现流线向内侧弯曲汇聚。截面 F 位于 S 弯喷管 S 形收敛段末端,沿纵向向下的法向压力梯度显著降低,上、下壁面静压的差异明显减小。在持续的纵向逆压梯度的作用下,截面 E 处被弯曲至沿轴线方向的壁面极限流线继续向下弯曲。截面 F 附近的横向曲率相比截面 E 继续增大,喷管上下壁面的极限流线在持续的横向逆压梯度的作用下,流线进一步向内侧弯曲汇聚。此截面处的横向曲率的作用十分突出,使得侧壁面压力大于上、下壁面压力。截面 F 至喷管出口截面 G 的等直段内,喷管的曲率中心为零,喷管的壁面静压逐步趋于一致,壁面极限流线方向基本不变,上、下壁面的极限流线继续向内侧弯曲汇聚。由于气流在等直段内达到超声速,因而等直段的壁面剪切应力显著增大。

图 2-58 给出了 S 弯喷管对称面与沿程截面上的总压恢复系数分布。可以看出,除了近壁面边界层内因黏性损失和涡损失产生较大的总压损失外,由波瓣混合器及尾锥结构产生的总压损失同样不容忽视。波瓣混合器中的常规环形结构一方面产生了流向涡,从而带来了涡损失;另一方面,内、外涵气流通过该环形结构之间发生掺混形成剪切层,从而增加了喷管内的黏性损失及掺混损失。而波瓣混合器的"漏斗形"结构除了产生上述的损失之外,最重要的是该结构所诱导产生的内/外涵气流掺混导致下游出现严重的流动分离,从而带来较大的涡损失。尾锥因其结构尾部的大曲率半球体以及较大收敛角特征诱导出两个严重的流动分离区域,同样产生了较大的涡损失。波瓣混合器和尾锥产生的涡损失贯穿了整个 S 弯通道,它与 S 弯喷管的圆转方弯曲构型相互影响,在整个喷管通道内强化了内/外涵气流的掺混效果,增大了冷/热流的掺混损失。此外,根据涡喷发动机用 S 弯喷管的研究结果,S 弯喷管因圆转方过渡型面的弯曲通道结构而产生了显著的加速损失、二次流损失、碰撞损失等局部损失,它们在涡扇发动机用双涵道条件下的 S 弯喷管中同样存在。因此,双涵道条件下的 S 弯喷管气动性能损失主要包括涡损失、

掺混损失、黏性损失及局部损失,而损失来源主要是壁面边界层、内/外涵两股流、波瓣混合器及尾锥结构。

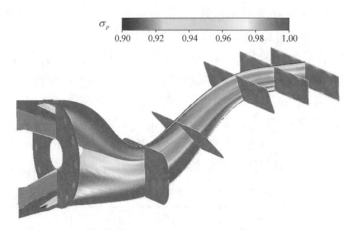

图 2 - 58　S 弯喷管对称面与沿程截面上的总压恢复系数分布

　　由上述分析可知,排气混合器中的内/外涵双股流、波瓣混合器以及尾锥的存在及其与 S 弯喷管圆转方弯曲构型的相互作用是涡扇发动机用 S 弯喷管流场发展与演变最本质的特征。波瓣混合器、尾锥等结构的引入诱导产生了一些新的特殊流动现象,如环形流向涡、尾锥下游的分离涡、内/外涵剪切层等,这些涡系分布在 S 形的圆转方弯曲通道的约束下不断发展与演化,显著影响着喷管的对称面马赫数分布、沿程截面的涡系分布及静温分布,它们与 S 弯喷管构型固有的典型流动特征如局部加速、横向二次流以及角区处的流向涡相互交织,从而使 S 弯喷管内部的流场特征变得更加特殊与复杂,出现了诸如由环形流向涡因涡拉伸作用而出现的非对称分布,涡流卷吸热流冲击壁面形成“热斑”,核心流在内/外涵持续的掺混作用下由“花瓣形”逐渐演化为“鲸鱼尾形”特征等全新的流动现象。S 弯喷管的圆转方弯曲几何构型影响了流动沿程的横向、法向曲率分布,进而影响喷管对称面壁面压力分布及沿程截面周缘壁面压力分布,从而决定横向、法向压力梯度的变化趋势,进而影响壁面极限流线的分布特征。上述这些流场特征产生了涡损失、掺混损失、黏性损失及局部损失等主要流动损失,最终对 S 弯喷管的气动性能产生十分重要的影响。

2.4　几何参数对涡扇发动机用 S 弯喷管流动特性的影响研究

　　涡扇发动机用 S 弯喷管的几何设计参数众多,不同参数对其气动性能影响各不相同。根据图 2 - 3 所示的 S 弯喷管关键几何参数及涡喷发动机用 S 弯喷管几何参数影响规律的研究结果,本节选取对 S 弯喷管气动性能影响较为显著的关键几何参数,包括:喷管第一、二弯轴向长度 L_1 和 L_2、喷管出口宽度 W_e 和出口高度 H_e、第二弯纵向偏距 ΔY_2。以喷管进口直径 D 为基准参数,将上述 5 个几何参数通过无量纲处理转化为 4 个无量纲参数,包括出口宽高比 W_e/H_e、长径比 L/D、遮挡率 $\Delta Y_2/L_2$ 以及两弯轴向长度比 L_2/L_1,其中喷管轴向长度 $L = L_1 + L_2 + L_3$,遮挡率 $\Delta Y_2/L_2 = 0.513$ 表示遮挡率为 100%,即喷管实现对进口高温部件的完全遮挡。针对上述 4 个几何参数,开展关键几何参数对涡扇发动机用 S 弯喷管流动特性的影响研究,分析关键参数作用下的 S 弯喷管流场特征的发展与演化,获取不同参数范围内的 S 弯喷管气动性能变化趋势。表 2-5 给出了各关键无量纲几何参数在设计状态下的取值及其参数化研究时的变化范围。除了遮挡率参数的研究外,其余参数的研究必须受到完全遮挡高温部件准则的约束,即第二弯纵向偏距会发生变化。

表 2-5　双 S 弯喷管关键几何参数在设计状态下的取值及其变化范围

几何参数	L/D	$\Delta Y_2/L_2$	L_2/L_1	W_e/H_e
设计状态	2.6	0.51	1.5	6
变化范围	2.2~2.8	0.13~0.51	0.67~2	3~6

2.4.1　出口宽高比对 S 弯喷管流动特性的影响研究

本节在地面工况下,分别数值研究了 4 种不同出口宽度比 W_e/H_e 的涡扇发动机用 S 弯喷管的流场特征。不同 S 弯喷管的几何构型三视图如图 2-59 所示,出口宽高比及相应的第二弯无量纲纵向偏距的取值如表 2-6 所示,第二弯无量纲纵向偏距反映了 S 弯喷管纵向转弯处的弯曲曲率大小,其他几何参数均为设计状态下的值。可以看到,在完全遮挡高温部件准则的约束下,喷管出口宽高比增大会降低 S 弯喷管对于波瓣混合器、尾锥等高温部件的遮挡难度,导致第二弯无量纲纵向偏距逐渐变小,喷管型面的横向扩张范围增大,从而使得 S 弯喷管沿纵向方向的型面弯曲曲率逐渐减小,沿横向方向的型面弯曲曲率逐渐增大。因此,随着出口宽高

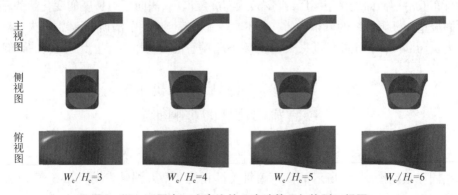

主视图　　侧视图　　俯视图

$W_e/H_e=3$　　　$W_e/H_e=4$　　　$W_e/H_e=5$　　　$W_e/H_e=6$

图 2-59　不同出口宽高比的 S 弯喷管几何构型三视图

比的增大,整个 S 弯喷管几何构型沿纵向的弯曲流道变得更为平缓,沿横向的扩张角度逐渐增大。

表 2-6　S 弯喷管几何模型的出口宽高比及对应的第二弯无量纲纵向偏距取值

W_e/H_e	3	4	5	6
$\Delta Y_2/L_2$	0.56	0.54	0.52	0.51

图 2-60 和图 2-61 分别给出了不同出口宽高比下的 S 弯喷管对称面马赫数分布及壁面静压分布。随着出口宽高比的增大,S 弯喷管第一弯附近的上壁面静压逐渐减小,该区域附近的气流速度逐渐增大;第二弯附近的下壁面静压逐渐增大,该区域附近的气流速度逐渐减小。原因在于,出口宽高比的增大导致完全遮挡准则约束下的第二弯纵向偏距减小,喷管第一、二弯附近的纵向曲率均降低,相应地,这两个区域的气流流管收缩程度降低,气流加速程度减弱,静压升高。此外,随

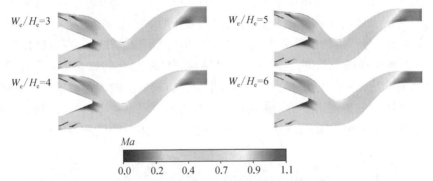

图 2-60　不同出口宽高比下的 S 弯喷管对称面马赫数分布

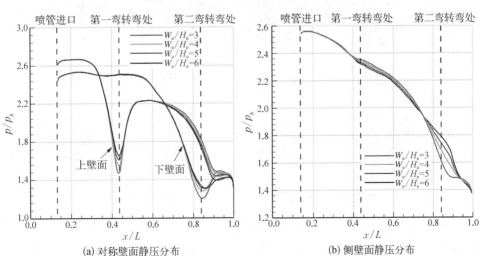

(a) 对称壁面静压分布　　　　　　　　(b) 侧壁面静压分布

图 2-61　不同出口宽高比下的 S 弯喷管壁面静压分布

着出口宽高比的增大,第一弯附近的侧壁面静压逐渐减小,第二弯附近的侧壁面静压逐渐增大。这是因为出口宽高比增加导致喷管的横向扩张角增大,进而使得第一、二弯附近的横向曲率增大,但由于第一弯附近的横向曲率中心位于喷管壁面外侧,横向曲率的增大使得第一弯附近侧壁面的气流流管收缩程度降低,气流加速程度减弱,静压升高;而第二弯附近的横向曲率中心位于喷管壁面内侧,横向曲率的增大使得第二弯附近侧壁面的气流流管收缩程度提升,气流加速程度增强,静压降低。

根据喷管对称面马赫数分布及壁面静压分布可以看出,不同出口宽高比下的S弯喷管流场特征差异主要位于第一弯转弯处至喷管出口位置之间的区域,排气混合器及第一段S弯通道内的流场特征差异较小。随着出口宽高比的增大,波瓣混合器上、下侧结构产生的流动分离对喷管下游流场的影响范围均基本一致。图2-62给出了不同宽高比条件下,排气混合器中的尾锥结构表面的极限流线分布。结果显示,宽高比的变化对尾锥壁面附近的气流分离特征影响较小。随着宽高比的增大,产生于上壁面半球体的较大的流向涡及下壁面的流动分离区均变化较小。而由下壁面诱导产生的流动分离区中的流向涡范围则逐渐减小,当宽高比增大至5时,该对流向涡彻底消失,流向涡所在区域演变成从鞍点至节点的分离流线。原因在于,宽高比的增大导致第一弯转弯处沿纵向方向向上的压力梯度减小,该流场扰动向前传递,使得尾锥下游沿纵向向下的压力梯度略微减小,它在尾锥下壁面区域表现为略微减小的逆压力梯度,从而减小了下壁面附近的气流分离程度。

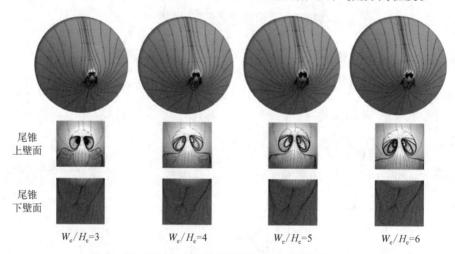

尾锥
上壁面

尾锥
下壁面

$W_e/H_e=3$　　　$W_e/H_e=4$　　　$W_e/H_e=5$　　　$W_e/H_e=6$

图2-62　不同出口宽高比下的尾锥表面极限流线分布

图2-63给出了不同出口宽高比下的S弯喷管沿程截面上的x方向涡量分布。结合上述分析,宽高比的差异引起的喷管下游流场扰动对上游排气混合器附近的流动特征影响较小,因而不同出口宽高比下的S弯喷管进口截面B上的涡量

分布基本一致。然而当气流经过第一弯转弯处时,下游流场的扰动效应开始显现。在截面 C 上,宽高比的增大使得纵向曲率减小,压力梯度减弱,涡量分布上移的趋势减缓,最终导致该截面上沿纵向的非对称涡分布特征减弱;而喷管的横向扩张角随宽高比的增加逐渐增大,导致横向压力梯度增大,侧壁面附近涡量的横向拉伸程度增强。随着气流运动至截面 D 处,不同宽高比下的喷管纵向压力梯度基本相等,因此该截面涡量沿纵向方向的分布特征基本一致。当流动发展至截面 E 时,随着宽高比的增大,第二弯附近的横向曲率逐渐增大,诱导产生的逆压梯度抑制了气流的横向流动,然而宽高比的增大导致横向流通截面持续扩张,两者共同作用导致侧壁面附近的涡有向中心区域移动的趋势,但流向涡距中心位置的距离逐渐增大。

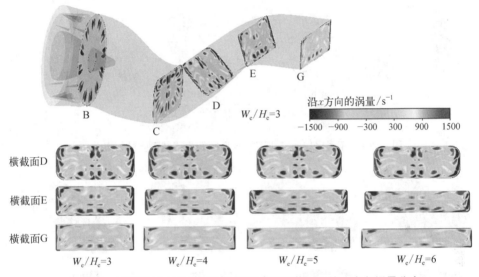

图 2 - 63　不同出口宽高比下的 S 弯喷管沿程截面上的 x 方向涡量分布

　　图 2 - 64 和图 2 - 65 分别给出了不同出口宽高比下的 S 弯喷管沿程截面上的静温分布及壁面上的静温分布。根据上述分析,沿程截面及喷管壁面上的静温分布主要取决于流通截面上 x 方向的涡量(流向涡)分布,不同宽高比下的喷管进口截面 B 的温度分布基本一致。在截面 C 处,随着出口宽高比的增大,上壁面附近的高温区域因涡量增强而逐渐减弱。由于涡量向上移动的范围减小,温度的纵向非对称性也逐渐减弱。宽高比增大加剧了该截面上涡量的横向扩散程度,导致高温区域的横向分布特征更加明显。可以看到,相比宽高比 3、宽高比 6 的喷管高温区域特征较扁平,且高温核心区的纵向位置相对较低。在截面 D 上,由于喷管上、下壁面压力梯度基本相等,不同宽高比下的 S 弯喷管温度分布具有一致性。但是宽高比的增加进一步加剧了流向涡的横向扩散,因而高温区域进一步沿横向扩散。

流动发展至截面 E 时，随着宽高比的增大，下壁面附近的高温区域因涡量减弱而逐渐增强。在横向逆压梯度与截面扩张的共同作用下，第二弯侧壁面附近的高温区域与侧壁的距离逐渐增大，但它距中心位置的距离也持续增大。在出口截面 G 上，相比宽高比 3 的喷管，宽高比 6 的喷管截面 G 中心的"鲸鱼尾形"高温区域继续沿横向拉伸，且温度降低。

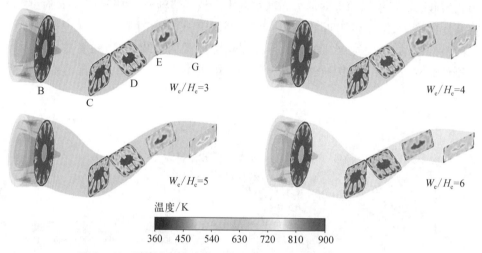

图 2 - 64　不同出口宽高比下的 S 弯喷管沿程截面上的静温分布

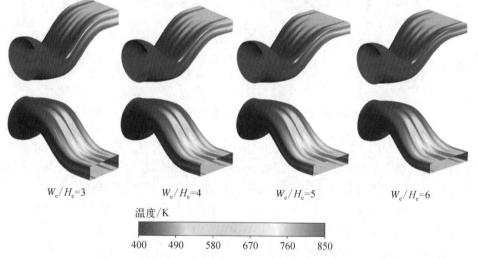

图 2 - 65　不同出口宽高比下的 S 弯喷管壁面上的静温分布

关于 S 弯喷管壁面的静温分布，不同出口宽高比的 S 弯喷管壁面"热斑"均主要出现在第一弯下游至喷管出口之间的壁面区域。随着宽高比的增大，由于喷管截面沿纵向逐渐收缩，在纵向压力梯度的作用下，受到热流冲击的 S 弯喷管上、下壁面的横向面积增大,且流向涡卷吸着核心区热流对上、下壁面的冲击程度更强,可以看到,相比宽高比 3 的喷管,宽高比 6 的喷管下壁面的两条局部"高温带"更宽,上壁面出现四条温度值相对较低且宽度较窄的局部"次高温带"。但是,宽高比的增大导致喷管的纵向压力梯度减小,受到热流冲击的 S 弯喷管上、下壁面的纵向面积减小,相比宽高比 6 的喷管,宽高比 3 的喷管上、下壁面"热斑"纵向范围更长。还可以看到,随着宽高比的增加,喷管流通截面的横向宽度增加,由此导致气流横向流动所承受的逆压梯度增大,且横向流动距离加长,因此流向涡卷吸着核心区热流对侧壁面的冲击能力减弱。相比宽高比 6 的喷管,宽高比 3 的喷管侧壁面"热斑"范围更大,温度值更高。

　　图 2 - 66 和图 2 - 67 分别给出了不同出口宽高比下的 S 弯喷管沿程截面的周缘壁面静压分布和一半壁面上的极限流线及剪切应力分布。不同出口宽高比下的 S 弯喷管近壁面流动特征存在显著差异。随着出口宽高比的增大,截面 B 下侧的压力减小,由此形成的截面纵向压力梯度升高。而宽高比的增大导致截面 C 处的上壁面压力因纵向曲率减小而增加,该截面附近的壁面极限流线沿横向向外的弯曲程度增强,沿纵向向上的弯曲程度减弱。此外,该截面附近的纵向曲率降低导致

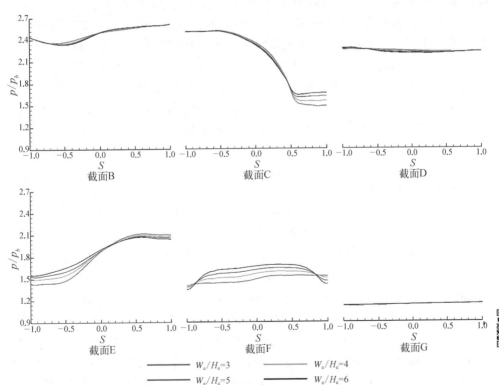

图 2 - 66　不同出口宽高比下的 S 弯喷管沿程截面的周缘壁面静压分布

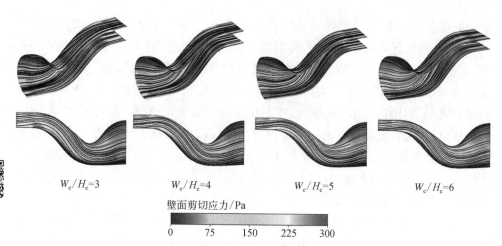

$W_e/H_e=3$　　　　$W_e/H_e=4$　　　　$W_e/H_e=5$　　　　$W_e/H_e=6$

壁面剪切应力/Pa

0　　75　　150　　225　　300

图 2‑67　不同出口宽高比下的 S 弯喷管壁面极限流线分布

气流加速减弱,宽高比 3 的喷管在该区域的上壁面剪切应力明显高于宽高比 6 的喷管。在截面 D 处,不同宽高比的 S 弯喷管的纵向曲率基本一致,因而该截面的周缘壁面压力分布大致相等。在第二弯转弯处的截面 E 处,随着出口宽高比的增大,该截面处的纵向曲率减小,下壁面静压相对较高,形成的纵向压力梯度减小,因此,宽高比 6 的喷管的侧壁面流线弯曲程度较弱,而宽高比 3 的喷管在该区域下壁面的剪切应力相对较大。气流发展至截面 F 处,S 弯喷管的横向压力梯度达到最大。随着出口宽高比的增大,喷管的横向压力梯度逐渐增大,侧壁面静压逐渐升高,相比宽高比 3 的喷管,宽高比 6 的喷管上、下壁面流线以更大的弯曲角度向喷管内侧快速汇聚。在出口截面 G 处,喷管的壁面压力趋于相等。随着出口宽高比的增加,纵向曲率的减小导致等直段区域的气流加速减弱,喷管上、下壁面的剪切应力减小。

图 2‑68 给出了不同出口宽高比下的 S 弯喷管气动性能对比。可以看出,随着出口宽高比的增大,总压恢复系数、流量系数及推力系数均呈下降趋势,但下降幅度较小。S 弯喷管气动性能的改变主要是由喷管壁面边界层、内/外涵气流、波瓣混合器及尾锥结构产生的摩擦损失、局部损失、涡损失及掺混损失决定。随着出口宽高比的增大,S 弯喷管的壁面湿周面积增大,喷管的横向弯曲曲率增大,使得壁面边界层产生的摩擦损失增大;而喷管湿周面积的增加又使得内/外涵气流之间的速度剪切层面积增大,进而导致内/外涵气流的掺混损失增大。但是,出口宽高比的增大减小了喷管的纵向弯曲曲率,降低了喷管纵向转弯处的气流加速效果,减小了转弯处的壁面剪切应力及侧壁面的气流弯曲程度,喷管内部的局部损失与摩擦损失有所降低。而在不同出口宽高比下,波瓣混合器及尾锥结构产生的流向涡涡量差异较小,产生的涡损失及内/外涵掺混损失基本一致。综合上述因素,最终导致 S 弯喷管气动性能变化不大。

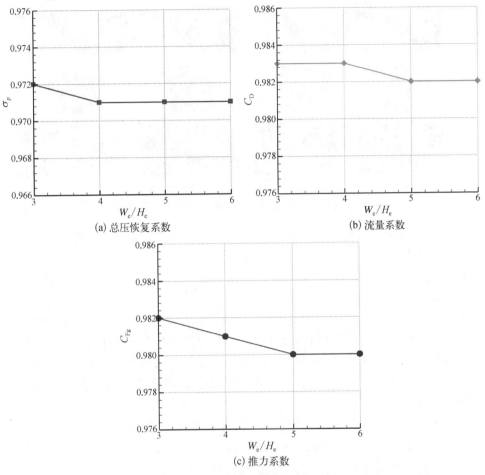

图 2 - 68　不同出口宽高比下的 S 弯喷管气动性能变化趋势

2.4.2　长径比对 S 弯喷管流动特性的影响研究

本节在地面工况下数值研究了四种不同长径比 L/D 的 S 弯喷管的流场特征。不同 S 弯喷管的几何构型三视图如图 2 - 69 所示,长径比及相应的第二弯纵向偏距的取值如表 2 - 7 所示,无量纲纵向偏距反映了 S 弯喷管纵向转弯处的弯曲曲率大小。其他几何参数均为设计状态下的值。可以看到,在完全遮挡高温部件准则的约束下,喷管长径比增大导致第二弯纵向偏距逐渐增大。然而,由于长径比增大导致喷管第二弯轴向长度增大,从而使得影响 S 弯喷管纵向曲率的第一、二弯无量纲纵向偏距逐渐减小,S 弯喷管沿纵向方向的型面弯曲曲率逐渐减小。长径比的增大使得喷管沿横向的型面扩张缓急程度减弱,横向弯曲曲率逐渐减小。因此,随着长径比的增大,整个 S 弯喷管的几何构型沿纵向的弯曲流道变得更加平缓,沿横向的扩张角度逐渐减小。

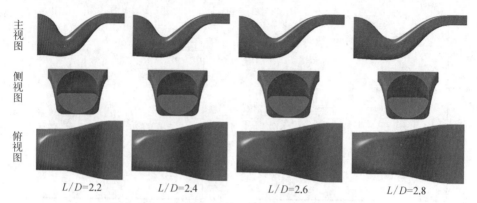

主视图　侧视图　俯视图

$L/D=2.2$　　$L/D=2.4$　　$L/D=2.6$　　$L/D=2.8$

图 2-69　不同长径比的 S 弯喷管几何构型三视图

表 2-7　S 弯喷管几何模型的长径比及对应的第二弯纵向偏距取值

L/D	2.2	2.4	2.6	2.8
ΔY_2/mm	530	540	545	555
$\Delta Y_2/L_2$	0.61	0.56	0.51	0.48

图 2-70、图 2-71 分别给出了不同长径比下的 S 弯喷管对称面马赫数分布和壁面静压分布。可以看到,长径比为 2.2 时,由于第一弯转弯处上壁面静压过低,在下游产生了较大的逆压梯度,从而导致了严重的流动分离;气流经过第二弯在等直段入口加速至超声速。随着长径比的增大,S 弯喷管第一弯上壁面及第二弯下壁面的静压均逐渐增大,该区域附近的气流速度逐渐减小,第一弯上壁面下游的流动分离区及第二弯下壁面下游(等直段入口)附近的气流超声速区消失。主要原因是长径比的增大导致完全遮挡高温部件准则约束下的第一、二弯无量纲纵向偏距减小,纵向弯曲曲率均减小,因而这两个区域的气流加速程度减弱,静压升高。随着长径比增大,S 弯喷管第一、二弯附近的侧壁面静压基本不变。这是由于长径

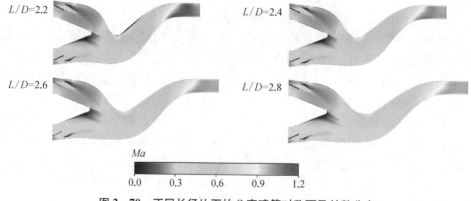

$L/D=2.2$　　　　　　$L/D=2.4$

$L/D=2.6$　　　　　　$L/D=2.8$

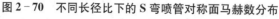

Ma

0.0　0.3　0.6　0.9　1.2

图 2-70　不同长径比下的 S 弯喷管对称面马赫数分布

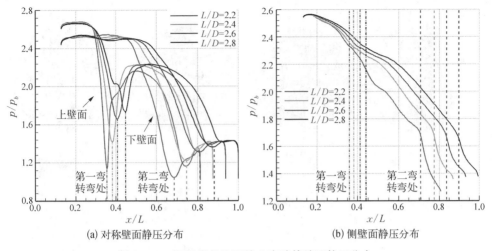

(a) 对称壁面静压分布　　　　　(b) 侧壁面静压分布

图 2-71　不同长径比下的 S 弯喷管壁面静压分布

比增大导致喷管的横向曲率减小,使得第一、二弯附近侧壁面的气流加速程度减弱,静压上升。但长度增大导致喷管通道内的流动损失增大,进而使得第一、二弯附近侧壁面的静压降低。两种因素影响相反,共同作用使得 S 弯喷管第一、二弯附近的侧壁面静压基本保持不变。

根据喷管对称面马赫数分布及壁面静压分布可以看出,长径比的变化改变了喷管的几何构型,它所产生的流场扰动显著扩散至整个 S 弯喷管的内部流场,从而对上游排气混合器结构附近的流动产生较大影响。波瓣混合器产生的流动分离沿纵向具有非对称性,随着长径比的增大,由波瓣混合器上侧构型诱导产生的低马赫数分离流沿轴向向下偏转的角度逐渐减小。图 2-72 给出了不同长径比条件下,排气混合器中的尾锥结构表面的极限流线分布。结果显示,长径比的变化导致尾锥上、下壁面附近的气流分离特征及产生位置均发生了改变。随着长径比的增大,产生于上壁面的反向旋转的分离涡逐渐减小,分离位置逐渐向尾锥下游移动;产生于下壁面的反向旋转的分离涡逐渐消失,下壁面的流动分离整体表现为从鞍点到结点的分离流线,且分离程度减弱,分离位置逐渐向尾锥下游移动。因此,长径比的差异对喷管上游排气混合器结构附近的流动特征影响较大。这一点可以通过图 2-70 所示的对称面马赫数分布证明,在较大的长径比下,尾锥下游的气流低速区域明显减小。

图 2-73 给出了不同长径比下的 S 弯喷管沿程截面上的 x 方向涡量分布。在截面 C 上,随着长径比的增大,上游尾锥结构产生的两对流向涡涡量逐渐减弱,长径比为 2.8 时,由尾锥上壁面诱导产生的流向涡消失。这是由于纵向压力梯度减小导致尾锥结构尾部产生的流动分离减弱。由于长径比的增加导致该截面附近的纵向曲率逐渐减小,截面上侧区域的涡拉伸作用逐渐减弱,因而该截面上侧的流向涡涡量逐渐降低。在截面 D 上,长径比为 2.2 时,截面 D 上侧区域的涡量明显增强,

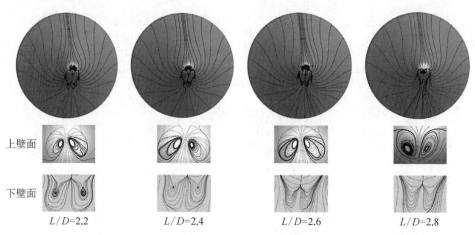

上壁面

下壁面

$L/D=2.2$　　　$L/D=2.4$　　　$L/D=2.6$　　　$L/D=2.8$

图 2-72　不同长径比下的尾锥表面极限流线分布

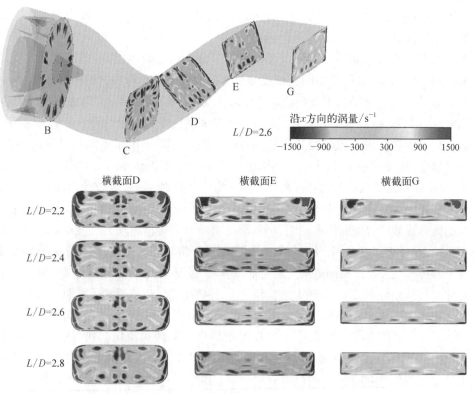

沿 x 方向的涡量 $/s^{-1}$

$L/D=2.6$

-1500　-900　-300　　300　900　1500

横截面D　　　　　　横截面E　　　　　　横截面G

$L/D=2.2$

$L/D=2.4$

$L/D=2.6$

$L/D=2.8$

图 2-73　不同长径比下的 S 弯喷管沿程截面上的 x 方向涡量分布

这是由于该区域附近的喷管上壁面因型面曲率过大产生了严重的流动分离,而随着长径比的逐渐增大,流动分离消失,涡量开始减小。在截面 E 和 G 上,长径比的增大降低了第二弯转弯处的型面弯曲程度,导致喷管侧壁面及下壁面附近的流向涡涡量逐渐降低,而流向涡横向运动所受到的逆压梯度也不断减小,最终使得喷管侧壁面附近流向涡的贴壁程度增强。此外,随着长径比的增大,尾锥诱导产生的流向涡向上伸展,与波瓣混合器上侧产生的流向涡逐渐靠近,当长径比为 2.8 时,两对流向涡相互融合。

图 2-74 和图 2-75 分别给出了不同长径比下的 S 弯喷管沿程截面上的静温分布及壁面上的温度分布。在截面 C 上,长径比的减小导致纵向向上的压力梯度

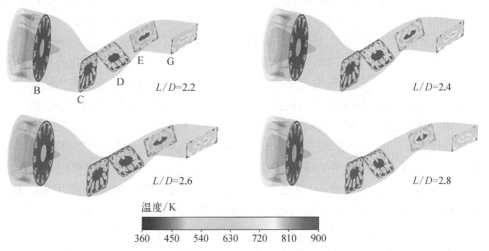

图 2-74　不同长径比下的 S 弯喷管沿程截面上的静温分布

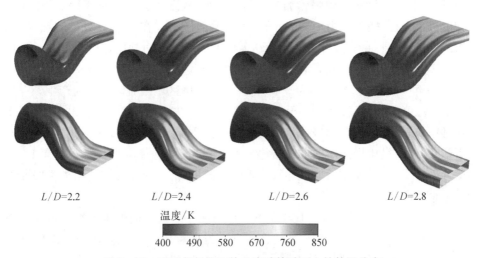

图 2-75　不同长径比下的 S 弯喷管壁面上的静温分布

增大,因而喷管中间区域的高温核心区逐渐向上移动。而长径比的减小缩短了内/外涵气流的掺混过程,减弱了冷热气流之间的掺混作用,导致高温核心区的范围变大。在截面 D 上,对于长径比 2.2 的 S 弯喷管,流动分离导致截面上侧区域存在较大范围的高涡量区,它加强了冷热流的掺混效果,因而温度较低。此外,随着长径比的增大,尾锥上、下壁面产生的流向涡的涡量逐渐降低,且流向涡位置逐渐向下移动,从而导致高温核心区由"类矩形"逐渐变化为"豌豆形"。在截面 E 和 G 上,随着长径比的增大,高温核心区由较扁的"豌豆形"逐渐变化为"鲸鱼尾"形,当长径比为 2.8 时,波瓣混合器产生的流向涡与尾锥产生的流向涡发生合并,在高温核心区产生较强的冷热流掺混,"鲸鱼尾"形状的高温核心区从截面中心被分割为两部分。

关于 S 弯喷管壁面的静温分布,不同长径比的 S 弯喷管壁面"热斑"均主要出现在第二段 S 弯通道的壁面区域。长径比为 2.2 时,由于第一弯下游上壁面区域出现严重的流动分离,它产生的高涡量区域增加了内涵热流对上壁面的冲击作用,而长径比增大至 2.4 时,流动分离消失,热流冲击作用降低。此外,相比长径比 2.4 的喷管,长径比 2.2 的喷管纵向曲率较大,诱导形成的法向压力梯度较大,因而喷管上、下壁面受热流的冲击作用较强。综合起来,长径比从 2.2 增加至 2.4 时,S 弯喷管第二弯通道上、下壁面区域的"热斑"范围大幅度减小,温度值显著降低。长径比从 2.4 增加至 2.8 时,由于喷管的壁面湿周面积增加,喷管上、下壁面"热斑"的分布范围更广,位于下壁面的两条局部"高温带"变长,上壁面新增多条温度值相对较低且宽度较窄的局部"次高温带"。还可以看到,随着长径比的增加,喷管侧壁面的横向曲率逐渐减小,由此导致流向涡横向运动受到的逆压梯度减弱,流向涡卷吸着核心区热流对侧壁面的冲击能力增强。因此,S 弯喷管侧壁面的"热斑"温度较高。

图 2-76 给出了不同长径比下的 S 弯喷管沿程截面的周缘壁面静压分布。在截面 B 上,长径比增大导致喷管的纵向曲率减小,从而使得喷管进口下游的纵向压力梯度减小,且上壁面压力>侧壁面压力>下壁面压力。在截面 C 处,随着长径比的增加,纵向弯曲曲率逐渐减小,因而该截面的周缘上壁面静压持续降低。对于长径比 2.2 的喷管,周缘上壁面出现压力波动主要是由下游的流动分离区导致的。流动发展至截面 D 处,长径比为 2.2 时,该截面上侧区域因流动分离而产生了一个局部低压区,伴随着长径比增加至 2.4,流动分离消失,该局部低压区也消失,周缘壁面静压显著增大。在第二弯附近的截面 E 处,纵向曲率中心位于转移至弯曲通道下侧,增加长径比导致弯曲曲率逐渐减小,下壁面静压逐渐升高。在截面 F 处,侧壁面静压最大,长径比的增大导致喷管的横向弯曲程度减弱,该截面周缘壁面上的压差也逐渐降低。

图 2-77 给出了不同长径比下的 S 弯喷管一半壁面上的极限流线及剪切应力分布。长径比的增大降低了 S 弯喷管的型面弯曲程度。在横向压力梯度的作用下,喷管上、下壁面的极限流线在第一弯下游的扩散程度以及在第二弯附近的汇聚

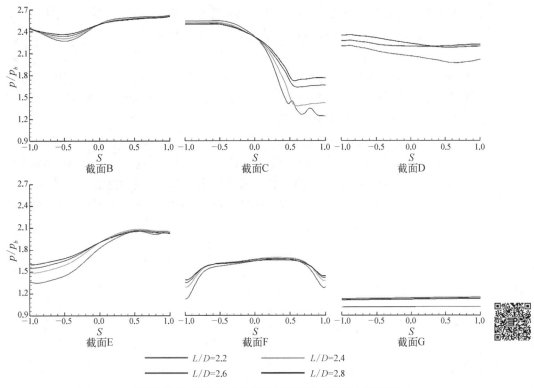

图 2-76　不同长径比下的 S 弯喷管沿程截面的周缘壁面静压分布

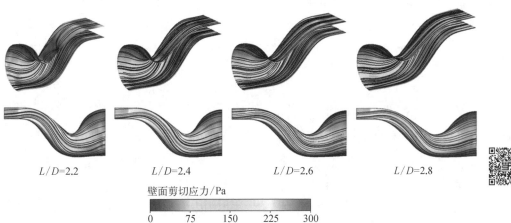

图 2-77　不同长径比下的 S 弯喷管壁面极限流线分布

程度均逐渐减小;在纵向压力梯度的作用下,喷管侧壁面的流线弯曲程度显著减弱,喷管出口区域的流线沿轴向向下的偏转角度也逐渐减小。随着长径比的增加,气流在弯曲通道内的局部加速减缓,第一弯转弯处上壁面、第二弯转弯处下壁面以及喷管出口区域的壁面剪切应力逐渐降低。对于长径比 2.2 的喷管,第一弯下游上壁面区域因较大逆压梯度而出现了较大范围的流动分离,流动分离整体表现为从鞍点到结点的分离极限流线。当长径比增大至 2.4 时,流动分离逐渐消失。

　　图 2 - 78 对比了不同长径比下的 S 弯喷管气动性能。随着长径比的增大,喷管的总压恢复系数、流量系数及推力系数均先增大后略微减小。增加长径比有效增大了 S 弯喷管的湿周面积,导致壁面边界层产生的摩擦损失增大,同时增加了内/外涵气流之间的速度剪切层面积,进而导致内/外涵气流的掺混损失增大。此外,波瓣混合器及尾锥结构产生的涡损失以及由此带来的气流掺混损失也逐渐增

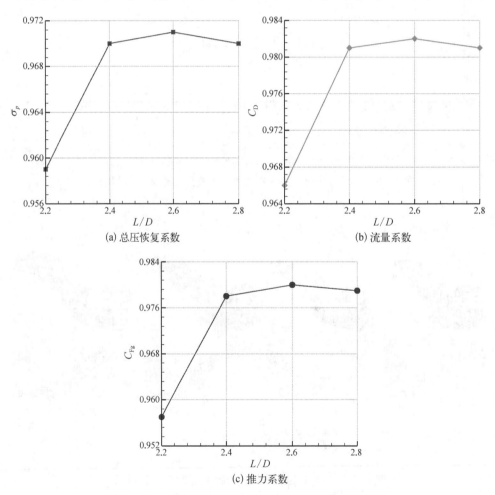

图 2 - 78　不同长径比下的 S 弯喷管气动性能变化趋势

大。但是,增大长径比减小了喷管的型面弯曲程度,一方面沿纵向方向降低了喷管因流动分离而产生的涡损失,另一方面降低了喷管纵向转弯处的气流加速效果,减小了转弯处的壁面剪切应力及侧壁面的气流弯曲程度,喷管内部的局部损失与摩擦损失有所降低。综合起来,当长径比从 2.2 增大至 2.4 时,流动分离产生的涡损失是影响喷管气动性能的主要因素,流动分离的消失显著提升了 S 弯喷管的气动性能;而长径比从 2.4 增大至 2.8 时,各种影响因素相互作用,因而喷管的气动性能基本不变。

2.4.3　遮挡率对 S 弯喷管流动特性的影响研究

本节在地面工况下数值研究了四种不同遮挡率 ΔY 的 S 弯喷管的流场特征。定义双 S 弯喷管的第二弯纵向偏距 ΔY_2 为遮挡率 ΔY,如图 2 - 79 所示,即喷管型面恰好对高温部件实现完全遮挡时,遮挡率为 $\Delta Y=1$;当第二弯纵向偏距为 0 时,遮挡率为 $\Delta Y=0$。其他遮挡率则为喷管第二弯纵向偏距与遮挡率为 1 时的第二弯纵向偏距的比值,遮挡率 $\Delta Y=0.5$ 代表 S 弯喷管的偏距是遮挡率为 $\Delta Y=1$ 时 S 弯喷管偏距的 1/2。不同遮挡率下的 S 弯喷管几何构型三视图如图 2 - 80 所示,遮挡率及相应的第二弯无量纲纵向偏距的取值如表 2 - 8 所示,第二弯无量纲纵向偏距反映了 S 弯喷管纵向转弯处的曲率大小,长径比 L/D 为 2.2,其他几何参数均为设计状态下的值。可以看到,减小 S 弯喷管的遮挡率导致第二弯无量纲纵向偏距逐渐变小,从而使得喷管的纵向曲率逐渐减小;而遮挡率的减小对 S 弯喷管沿横向方向的型面弯曲缓急程度无影响。因此,随着遮挡率的减小,S 弯喷管型面沿纵向变得更为平缓,沿横向基本不变。

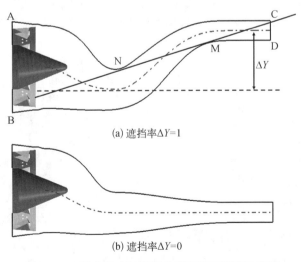

(a) 遮挡率 $\Delta Y=1$

(b) 遮挡率 $\Delta Y=0$

图 2 - 79　涡扇发动机用双 S 弯喷管遮挡率示意图

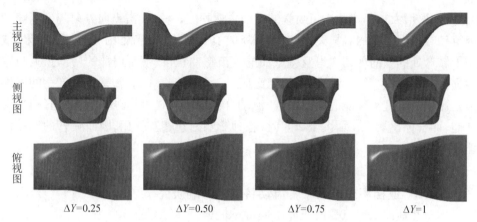

主视图　　侧视图　　俯视图

$\Delta Y=0.25$　　　$\Delta Y=0.50$　　　$\Delta Y=0.75$　　　$\Delta Y=1$

图 2-80　不同遮挡率的 S 弯喷管几何构型三视图

表 2-8　S 弯喷管几何模型的遮挡率及对应的第二弯纵向偏距取值

ΔY	1	0.75	0.50	0.25
$\Delta Y_2/L_2$	0.513	0.385	0.257	0.128

图 2-81、图 2-82 分别给出了不同遮挡率下的 S 弯喷管对称面马赫数分布及壁面静压分布。随着遮挡率的增大,S 弯喷管的两弯纵向曲率均逐渐增大,由此导致第一弯转弯处上壁面及第二弯转弯处下壁面附近的气流加速更加剧烈,局部静压逐渐减小。当遮挡率为 0.75 时,第一弯转弯处上壁面附近区域的气流加速至超声速,该区域下游因较大的逆压梯度开始出现轻微的流动分离。而随着遮挡率进一步增大至 1 时,逆压梯度持续增大,流动分离变得更加严重,第二弯通道前段的上壁面静压明显低于其他三种遮挡率情况。此外,当遮挡率为 0.25 时,气流在第二弯出口加速至超声速状态,并产生一道斜声速面,遮挡率的增大导致该区域气流

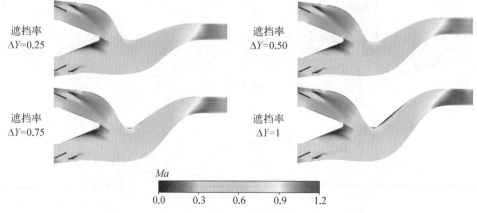

遮挡率
$\Delta Y=0.25$

遮挡率
$\Delta Y=0.50$

遮挡率
$\Delta Y=0.75$

遮挡率
$\Delta Y=1$

Ma

0.0　0.3　0.6　0.9　1.2

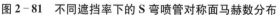

图 2-81　不同遮挡率下的 S 弯喷管对称面马赫数分布

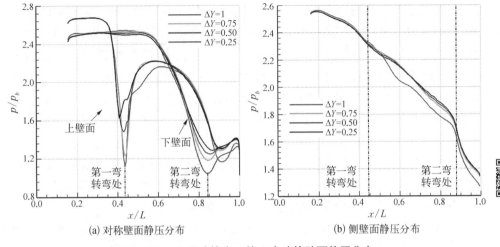

(a) 对称壁面静压分布　　　　　　　　(b) 侧壁面静压分布

图 2 - 82　不同遮挡率下的 S 弯喷管壁面静压分布

的超声速状态更加严重,当遮挡率为 1 时,第二弯出口上壁面静压显著降低,气流处于较强的过膨胀状态,因而产生一道较强的压缩波。还可以看到,遮挡率为 0.25、0.5 以及 0.75 的三组 S 弯喷管的侧壁面静压分布基本一致。但是遮挡率为 1 的喷管侧壁面静压分布与其他三种遮挡率条件下的喷管侧壁面静压分布存在较大差异。主要原因在于,遮挡率为 1 的喷管在第一弯下游出现了严重的流动分离,它显著降低了喷管的侧壁面静压。

　　根据上述分析,基于不同遮挡率的 S 弯喷管几何构型存在较大差异,它产生的流场扰动对上游排气混合器附近的流动特征具有一定的影响,导致波瓣混合器产生的流动分离沿纵向具有非对称性,如图 2 - 83 所示,给出了不同遮挡率条件下,

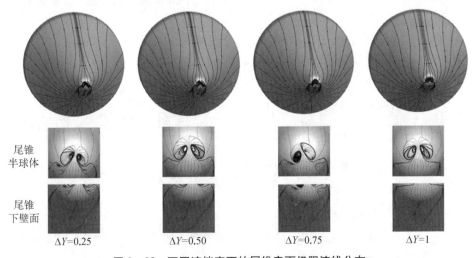

尾锥半球体

尾锥下壁面

$\Delta Y = 0.25$　　　　$\Delta Y = 0.50$　　　　$\Delta Y = 0.75$　　　　$\Delta Y = 1$

图 2 - 83　不同遮挡率下的尾锥表面极限流线分布

排气混合器中的尾锥结构表面的极限流线分布。结果显示,随着遮挡率的增大,尾锥上壁面的分离涡特征变化较小且位置相对稳定。遮挡率为 0.25 时,尾锥下壁面流动分离区靠近半球体位置出现多对较小的分离涡。随着遮挡率的增大,该区域的分离涡逐渐减小并向下壁面半球体后侧移动。当遮挡率为 1 时,分离涡完全消失,尾锥下壁面的流动分离区表现为从鞍点到结点的分离流线。原因在于,遮挡率的增大导致尾锥下游弯曲通道的纵向压力梯度略微减小,它在尾锥下壁面区域表现为逐渐减小的逆压梯度,这使得气流更难发生流动分离。因此,遮挡率的增大在一定程度上减缓了尾锥表面的流动分离,但这种减缓作用对尾锥下游流动特征的影响较小。从对称面马赫数分布可以看出,对于不同遮挡率的 S 弯喷管构型,其尾锥下游因流动分离而产生的低马赫数区域差异较小。

图 2 - 84 给出了不同遮挡率下的 S 弯喷管沿程截面上的 x 方向涡量分布。可以看到,不同遮挡率条件下,截面 B 上的涡量分布基本一致。在截面 C 上,随着遮挡率的增加,第一弯附近的纵向曲率逐渐增大,因而截面上侧的流向涡涡量逐渐增强;同时也使得纵向压力梯度增大,涡量分布整体沿纵向向上侧移动。在截面 D 上,当遮挡率从 0.25 增加至 0.75 时,位于上侧区域中间位置的流向涡沿纵向的延

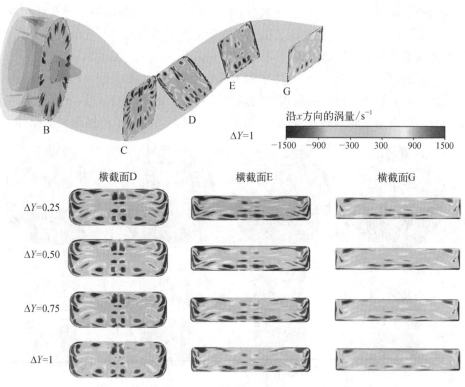

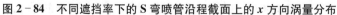

图 2 - 84　不同遮挡率下的 S 弯喷管沿程截面上的 x 方向涡量分布

伸长度增加,这是由于遮挡率的增大导致该截面处纵向向上的压力梯度降低,减小了对流向涡纵向延展的阻碍。而遮挡率进一步增大至 1 时,上壁面附近区域出现流动分离,它产生的较大涡量挤压了流向涡的延伸空间,有效缩短了该流向涡的纵向长度。在截面 E 和 G 上,遮挡率的增大使得第二弯的纵向曲率明显增加,从而导致下壁面区域的涡量逐渐升高。而截面上侧角区附近形成两对反向旋转的流向涡。当遮挡率从 0.25 增加至 0.75 时,两对流向涡在两侧角区分别相融合,形状类似"海鸥形";而当遮挡率增加至 1 时,受上游流动分离的影响,两对流向涡出现分隔,且形状为"长条形"。

图 2-85 和图 2-86 分别给出了不同遮挡率下的 S 弯喷管沿程截面上的静温分布及壁面上的静温分布。在第一弯转弯处的截面 C 上,由于曲率中心位于喷管上侧,遮挡率的增加导致上壁面附近的涡量显著上升,增强了该区域的冷热流掺混,因而截面上侧的高温区域缩小,温度降低,并沿纵向呈现非对称特征。在截面 D 上,当遮挡率从 0.25 增加至 0.75 时,位于截面上侧的流向涡逐渐深入高温核心区,使得高温核心区形状由"类矩形"逐步变化为"豌豆形"。当遮挡率增大至 1 时,因流动分离而产生的较大涡量挤压了原有流向涡的空间位置,该截面上侧区域出现较大范围的低温区,而被挤压的流向涡沿纵向的延伸长度缩短,从而导致高温核心区形状由"豌豆形"变化为"类矩形"。喷管截面沿流向的持续扩张导致高温核心区在截面 E 上发展为"鲸鱼形",而对于遮挡率为 1 的喷管,由于流动分离的影响,"鲸鱼形"特征明显减弱。此外,随着遮挡率的增大,该截面下侧区域的涡量上升,温度下降。截面 G 上的温度分布特征与截面 E 基本一致,但高温区范围及温度进一步减小。

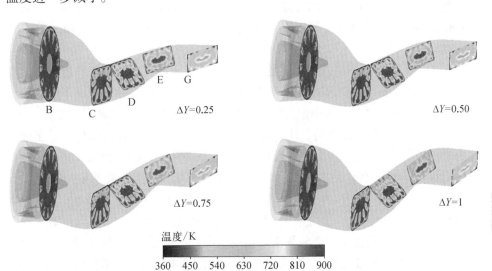

图 2-85　不同遮挡率下的 S 弯喷管沿程截面上的静温分布

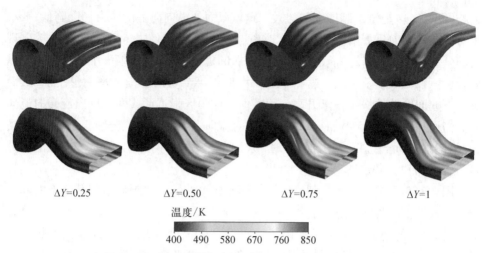

$\Delta Y=0.25$ $\Delta Y=0.50$ $\Delta Y=0.75$ $\Delta Y=1$

温度/K

400   490   580   670   760   850

图 2-86　不同遮挡率下的 S 弯喷管壁面上的静温分布

关于 S 弯喷管壁面的静温分布,不同遮挡率的 S 弯喷管壁面"热斑"均主要出现在第二段 S 弯通道的壁面区域。随着遮挡率的增加,第二弯转弯处的纵向曲率增大,由此产生的压力梯度逐步增大,这导致流向涡卷吸着核心区热流对上、下壁面的冲击程度增强,冲击范围沿横向增大。可以看到,第二弯通道上、下壁面的"热斑"范围增大,温度升高。特别是位于下壁面的两条局部"高温带"逐渐加宽,温度值逐渐升高,它们之间的低温区域逐步变窄;而上壁面逐步出现四条温度值相对较低且宽度较窄的局部"次高温带"。此外,对于遮挡率为 1 的喷管,由于第一弯下游的上壁面区域出现严重的流动分离,它产生的高涡量增加了内涵热流对壁面的冲击作用,从而增大了上壁面"热斑"沿流向的分布范围,相比其他三种遮挡率的喷管,遮挡率为 1 的喷管上壁面"热斑"范围延伸至第一弯转弯处。

图 2-87 给出了不同遮挡率下的 S 弯喷管沿程截面的周缘壁面静压分布。在截面 B 上,遮挡率增大引起的喷管内部流场扰动向前传递,导致该截面下侧的静压逐渐减小。在截面 C 处,曲率中心位于弯曲通道上侧,随着遮挡率的增加,喷管的纵向曲率增大,上壁面附近的气流速度上升,周缘上壁面静压逐渐降低。对于遮挡率为 1 的喷管,由于该截面下游区域因较大的逆压梯度出现严重的流动分离,该截面的周缘上壁面压力呈现波动状态。流动发展至截面 D 处,当遮挡率从 0.25 增大至 0.75 时,周缘壁面的压力分布基本一致。当遮挡率继续增大至 1 时,流动分离导致截面上侧区域产生一个气流低能区,周缘上壁面压力显著降低。在第二弯附近的截面 E 处,纵向曲率中心转移至弯曲通道下侧。随着遮挡率的增加,纵向曲率逐渐增大,下壁面静压逐渐升高,形成的压力梯度逐渐降低。在截面 F 处,由于遮挡率对 S 弯喷管的横向型面特征影响较小,对于遮挡率分别为 0.25、0.5 以及 0.75

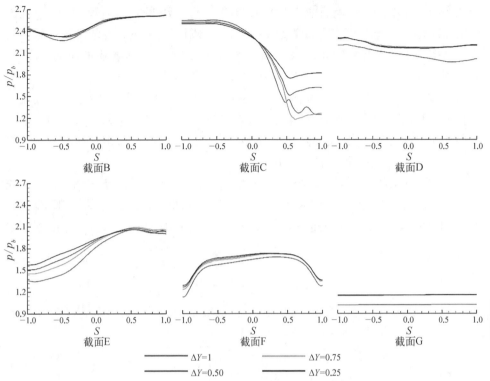

图 2-87　不同遮挡率下的 S 弯喷管沿程截面的周缘壁面静压分布

的三种喷管,横截面 F 的周缘壁面压力分布基本一致。而当遮挡率增加至 1 时,流动分离带来的流场扰动使得该截面的周缘壁面静压有所降低。

图 2-88 给出了不同遮挡率下的 S 弯喷管一半壁面上的极限流线及剪切应力分布。遮挡率的增加显著增大了 S 弯喷管两弯处的纵向弯曲程度,而对横向型面

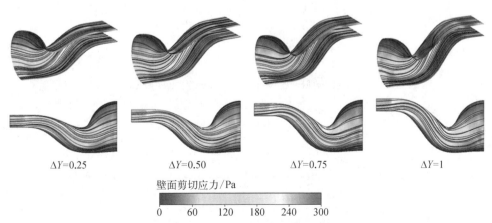

图 2-88　不同遮挡率下的 S 弯喷管壁面极限流线分布

特征的影响较小。对于遮挡率分别为 0.25、0.5 及 0.75 的三组喷管,上、下壁面的极限流线在第一弯下游的扩散程度以及在第二弯附近的汇聚程度均基本一致。对于遮挡率为 1 的 S 弯喷管,由于第一弯下游上壁面出现了较大范围的流动分离,该区域表现为从鞍点到结点的分离极限流线,周围的极限流线向分离线汇聚。还可以看到,随着遮挡率的增大,喷管型面的纵向弯曲程度加剧,两个转弯处的气流加速程度上升,从而导致第一弯转弯处上壁面、第二弯转弯处下壁面及喷管出口壁面的剪切应力均逐渐增大,喷管侧壁面的流线弯曲程度显著增强,出口区域的流线偏转角度逐渐增大,流线汇聚程度上升。

图 2-89 对比了不同遮挡率下的 S 弯喷管气动性能。随着遮挡率的增大,喷管的总压恢复系数、流量系数及推力系数均逐渐减小。当遮挡率从 0.25 增大至 0.75 时,两个转弯处的纵向曲率增大,相应的壁面剪切应力增加,流线弯曲程度增

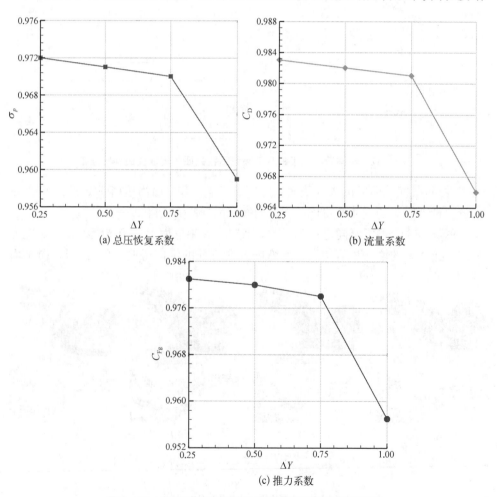

(a) 总压恢复系数　　　　　(b) 流量系数

(c) 推力系数

图 2-89　不同遮挡率下的 S 弯喷管气动性能变化趋势

大,因而喷管壁面产生的摩擦损失和局部损失增大,而波瓣混合器及尾锥结构产生
的流向涡涡量差异较小,由此带来的涡损失及内/外涵掺混损失变化不大。因此,S
弯喷管的气动性能略微减小。当遮挡率从 0.75 进一步增大至 1 时,喷管第一弯下
游上壁面出现显著的流动分离,它产生了较大的涡量,强化了内/外涵气流的掺混
效果,由此带来的涡损失及掺混损失成为影响喷管气动性能的主要因素,从而使得
S 弯喷管的气动性能显著降低。综合起来,随着遮挡率的增大,S 弯喷管的气动性
能逐渐下降。

2.4.4　两弯轴向长度比对 S 弯喷管流动特性的影响研究

本节在地面工况下,数值研究了四种不同两弯轴向长度比 L_1/L_2 的 S 弯喷管
的流场特征。不同 S 弯喷管的几何构型三视图如图 2-90 所示,两弯轴向长度比
及相应的第一、二弯纵向偏距的取值如表 2-9 所示,其他几何参数均为设计状态
下的值。可以看到,在完全遮挡高温部件准则的约束下,喷管两弯轴向长度比增大
会提升 S 弯喷管对于波瓣混合器、尾锥等高温部件的遮挡难度,导致第一弯无量纲
纵向偏距逐渐减小,第二弯无量纲纵向偏距逐渐增大。第一弯转弯处的纵向曲率
由两弯无量纲纵向偏距共同决定,随着两弯轴向长度比的增加,它的变化趋势为先
减小后增大,而第二弯转弯处的纵向曲率仅由第二弯无量纲纵向偏距决定,它随着
两弯轴向长度比的增加而逐渐增大。此外,两弯轴向长度比的增加加剧了喷管第
二弯通道的横向弯曲程度,导致第二弯附近的横向曲率逐渐增大。因此,随着两弯
轴向长度比的增大,整个 S 弯喷管的几何构型沿纵向方向在一弯处表现为先平缓
后陡峭,在二弯处持续变得更加陡峭,而喷管沿横向方向的型面特征在第二弯通道
也逐渐陡峭。

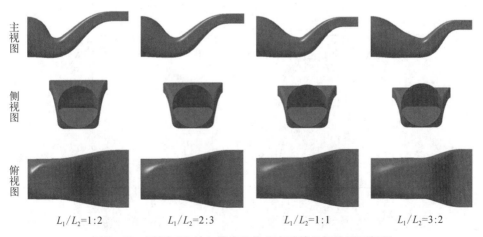

图 2-90　不同两弯轴向长度比的 S 弯喷管几何构型三视图

表 2-9　S 弯喷管几何模型的两弯轴向长度比及对应的第一、二弯纵向偏距取值

参　数	数　值			
L_1/L_2	1:2	2:3	1:1	3:2
$\Delta Y_1/L_1$	0.356	0.296	0.237	0.198
$\Delta Y_2/L_2$	0.512	0.513	0.548	0.607

图 2-91 和图 2-92 分别给出了不同两弯轴向长度比下的 S 弯喷管对称面马赫数分布及壁面静压分布。可以看到,随着两弯轴向长度比的增大,第一弯纵向曲率先减小后增大,且该转弯处的纵向曲率中心逐渐向后移动,由此导致上壁面附近的气流流管收缩程度先下降后上升,气流加速效果先减弱后增强,局部低压区的静压值先增大后减小,低压区位置不断后移。当两弯轴向长度比为 3:2 时,该区域下游因较大的逆压梯度出现轻微的流动分离。而第二弯纵向曲率随着两弯轴向长

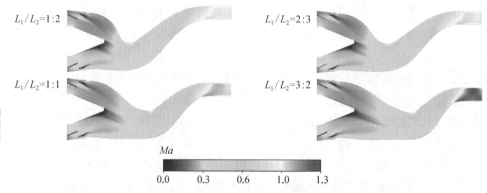

图 2-91　不同两弯轴向长度比下的 S 弯喷管对称面马赫数分布

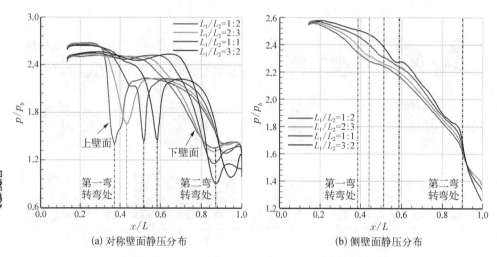

(a) 对称壁面静压分布　　　　　　　　(b) 侧壁面静压分布

图 2-92　不同两弯轴向长度比下的 S 弯喷管壁面静压分布

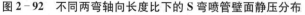

度比的增加而增大,导致第二弯下壁面的气流加速更加剧烈,局部静压值逐渐降低。当两弯轴向长度比增加至 3∶2 时,喷管在第二弯通道出口因气流剧烈加速而出现严重的过膨胀状态,从而在等直段内形成一道斜激波。在斜激波的影响下,等直段上壁面的静压分布先降低后上升。两弯轴向长度比的增大也显著改变了喷管沿横向方向的型面特征,它所带来的流场扰动使得喷管的侧壁面静压持续上升。

两弯轴向长度比改变了 S 弯喷管的几何构型,显著影响尾锥及波瓣混合器下游的流动特征。随着两弯轴向长度比的增大,波瓣混合器及尾锥产生的流动分离对喷管下游流场的影响范围增大。在喷管几何构型的作用下,排气混合器下游的纵向压力梯度随两弯轴向长度比的增加而逐渐减小,喷管上侧静压降低,下侧静压升高,因而波瓣混合器上侧构型诱导产生的低马赫数分离流沿轴向向下偏转的角度逐渐减小。

图 2-93 给出了不同两弯轴向长度比下尾锥结构表面的极限流线分布。当两弯轴向长度比从 1∶2 逐渐增加至 1∶1 时,尾锥上壁面附近的分离涡特征变化较小。当两弯轴向长度比继续增大至 3∶2 时,该区域附近的流动分离程度加剧,分离涡范围更大,且分离涡位置移动至半球体下侧。而尾锥下壁面的极限流线变化趋势与上壁面有所不同。当两弯轴向长度比为 1∶2 时,尾锥下壁面出现了较大范围的流动分离,它表现为从鞍点到结点的分离流线,分离区前侧形成了一对较小的分离涡。随着两弯轴向长度比增加至 2∶3,分离涡消失。当两弯长度比增加至 3∶2 时,尾锥下壁面半球体前侧的流动分离区完全消失,流动分离区仅局限于半球体内侧。原因在于,随着两弯轴向长度比的增大,尾锥下游弯曲通道沿纵向向下的压力梯度显著降低,它在上壁面区域表现为逐渐减小的顺压力梯度,因而上壁面半球体产生的分离涡向下移动至半球体曲率更大的位置;然而,它在下壁面区域表

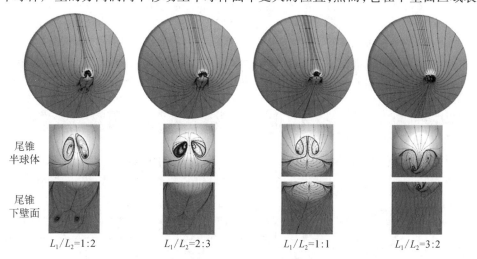

图 2-93　不同两弯轴向长度比下的尾锥表面极限流线分布

现为逐渐减小的逆压力梯度,尾锥下壁面附近的流场特征从较大范围分离涡及分离流线并存的状态逐步变化至较小范围分离流线的状态。因此,两弯轴向长度比的增大在一定程度上减小了尾锥结构产生的流动分离。

图 2-94 给出了不同两弯轴向长度比下的 S 弯喷管沿程截面上的 x 方向涡量分布。在第一弯转弯处的截面 C 上,当两弯轴向长度比为 1:2 时,截面中心存在两对反向旋转的流向涡,由于尾锥下壁面产生的流动分离区相比上壁面更大,因而下侧流向涡的涡量明显高于上侧。随着轴向长度比增大至 3:2,由于尾锥上壁面形成的分离涡位置下移,尾锥下壁面产生的流动分离特征减弱,该截面中心区域仅存在一对流向涡,且流向涡位置位于截面中心下侧。在截面 D 上,对于两弯轴向长度比分别为 1:2、2:3 以及 1:1 的三组喷管,波瓣混合器诱导产生涡量分布特征基本一致。当两弯轴向长度比增大至 3:2 时,第一弯下游上壁面区域出现流动分离,因而在该截面上侧形成一对反向旋转的流向涡。在截面 E 上,四组喷管在上壁面角区附近均形成一对流向涡,对于两弯轴向长度比分别为 1:1 和 3:2 的两组喷管,由壁面流动分离产生的流向涡横向运动至角区涡附近,且相比其他两组喷管,截面中间区域的涡量有所增强。此外,随着两弯轴向长度比的增加,第二弯转

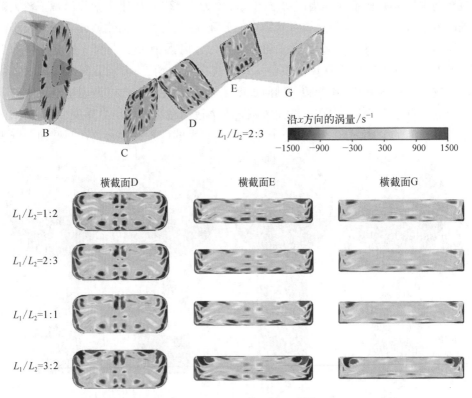

图 2-94 不同两弯轴向长度比下的 S 弯喷管沿程截面上的 x 方向涡量分布

弯处的横向曲率增大,它有效阻碍了流向涡的横向运动,导致喷管侧壁面附近流向涡的横向拉伸程度增强,贴壁程度减弱。

　　图 2 - 95、图 2 - 96 分别给出了不同两弯轴向长度比下的 S 弯喷管沿程截面上的静温分布及壁面上的静温分布。在第一弯转弯处的截面 C 上,当两弯轴向长度比增大至 1∶1 时,尾锥诱导产生的流向涡逐渐向下移动,它卷吸着冷流进入高温核心区进行掺混,导致高温核心区中间位置出现一个"凹槽"。随着两弯轴向长度比的进一步增加,高温核心区内的"凹槽"变大。在截面 D 上,对于两弯轴向长度比分别为 1∶2、2∶3 以及 1∶1 的三组喷管,由于波瓣混合器诱导产生的涡量分布

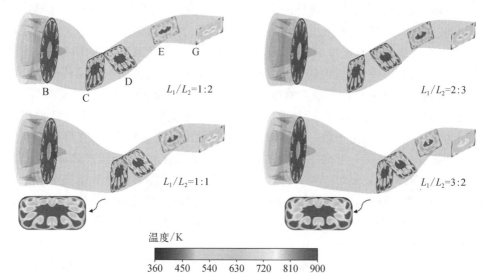

图 2 - 95　不同两弯轴向长度比下的 S 弯喷管沿程截面上的静温分布

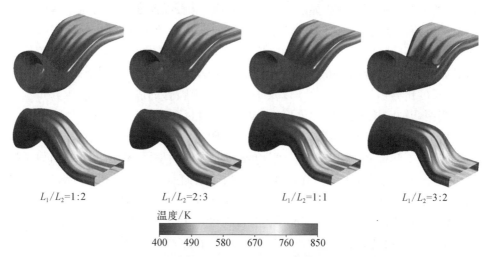

图 2 - 96　不同两弯轴向长度比下的 S 弯喷管壁面上的静温分布

类似,位于截面四周的局部高温区特征基本一致。当两弯轴向长度比为 3∶2 时,截面上侧产生的涡量加剧了该区域的冷热流掺混,导致局部高温区的面积显著缩小。在截面 E 上,气流的横向运动使得高温核心区发展成"鲸鱼尾"形状。随着两弯轴向长度比的增加,截面中间区域的涡量有所增强,"鲸鱼形"特征越发明显。当喷管的轴向长度比增加为 1∶1 时,高温核心区被分割成两部分。而两弯轴向长度比的增加使得 S 弯喷管的横向曲率增大,形成的逆压梯度更强,因而"鲸鱼尾"形的高温核心区沿横向收缩。

不同两弯轴向长度比下的 S 弯喷管壁面"热斑"主要出现在第二段 S 弯通道的壁面区域。随着两弯轴向长度比的增加,第二弯转弯处的纵向曲率增大,这导致流向涡卷吸着核心区热流对上壁面的冲击程度增强,冲击范围沿横向增大。可以看到,第二弯通道上壁面逐步出现四条温度值相对较低且宽度较窄的局部"次高温带"。对于喷管下壁面,较大的弯曲曲率导致气流在第二弯附近向上偏转的角度增大,这削弱了热流对喷管下壁面的冲击效果,位于下壁面的两条局部"高温带"逐渐变窄,温度值逐渐降低,它们之间的低温区域不断变宽。此外,对于两弯轴向长度比为 3∶2 的喷管,由于第一弯下游上壁面区域出现了流动分离,它形成的高涡量区增加了内涵热流对壁面的冲击作用,使得第二弯通道上壁面的"热斑"范围延伸至第一弯转弯处。还可以看到,两弯轴向长度比的增加导致喷管第二弯的横向曲率逐渐增大,流向涡横向运动所承受的逆压梯度增强,热流对喷管侧壁面的冲击作用持续减弱。因而随着两弯轴向长度比的增加,S 弯喷管侧壁面产生的"热斑"范围及温度值均逐渐减小。

图 2-97 给出了不同两弯轴向长度比下的 S 弯喷管沿程截面的周缘壁面静压分布。在截面 B 上,两弯轴向长度比增大引起的喷管内部流场扰动向前传递,导致该截面的周缘下壁面的静压显著升高。在截面 C 处,纵向曲率中心位于弯曲通道上侧,随着两弯轴向长度比的增加,喷管的纵向曲率先减小后增大,使得周缘上壁面静压先升高后降低。对于两弯轴向长度比为 3∶2 的喷管,由于该截面下游的上壁面区域出现流动分离,周缘上壁面压力呈现波动状态。流动发展至截面 D 处,两弯轴向长度比分别为 1∶2、2∶3 以及 1∶1 的三组喷管的周缘壁面静压分布基本一致,当两弯轴向长度比为 3∶2 时,流动分离使得该截面上侧区域产生一个气流低能区,周缘上壁面压力显著降低。在第二弯附近的截面 E 处,纵向曲率中心转移至弯曲通道下侧,随着两弯轴向长度比的增加,纵向曲率逐渐增大,下壁面静压持续下降,压力梯度逐渐上升。在截面 F 处,由于横向曲率较大且指向喷管内侧,侧壁面静压最大。两弯轴向长度比的增加使得第二弯转弯处的横向曲率逐渐增大,侧壁面的静压逐渐上升,周缘壁面压力梯度持续增大。截面 G 上,对于两弯轴向长度比为 3∶2 的喷管,由于上游出现强激波并产生较大的激波损失,该截面的周缘壁面静压值远低于其他三组喷管。

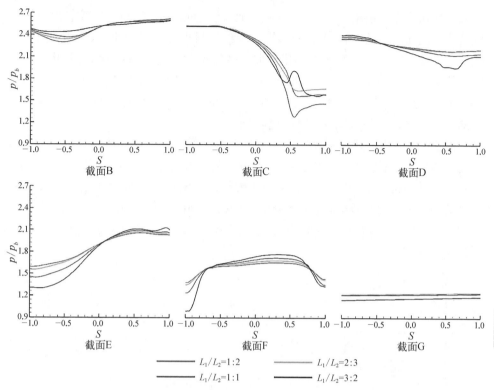

图 2-97　不同两弯轴向长度比下的 S 弯喷管沿程截面的周缘壁面静压分布

图 2-98 给出了不同两弯轴向长度比下的 S 弯喷管一半壁面上的极限流线及剪切应力分布。随着两弯轴向长度比的增加,第一弯处的纵向曲率先减小后增大,而第二弯处的纵向曲率持续增加。这导致第一弯转弯处的上壁面剪切应力先减小后增大,侧壁面的流线弯曲程度先降低后升高;而第二弯转弯处下壁面及喷管出口

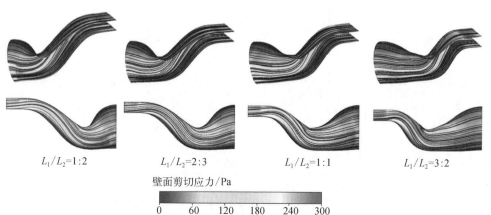

图 2-98　不同两弯轴向长度比下的 S 弯喷管壁面极限流线分布

区域的剪切应力逐渐增大,该区域的侧壁面流线弯曲程度显著增强,喷管出口区域的流线沿轴向向下的偏转角度逐渐增大,流线汇聚程度上升。此外,两弯轴向长度比的增加使得喷管第二弯通道的横向曲率持续增大。这导致喷管上、下壁面的极限流线在第二弯附近的汇聚程度逐渐增强。还可以看到,对于两弯轴向长度为3：2的喷管,第一弯下游上壁面区域出现了流动分离,它整体表现为从鞍点到结点的分离流线,周围的极限流线向分离线汇聚。

图2-99对比了不同两弯轴向长度比下的S弯喷管气动性能。随着两弯轴向长度比的增大,喷管的总压恢复系数、流量系数及推力系数均先增大后显著降低。随着两弯轴向长度比的增加,尾锥及波瓣混合器产生的流向涡涡量有所减小,由此带来的涡损失及内/外涵掺混损失降低。当两弯轴向长度比从1：2增大至2：3时,第一弯转弯处的纵向曲率减小,相应的上壁面剪切应力减小,侧壁面流线的弯

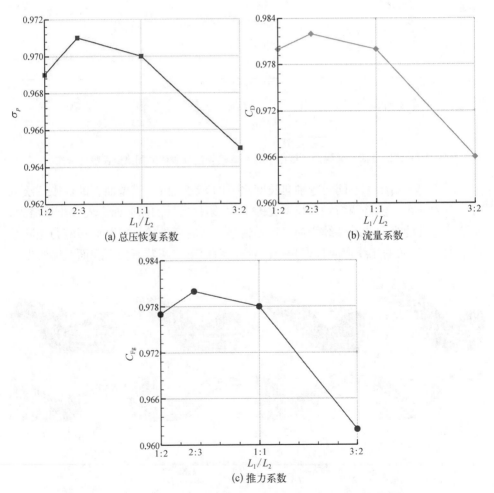

(a) 总压恢复系数

(b) 流量系数

(c) 推力系数

图2-99   不同两弯轴向长度比下的S弯喷管气动性能变化趋势

曲程度降低,导致壁面的摩擦损失和局部损失减小;而第二弯转弯处的纵向曲率增大,相应的下壁面剪切应力增加,侧壁面流线的弯曲程度增大,从而导致壁面产生的摩擦损失和局部损失增大。上述因素共同作用使得 S 弯喷管的气动性能升高。当两弯轴向长度比从 2∶3 增大至 1∶1 时,两弯处的纵向曲率均增大,相应的壁面剪切应力增大,流线弯曲程度加剧,因而壁面的摩擦损失和局部损失增加。最终导致喷管的气动性能呈现下降趋势。上述结果表明,当两弯轴向长度比从 1∶2 增加至 1∶1 时,影响喷管气动性能的主要动因是喷管壁面的摩擦损失和局部损失。当两弯轴向长度比增大至 3∶2 时,第一弯下游上壁面出现流动分离,形成高涡量区,进而强化冷热流的掺混效果;而第二弯转弯处下壁面附近剧烈的气流加速使得气流严重过膨胀,导致喷管等直段内出现一道斜激波。喷管壁面流动分离带来的涡损失、掺混损失以及气流过膨胀产生的激波损失成为影响喷管气动性能的主要因素,最终导致 S 弯喷管的气动性能显著下降。因此,随着两弯轴向长度比的增加,S 弯喷管的气动性能先增大后显著降低。

2.4.5　进口旋流对 S 弯喷管流动特性的影响研究

在常规涡扇发动机中,气流经过低压涡轮会在排气系统内涵通道产生一定程度的周向旋流,它能够显著改变 S 弯喷管内部的流场特征,是影响 S 弯喷管气动性能的重要参数。本节在地面工况下,选取设计状态下的 S 弯喷管几何模型,数值研究了不同进口旋流角的双涵道 S 弯喷管的流场特征。在边界条件设置中,通过设置内涵进口气流的周向速度来获得内涵进口旋流角。内涵进口旋流角分别为 0°、5°、10°、15° 以及 20°,旋流方向为顺时针方向(沿 x 方向),其中,0° 旋流即为无旋流条件。

图 2 - 100 和图 2 - 101 分别给出了不同进口旋流角下的 S 弯喷管对称面马赫数分布和排气混合器表面的马赫数及流线分布。可以看到,不同旋流角下的 S 弯喷管对称面马赫数分布差异主要表现在尾锥附近及其下游流场。在无旋流工况下,尾锥表面附近出现较大的流动分离,流动分离在尾锥表面半球体区域表现为一对反向旋转的分离涡,它在尾锥下壁面半球体位置之前表现为从鞍点到结点的分离流线,因而在尾锥下游形成一个较大范围的低马赫数区。在 5° 旋流角工况下,尾锥半球体区域的分离涡及下壁面的分离线均消失,而尾锥与旋流相互作用,在半球体下侧诱导产生一个沿顺时针方向旋转的漩涡(沿 x 方向),因而尾锥下游的低马赫数区范围明显缩小。低马赫数气流是漩涡内部的流动,它的速度和静压均低于周围流体。在漩涡的作用下,周围气流的速度显著上升,形成了高马赫数区域。该漩涡在 S 形弯曲流道中向下游发展,最终改变喷管出口等直段内的速度分布。随着旋流角的增加,尾锥半球体区域的漩涡范围逐渐增大,漩涡周围的气流速度进一步上升。当旋流角增加至 15° 时,尾锥下游出现两条高马赫数气流带,漩涡对喷管出口等直段内的速度分布影响十分显著。

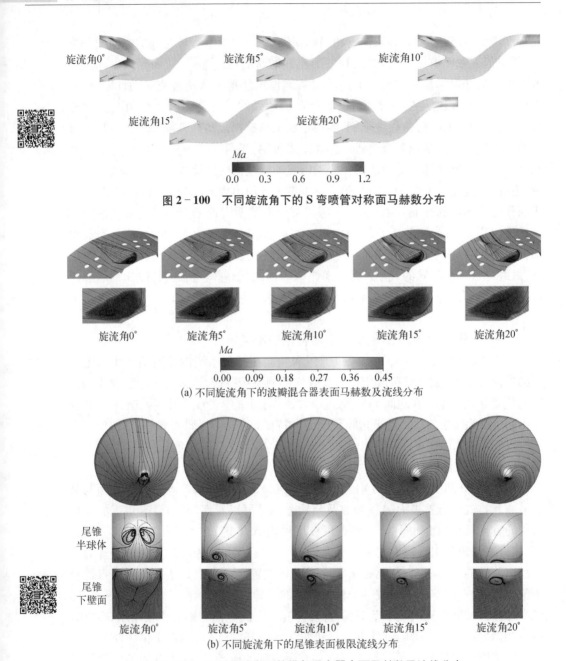

图 2-100　不同旋流角下的 S 弯喷管对称面马赫数分布

(a) 不同旋流角下的波瓣混合器表面马赫数及流线分布

(b) 不同旋流角下的尾锥表面极限流线分布

图 2-101　不同旋流角下的排气混合器表面马赫数及流线分布

　　S 弯喷管的内部中心线马赫数分布可以较为清楚地反映尾锥与旋流相互作用产生的漩涡流向的演化特征,如图 2-102 所示。在无旋流工况下,由于流动分离的存在,尾锥下游气流速度较低。气流在 S 形弯曲通道内部加速流动,在等直段内因剧烈加速而产生压缩波,从而导致气流速度出现局部波动。在 5°旋流工况下,尾锥半球体表面产生的漩涡导致下游的气流速度出现轻微波动,相比无旋流工况,第一弯通道内的气流速度有所上升。由于尾锥表面产生的漩涡持续发展至喷管出口,等直段内的气流速度相比无旋流工况较低。随着旋流角的增加,尾锥半球体表面诱导产生的漩涡逐渐增强,它导致下游中心线上的气流速度波动更加剧烈,对等直段区域的流动特征影响更大,因而等直段内的气流速度持续降低。当旋流角增大至 20°时,由于尾锥表面的漩涡较强,漩涡周围的气流速度较高,尾锥下游气流速度波动

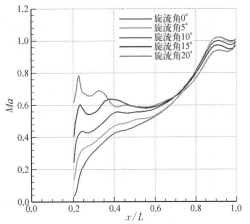

图 2－102　不同旋流角下的 S 弯喷管中心线马赫数分布

的幅度更大,喷管中心线上的速度变化趋势表现为先减小后增大。

　　不同旋流角下的波瓣混合器表面流动特征也存在一定程度的差异,如图 2－101(a)所示,它主要表现在波瓣混合器"漏斗形"结构后侧的低马赫数区域。在无旋流工况下,该区域内出现两块分离区,左侧分离区表现为一条较长的流动分离线,而右侧分离区表现为一个较大的分离涡。在 5°旋流工况下,左侧(沿 x 方向)的分离区改变为两条较短的流动分离线,这表明旋流作用下的流动分离减弱。随着旋流角的进一步增大,左侧的流动分离线向右侧移动,并与分离涡附近的流线逐步融合。当旋流角增加至 20°时,左侧区域的流动分离完全消失,气流全部流向右侧区域形成分离涡。此外,随着旋流角的增大,波瓣混合器表面的流线沿周向的弯曲程度不断加剧。

　　图 2－103 给出了不同进口旋流角下的 S 弯喷管壁面静压分布。可以看出,不同旋流角下的壁面静压分布规律基本一致,但旋流的存在有效改变了喷管壁面的静压值。随着旋流角的增大,S 弯喷管对称面壁面上的静压逐渐降低。原因在于,在 S 形弯曲通道诱导形成的纵向压力梯度作用下,旋流产生的漩涡卷吸着内涵低压气流外翻至喷管上、下壁面,从而降低了壁面静压值。旋流角越大,漩涡越强,低压气流对喷管壁面的影响越大。然而第一弯转弯处上壁面的静压值随旋流角的逐渐增加而增大。这是因为该区域位于纵向弯曲通道内侧,内涵气流的作用十分显著,旋流角的增大使得该区域的气流速度降低,静压升高。此外,随着旋流角从 0°增大至 15°,S 弯喷管侧壁面上的静压整体上趋于一致。根本原因在于喷管的横向宽度较大,且横向型面曲率较小,在较小的旋流角工况下,漩涡卷吸着内涵低压气流对侧壁面的影响较小。而当旋流角增大至 20°时,由于旋流与尾锥相互作用产生的漩涡更强,因而它卷吸着内涵低压气流对喷管侧壁面的影响较大,侧壁面静压有所降低。

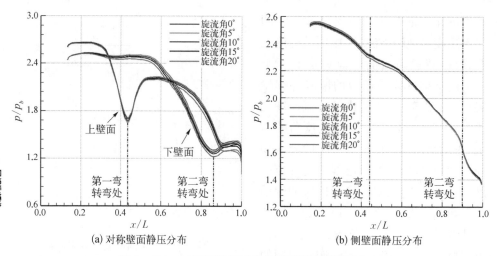

(a) 对称壁面静压分布　　　　　　　　(b) 侧壁面静压分布

图 2-103　不同旋流角下的 S 弯喷管壁面静压分布

图 2-104 给出了不同旋流角下的 S 弯喷管沿程截面上的 x 方向的涡量分布。旋流工况与无旋流工况下的涡量分布存在着明显的区别。在无旋流工况下,尾锥诱导产生的流动分离在截面 C 中心区域形成两对反向旋转的流向涡。而波瓣混合器诱导产生的流动分离在截面 B 上形成环形分布的流向涡,它们在下游横截面 C 上扩散至喷管壁面附近,并呈现"类矩形"分布特征,由于弯曲通道的影响,上侧区域气流加速较强,因而截面上侧的流向涡涡量大于下侧。在 5°旋流工况下,顺时针方向(沿 x 轴方向)的旋流导致波瓣混合器产生的负涡量区域增大,正涡量区域减小,截面 B 上的负涡量表现为顺时针周向弯曲特征。流动发展至截面 C 时,负流向涡的弯曲特征愈发明显。而旋流与尾锥共同作用,在截面 C 中心区域形成一个顺时针旋转且正涡量较高的集中涡。随着旋流角的增加,集中涡的涡量持续增大,波瓣混合器诱导产生的流向涡的弯曲程度越发显著并开始大范围合并。当旋流角为 20°时,集中涡周围形成两对反向旋转的涡旋。

在截面 D 上,无旋流工况下,上侧区域的流向涡向下延伸,形成"长条形"涡分布,波瓣混合器诱导产生的流向涡通过持续的横向运动开始贴壁分布。在 5°旋流工况下,截面中心的集中涡在纵向压力梯度及旋流的共同作用下向右下侧移动。由于涡量较高,它开始卷吸附近区域的流向涡,导致周围区域的涡量增大。随着旋流角的增加,中心涡的正涡量逐渐增大,当旋流角增大至 20°时,由于较强的卷吸效果,中心漩涡周围只存在一对反向旋转的涡旋,受集中涡的影响,右侧负涡量较大,左侧正涡量较小。在截面 E 上,无旋流工况下,下壁面附近区域的涡量因气流剧烈加速而显著上升。由于横截面通道的持续扩张,上壁面角区附近形成一对反向旋转的涡。在 5°旋流工况下,由于截面的横向扩张,中心区域的集中涡沿横向拉伸,表现为"矩形"特征。随着旋流角的增加,集中涡的涡量增大,并在截面上卷吸出

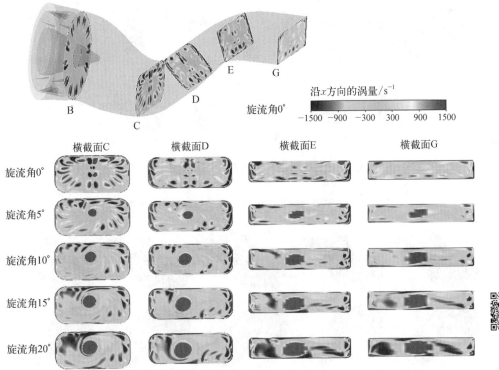

图 2‑104　不同旋流角下的 S 弯喷管沿程截面上的 x 方向涡量分布

更多具有较高负涡量的流向涡,上壁面角区附近的流向涡沿集中涡周向被拉伸。当旋流角增大至 20° 时,由于较强的卷吸效果,集中涡周围全部为具有较高负涡量的涡旋,存在于上壁面角区附近的流向涡也因为强大的卷吸作用而消失。截面 G 上的涡量分布与截面 E 基本一致。

图 2‑105 和图 2‑106 分别给出了不同旋流角下的双涵道 S 弯喷管沿程截面及壁面上的静温分布。旋流工况与无旋流工况下的温度分布存在着明显的区别。在截面 B 处,无旋流工况下,波瓣混合器诱导产生的流向涡加强了内/外涵气流之间的掺混,导致环形高温区沿周向形成一系列"方形低温槽",截面温度分布呈现"花瓣形"特征。在 5° 旋流工况下,"花瓣形"高温区沿周向顺时针弯曲,随着旋流角的增加,高温区的弯曲程度不断增大。在截面 C 处,无旋流工况下,温度分布呈现"蜘蛛形"特征,由于截面上侧涡量较高,上侧的高温区相比下侧较小。在 5° 旋流工况下,截面中心的集中涡卷吸着外涵冷流进入内涵,使得高温核心区面积减小,在旋流的作用下呈现倾斜的"花生形"分布。而截面周围的局部高温区在旋流作用下沿周向弯曲,由于旋流增大了流向涡涡量,局部高温区明显缩小。随着旋流角的增加,截面中心的"花生形"高温核心区进一步缩小,并逐步变化为"火炬形",截面周围的局部高温区沿周向的弯曲程度增大,面积也持续减小。当旋流角为 20°

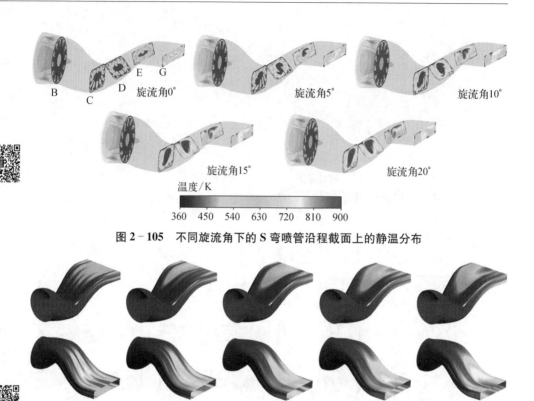

图 2 - 105 不同旋流角下的 S 弯喷管沿程截面上的静温分布

图 2 - 106 不同旋流角下的 S 弯喷管壁面上的静温分布

时,截面周围的局部高温区基本消失。

在截面 D 处,无旋流工况下,截面上侧的流向涡向下延伸,导致核心区上侧区域产生一个"低温槽"。由于内/外涵气流沿流向持续掺混,高温核心区面积进一步缩小,并呈现"豌豆形"特征。在 5°旋流工况下,截面中心的集中涡继续卷吸外涵冷流掺混高温核心区,从而在截面上呈现"S形"分布特征,截面周围的局部高温区也进一步减小。随着旋流角的增加,截面中心的集中涡涡量增大,"S形"高温核心区逐步变化为"三角形"特征。当旋流角增加至 10°时,该截面周围的局部高温区消失。在截面 E 处,无旋流工况下,由于截面的横向扩张,"豌豆形"高温核心区沿横向拉伸,并逐步演化为"鲸鱼尾形"特征,核心区周围的局部高温区贴壁分布。在 5°旋流工况下,集中涡向截面右下侧移动,且截面下侧的涡量较大,它们共同导致"S形"高温核心区演变为"锄头形"特征,周围的局部高温区消失。随着旋流角的增加,由于截面 D 上的高温核心区发生聚集,截面 E 下侧的高温区面积在冷热流掺混的作用下持续缩小却未完全消失,且沿横向拉伸。当旋流角为 20°时,高温核心区分布表现为倒置"Ｌ形"。

　　不同旋流角下的喷管壁面"热斑"主要出现在喷管出口区域。在有/无旋流工况下,Ｓ弯喷管壁面的温度分布存在显著的差异。在无旋流工况下,喷管出口区域下壁面的中间位置出现两条温度值相对较高且宽度较大的"高温带"。喷管出口区域上壁面中间位置出现四条温度值相对较低且宽度较窄的局部"次高温带",相比上壁面,喷管下壁面"热斑"区域的范围较大,温度值较高。在 5°旋流工况下,喷管出口区域的截面中心存在一个正涡量较大的集中涡,它持续卷吸周围区域的其他流向涡,使得截面下侧的涡量相比无旋流工况显著降低,热流对下壁面的冲击程度明显减弱。因此喷管出口区域下壁面的中间位置形成一条局部"次高温带","热斑"的范围及温度均显著降低;但是在弯曲通道形成的纵向压力梯度作用下,集中涡位于截面下侧,因而它对截面上侧流向涡的卷吸程度相对较弱。而在旋流的作用下,截面上侧的流向涡涡量相比无旋流工况增大,这导致热流对上壁面的冲击程度显著增强。因此喷管出口区域上壁面形成一条局部"次高温带","热斑"的范围及温度均增大。

　　随着旋流角的增加,喷管下壁面的"热斑"范围及温度先减小后增大,当旋流角为 10°时,"热斑"范围及温度达到最小值。原因在于增加旋流角导致沿程截面上的集中涡涡量增大,它对截面下侧的涡量卷吸程度增强,该区域的涡量降低,因而下壁面"热斑"的范围和温度减小。但是当旋流角继续增加,集中涡与下壁面的距离逐渐接近,它卷吸着内涵高温气流剧烈冲击喷管下壁面,使得下壁面的"热斑"范围和温度反而增大。随着旋流角的增加,喷管上壁面的"热斑"范围及温度逐渐增大。当旋流角增加至 10°时,由于集中涡位于截面下侧,它对截面上侧涡量的卷吸作用相对较弱,而增加旋流角导致截面上侧的涡量增强,因此,上壁面的"热斑"范围增大和温度升高。当旋流角为 20°时,集中涡的涡量最高,且几乎紧贴上、下壁面,喷管壁面的"热斑"范围和温度最高。还可以看到,在无旋流工况下,喷管上、下壁面的"热斑"区域主要位于中间位置。但在旋流的作用下,沿程截面上半部分的高温区位于左侧,下半部分的高温区位于右侧,所以"热斑"区域主要位于喷管上壁面左侧及下壁面右侧。

　　由于 Ｓ弯喷管的宽高比较大,且横向型面弯曲特征诱导形成了指向喷管内侧的压力梯度,喷管出口区域侧壁面的"热斑"范围和温度相对较低。旋流的存在有效增大了 Ｓ弯喷管侧壁面的热斑范围,当旋流角为 20°时,喷管出口区域的侧壁面几乎被温度值较低的"热斑"覆盖。

　　图 2 - 107 给出了不同旋流角下的双涵道 Ｓ弯喷管沿程截面上的周缘壁面静压分布。旋流对喷管周缘壁面静压影响较大的区域集中在第一弯下游通道,而在喷管其他区域,由于集中涡位于喷管沿程截面的中心位置,因而旋流的影响主要位于上、下壁面的中间位置。在截面 Ｂ 上,不同旋流角下的周缘壁面静压分布基本一

致,旋流的存在使得喷管上壁面的静压略微降低。在截面 C 上,旋流角的增大导致周缘上壁面中间位置的静压显著升高,下壁面中间位置的静压略微降低。原因在于弯曲流道的曲率中心位于管道上侧,在该截面诱导形成纵向向上的压力梯度,上壁面的涡量较大,静压较低,下壁面的涡量较小,静压较高,截面其他区域的气流压力介于两者之间。旋流加剧了上、下壁面附近的气流掺混,导致周缘下壁面的静压略微降低,周缘上壁面的静压显著升高。

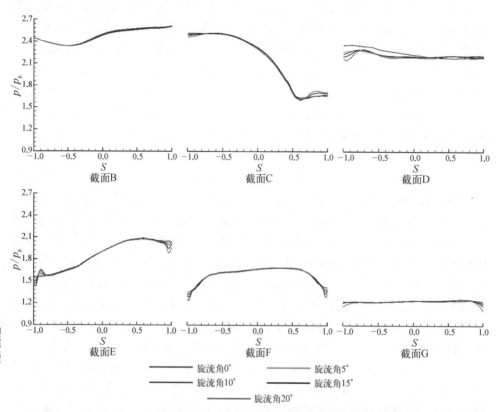

图 2－107　不同旋流角下的 S 弯喷管沿程截面的周缘壁面静压分布

在第一弯下游的横截面 D 上,周缘壁面静压分布随旋流角的变化趋势与截面 C 基本一致,由于截面上的纵向压力梯度减小,涡量向下壁面运动,相比截面 C,不同旋流角的周缘下壁面静压分布差异更大。当旋流角为 20°时,静压变化幅度最大。在截面 E 上,由于弯曲流道的曲率中心位于管道下侧,该截面的周缘壁面静压分布随旋流角的变化趋势与截面 C 恰好相反,但由于截面高度减小,截面中心区域的集中涡涡量较大,因而该截面的周缘上、下壁面静压变化幅度基本一致。因此,随着旋流角的增加,周缘上壁面中间位置的静压升高,下壁面中间位置的静压降低。截面 F 与 G 位于 S 弯喷管等直段内,由于周缘上壁面与下壁面的静压基本相等,且小于截面其他区域,集中涡存在加剧了内/外涵气流的掺混,因此,周缘上、下壁面中间位置的静压随旋流角的增大而减小。

图 2-108 给出了不同旋流角下的双涵道 S 弯喷管的壁面剪切应力分布。在第一弯通道内,由于外涵冷流的包裹,旋流对喷管壁面的剪切应力分布影响较小。随着气流在 S 形弯曲通道内多次偏转,流向涡卷吸着内涵气流穿过外涵冷流层并冲击喷管壁面,导致壁面附近的静压下降,气流速度上升,壁面剪切应力随之增大。相比无旋流工况,在 5° 旋流工况下,S 弯喷管第二弯转弯处及等直段区域的上壁面剪切应力有所增加,下壁面剪切应力有所减小。由图 2-102、图 2-105 可知,旋流作用于尾锥表面诱导形成集中涡,它减弱了内涵气流对下壁面的冲击,导致下壁面的"热斑"强度减弱,壁面静压增大,相应的壁面剪切应力减小。而内涵气流对上壁面的冲击程度增强,上壁面的剪切应力增大。随着旋流角的增加,第二弯转弯处及等直段区域下壁面的"热斑"强度先减小后增大,而上壁面的"热斑"强度持续增大,因而相应区域的下壁面剪切应力先减小后增大,上壁面剪切应力逐渐增大。当旋流角为 10° 时,第二弯转弯处及等直段区域的下壁面剪切应力最小。

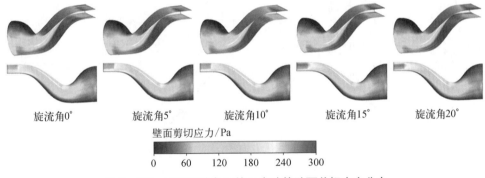

图 2-108　不同旋流角下的 S 弯喷管壁面剪切应力分布

图 2-109 对比了不同旋流角下的双涵道 S 弯喷管气动性能。随着旋流角的增加,喷管的总压恢复系数、流量系数及推力系数均逐渐降低。双涵道 S 弯喷管气动性能的改变主要是由喷管壁面边界层、内/外涵气流、波瓣混合器及尾锥结构产生的摩擦损失、局部损失、涡损失及掺混损失决定。相比无旋流工况,在 5° 旋流工况下,尾锥表面产生的流动分离减弱,流动分离产生的涡量减小,内/外涵气流的掺混效果降低,由此带来的涡损失及掺混损失减小。但旋流的存在使得尾锥半球体表面产生了涡量更大的集中涡,波瓣混合器诱导产生的流向涡的涡量也有所增加,因而喷管内部流场的涡损失及掺混损失升高。因此,旋流的存在使得 S 弯喷管的气动性能降低。随着旋流角的增加,尾锥表面诱导产生的集中涡涡量更强,波瓣混合器产生的流向涡涡量持续增加,由此带来的涡损失与掺混损失不断增大,而旋流

角的增加进一步增大了喷管的壁面剪切应力,使得壁面摩擦损失和局部损失逐渐上升。因此,S 弯喷管的气动性能随旋流角的增加而逐渐下降,且下降速率持续增大。

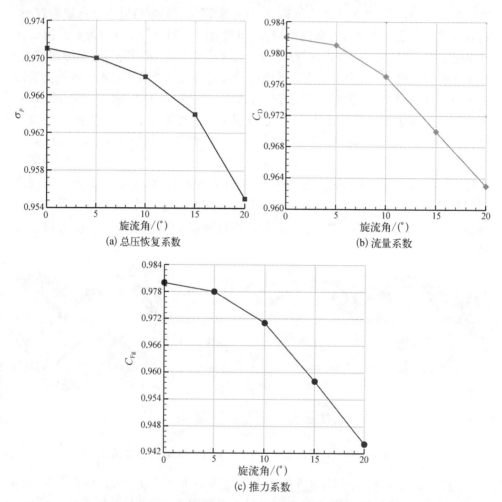

图 2-109　不同旋流角下的 S 弯喷管气动性能变化趋势

第 3 章

S 弯喷管红外辐射特性影响研究

3.1 引　言

红外隐身能力也是未来先进隐身战机所必须关注的重点之一,对飞机红外辐射特性的相关研究表明(桑建华,2013;Mahulikar et al. , 2007; Rao et al. , 2002),发动机的排气系统是飞机最主要的红外辐射源,其产生的红外辐射信号占整个飞机尾部方向红外特征信号的 95% 以上。S 弯喷管可以有效地抑制排气系统的红外辐射强度,从而提高飞机的红外隐身能力,S 弯喷管技术已被列为先进隐身战机的关键技术之一(张维仁等,2014;桑建华,2013)。S 弯喷管的设计涉及的几何参数众多,几何参数的变化将会改变 S 弯喷管型面结构,从而影响 S 弯喷管的流场特性和红外辐射特性。因此,在设计 S 弯喷管时,需同时考虑其气动性能和红外辐射特性,以实现保持喷管高气动性能的同时大幅抑制红外辐射特征的目标。本章采用数值模拟的方法,分析了 S 弯喷管的红外辐射强度分布特性及产生的机理,研究了几何设计参数对 S 弯喷管的红外辐射特性的影响规律,对比了不同进口条件下 S 弯喷管红外辐射特性的差异;从红外隐身的角度开展 S 弯喷管的低红外辐射设计准则研究;基于 S 弯喷管的近似建模技术和多目标优化算法,以高气动性能和低红外辐射强度为设计目标进行 S 弯喷管气动/红外多目标优化设计。

3.2　红外辐射特性计算方法

自然界中的所有物体都在持续不断地辐射和吸收电磁波,辐射的强度与波长以及物体的属性和温度有关。热辐射的能量主要集中在 $0.1 \sim 1\,000\ \mu m$ 波长范围,基本上与红外线的波长范围($0.7 \sim 1\,000\ \mu m$)重合(Modest, 2013;谈和平,2006;Siegel et al. , 2002)。热辐射和红外辐射除一些术语不同外,传输过程的物理本质以及计算原理和方法基本是相同的。对于航空发动机排气系统,由于其处于高温燃气环境,因而准确模拟红外辐射在高温燃气介质中的传输是整个航空发动机排气系统红外辐射计算的关键(黄全军等,2013)。本节主要研究了航空发动机排气系统红外辐射特性计算方法。通过对高温燃气介质中的红外辐射传输计算方法以及目标红外特性计算的离散传递法的研究,基于 C++程序语言开发了一套航空发动机排气系统红外辐射特性计算程序,为本书研究工作的开展提供支持。

3.2.1　辐射在介质中的传输

在发动机排气系统中,红外辐射是在高温燃气这种吸收发射性介质中传输的。当辐射沿着射线在介质中传输时,由于介质的吸收和散射作用的影响,辐射在传输过程中会有一定程度的衰减。同时,受到射线周围介质散射以及介质本身辐射的影响,辐射在沿射线传输的过程中也会产生一定的增益。

1. 辐射的衰减

介质对辐射的吸收量的大小与辐射的强度和辐射在介质中的传输距离呈正比。因此,由于介质的吸收造成的辐射增量可以表示为

$$(dL_\lambda)_{abs} = -\kappa_\lambda L_\lambda ds \tag{3-1}$$

式中, κ_λ 为光谱吸收系数。公式(3-1)中,等式右边的负号表示辐射的衰减。

假设辐射射线在介质中的行程长度为 s ,则在行程 s 上对公式(3-1)进行积分可得

$$L_\lambda(s) = L_\lambda(0)\exp\left(-\int_0^s \kappa_\lambda ds\right) = L_\lambda(0) e^{-t_\lambda} \tag{3-2}$$

式中, t_λ 为光谱吸收光学厚度,其计算公式为 $t_\lambda = \int_0^s \kappa_\lambda ds$; $L_\lambda(0)$ 为在行程起点 $s = 0$ 处的初始光谱辐射亮度。

此时,厚度为 s 的介质的光谱透过率可以表示为

$$\tau_\lambda = \exp\left(-\int_0^s \kappa_\lambda ds\right) = e^{-t} \tag{3-3}$$

根据基尔霍夫定律,其光谱吸收率为

$$\alpha_\lambda = \frac{L_\eta(0) - L_\eta(s)}{L_\eta(0)} = 1 - e^{-t_\lambda} \tag{3-4}$$

与介质的吸收类似,介质的散射作用也会使辐射能量在辐射传输方向上发生衰减。不同的是介质的吸收作用是将衰减的辐射能转换成自身的内能,而介质的散射作用仅仅是改变了所衰减的辐射能的传输方向,从而使其他方向上的辐射能增加。

介质对辐射的散射增量可以表示为

$$(\mathrm{d}L_\lambda)_{sca} = -\sigma_{s\lambda}L_\lambda\mathrm{d}s \tag{3-5}$$

式中, $\sigma_{s\lambda}$ 为光谱散射系数。公式(3-5)中,等式右边的负号表示辐射的衰减。

辐射沿辐射射线传输的过程中,由于介质的吸收和散射作用造成辐射能量衰减的现象称为消光现象。因此,消光系数 β_λ (也称光谱衰减系数)定义为(Pomraning,1973)

$$\beta_\lambda = \kappa_\eta + \sigma_{s\lambda} \tag{3-6}$$

基于消光现象的光学厚度定义为

$$t_\lambda = \int_0^s \beta_\lambda \mathrm{d}s = \int_0^s (\kappa_\lambda + \sigma_{s\lambda})\mathrm{d}s \tag{3-7}$$

所以,辐射在介质中传输时,总的增量可以表示为

$$(\mathrm{d}L_\lambda)_{ex} = -\beta_\lambda L_\lambda\mathrm{d}s = -(\kappa_\lambda + \sigma_{s\lambda})L_\lambda\mathrm{d}s \tag{3-8}$$

公式(3-8)中,等式右边的负号表示辐射的衰减。

2. 辐射的增益

当辐射在介质中传输时,由于介质的吸收和散射作用的影响,辐射在传输方向 s 上会损失部分辐射能量。但是因为介质本身也能发射辐射能量,并且其他方向上的辐射能量也会散射到 s 方向上,所以 s 方向上的辐射能量也会有所增加。

对于发射增益来说,从一个体积单元辐射的增益能量与该体积单元的大小呈正比。因此介质沿某一路径辐射的能量与行程长度呈正比,也与介质内该单元处的局部能量呈正比。在 s 方向上,介质的辐射量为

$$(\mathrm{d}L_\lambda)_{em} = j_\lambda\mathrm{d}s \tag{3-9}$$

式中, j_λ 为光谱发射系数。

由局部热力学平衡可知,介质的发射强度与黑体辐射强度相等,因此

$$j_\lambda = \kappa_\lambda L_{b\lambda},\ (\mathrm{d}L_\lambda)_{em} = \kappa_\lambda L_{b\lambda}\mathrm{d}s \tag{3-10}$$

即在局部热力学平衡下,介质的光谱发射系数与光谱吸收系数相同。联立公式(3-1)和公式(3-10)可得吸收-发射性介质(忽略散射)的辐射传输方程为

$$\frac{\mathrm{d}L_\lambda}{\mathrm{d}s} = \kappa_\lambda(L_{b\lambda} - L_\lambda) \tag{3-11}$$

其中,等式右边第一项表示由于介质发射造成的辐射增益,第二项表示由于介质的吸收造成的辐射衰减。对于厚度为 s 的等温气体介质,其辐射传输方程可以写为

$$L_\eta(s) = L_\eta(0)\mathrm{e}^{-t_\lambda} + L_{b\lambda}(1 - \mathrm{e}^{-t_\lambda}) \tag{3-12}$$

当仅考虑介质的发射时,即 $L_\lambda(0) = 0$ 时,可以得到介质的发射率为

$$\varepsilon_\lambda = \frac{L_\lambda(s)}{L_{b\lambda}} = 1 - \mathrm{e}^{-t_\lambda} \tag{3-13}$$

对于散射增益来说,描述散射方向的参数主要有两个,即方向散射亮度和散射相函数。s_i 表示入射方向,从该方向投射到散射体上的光谱辐射亮度为 $L_\lambda(s_i)$,其中,有一部分被散射。这部分被散射的光谱辐射亮度称为光谱散射亮度,用 $L_{s\lambda}(s_i, 4\pi)$ 表示,其中,4π 表示散射到空间各个方向。引入光谱方向散射亮度 $L_{s\lambda}(s_i, s)$,其定义式为

$$L_{s\lambda}(s_i, s) = \frac{L_{s\lambda}(s_i, 4\pi)}{\mathrm{d}\Omega} \tag{3-14}$$

式中,s 为散射方向;Ω 为散射方向的立体角。

显然,光谱方向散射亮度在 4π 空间内的积分等于光谱散射亮度,即

$$L_{s\lambda}(s_i, 4\pi) = \int_{\Omega=4\pi} L_{s\lambda}(s_i, s)\mathrm{d}\Omega \tag{3-15}$$

为了描述散射能量的空间分布,引入散射相函数(简称相函数)。其定义为光谱方向散射亮度与按 4π 散射空间平均分布的光谱方向散射亮度之比,可以表示为

$$\Phi_\lambda(s_i, s) = \frac{L_{s\lambda}(s_i, s)}{\dfrac{1}{4\pi}L_{s\lambda}(s_i, 4\pi)} = \frac{L_{s\lambda}(s_i, s)}{\dfrac{1}{4\pi}\displaystyle\int_{\Omega=4\pi} L_{s\lambda}(s_i, s)\mathrm{d}\Omega} \tag{3-16}$$

因此,由空间各个方向的散射引起的 s 方向上的辐射增量为

$$(\mathrm{d}L_\lambda)_{\mathrm{sca}} = \sigma_{s\lambda}L_{s\lambda}(s_i, s)\mathrm{d}s = \frac{\sigma_{s\lambda}}{4\pi}\int_{\Omega_i=4\pi} L_{s\lambda}(s)\Phi_\lambda(s_i, s)\mathrm{d}\Omega_i \mathrm{d}s \tag{3-17}$$

3. 辐射传输方程

综合辐射在传输过程中由介质的吸收和散射引起的辐射能量的衰减,以及由介质发射和其他方向上介质的散射引起的辐射能量的增益,联立公式(3-1)、公式(3-5)、公式(3-10)和公式(3-17)可得介质内红外光谱辐射亮度的传输方程如下:

$$\frac{\mathrm{d}L_\lambda(s)}{\mathrm{d}s} = \kappa_\lambda L_{b\lambda}(s) - \kappa_\lambda L_\lambda(s) - \sigma_{s\lambda}L_\lambda(s) + \frac{\sigma_{s\lambda}}{4\pi}\int_{\Omega_i=4\pi} L_\lambda(s, s_i)\Phi_\lambda(s_i, s)\mathrm{d}\Omega_i$$

$$\tag{3-18}$$

式中, s 为传输距离; $\boldsymbol{s}$ 为方向矢量; $L_\lambda(s)$ 为 s 处的光谱辐射亮度; $L_{b\lambda}(s)$ 为辐射传输路径上各点处的黑体光谱辐射亮度。

对于航空发动机, 假设燃烧室内的燃料完全燃烧, 且加力燃烧室不工作, 则燃气不存在炭黑固体粒子以及液体颗粒。在此假设下, 辐射传输过程中由介质散射引起的辐射衰减和增益可以忽略, 即 $\sigma_{s\lambda} = 0$, 式(3 – 18)可以简化为一维线性微分方程:

$$\frac{\mathrm{d}L_\lambda(s)}{\mathrm{d}s} = \kappa_\lambda L_{b\lambda}(s) - \kappa_\lambda L_\lambda(s) \tag{3 – 19}$$

结合公式(3 – 2)中光谱光学厚度的定义, 在式(3 – 19)等式两边同时乘以 $\exp(t_\lambda)$, 再除以 κ_λ, 并移项整理可得

$$\frac{\mathrm{d}L_\lambda(t_\lambda)}{\mathrm{d}t_\lambda}\exp(t_\lambda) + L_\lambda(t_\lambda)\exp(t_\lambda) = L_{b\lambda}(s)\exp(t_\lambda) \tag{3 – 20}$$

等式(3 – 20)左边可以写为

$$\frac{\mathrm{d}L_\lambda(t_\lambda)}{\mathrm{d}t_\lambda}\exp(t_\lambda) + L_\lambda(t_\lambda)\exp(t_\lambda) = \frac{\mathrm{d}}{\mathrm{d}t_\lambda}[L_\lambda(t_\lambda)\exp(t_\lambda)] \tag{3 – 21}$$

联立公式(3 – 20)和公式(3 – 21)可得

$$\frac{\mathrm{d}}{\mathrm{d}t_\lambda}[L_\lambda(t_\lambda)\exp(t_\lambda)] = L_{b\lambda}(s)\exp(t_\lambda) \tag{3 – 22}$$

将公式(3 – 22)在整个光学厚度 $t_\lambda = 0 \sim t_\lambda(s)$ 上积分可得

$$L_\lambda(t_\lambda) = L_\lambda(0)\exp(-t_\lambda) + \int_0^{t_\lambda} L_{b\lambda}(t'_\lambda)\exp[-(t_\lambda - t'_\lambda)]\mathrm{d}t'_\lambda \tag{3 – 23}$$

此式即为吸收–发射性介质内红外光谱辐射亮度的传输方程式(3 – 19)的积分形式。其物理意义为到达 t_λ 处的光谱辐射亮度由两部分组成: 第一部分为等式右边第一项, 即起点 $t_\lambda = 0$ 处的光谱辐射亮度 $L_\lambda(0)$ 经过光学厚度 t_λ 衰减后, 到达 t_λ 处时剩余的光谱辐射亮度; 第二部分为等式右边第二项, 即传输路径上 $t'_\lambda(0 \leqslant t'_\lambda \leqslant t_\lambda)$ 处介质自身发射的光谱辐射亮度 $L_{b\lambda}(t'_\lambda)$ 经过剩余光学厚度 $t_\lambda - t'_\lambda$ 衰减后, 到达 t_λ 处时剩余的光谱辐射亮度, 再将 t'_λ 从 0 到 t_λ 积分, 如图 3 – 1 所示。

将式(3 – 23)再次变形, 可得

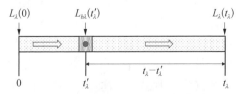

图 3 – 1　辐射传输方程积分形式的物理意义

$$L_\lambda(t_\lambda) = L_\lambda(0)\exp(-t_\lambda) + \int_0^{t_\lambda} L_{b\lambda}(t'_\lambda)\mathrm{d}\{\exp[-(t_\lambda - t'_\lambda)]\} \quad (3-24)$$

再将光谱透过率公式(3-3)代入上式可得

$$L_\lambda(t_\lambda) = L_\lambda(0)\tau_\lambda(t_\lambda) + \int_0^{t_\lambda} L_{b\lambda}(t'_\lambda)\mathrm{d}\tau_\lambda(t_\lambda - t'_\lambda) \quad (3-25)$$

式(3-25)是积分形式的辐射传输方程,在实际计算过程中,通常将辐射传输方程在辐射射线方向进行离散,转换为数值求和的形式进行求解。如图 3-2 所示,沿辐射射线方向将其离散成 n 段,设第 i 段($i = 0, 1, 2, \cdots, n$)的光谱透过率为 $\tau_\lambda(i)$,辐射传输的初始光谱辐射亮度为 $L_\lambda(0)$,传输终点处的光谱辐射亮度为 L_λ,则公式(3-25)可以离散成:

$$L_\lambda = L_\lambda(0)\prod_{i=1}^{n}\tau_\lambda(i) + \sum_{i=1}^{n} L_{b\lambda}(i)[1 - \tau(i)]\prod_{j=i+1}^{n}\tau(j) \quad (3-26)$$

式中,当 $j = n + 1$ 时,$\tau_\lambda(j) = 1$;当辐射传输的起点为固体壁面边界时,$L_\lambda(0)$ 为壁面对应的有效光谱辐射亮度;当辐射传输的起点为具有透明性质的边界时,$L_\lambda(0) = 0$。

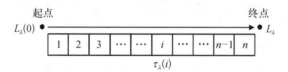

图 3-2　辐射传输方程离散

通常情况下,航空发动机排气系统内部的流场并不均匀。在计算辐射传输时,需要将计算区域离散成空间互不重叠的有限个微元体进行计算。在每个小微元体内,燃气的温度、压力以及组分等流场参数可以近似认为是均匀的。因此,可以采用上述方法计算航空发动机排气系统内部的红外辐射传输问题。

3.2.2　离散传递法

离散传递法(discrete transfer method, DTM)最早是由 Lookwood 和 Shah 等(Lockwood et al., 1981)提出的一种用于计算燃烧室内的辐射传输问题的方法,其主要思想是将计算边界作为辐射传输的起点。离散传递法首先需要将计算域边界离散成有限个微元边界面,如图 3-3 所示。在此基础上,每个微元边界面与探测器之间形成一条特征射线,各微元边界面的红外辐射便沿此特征射线传输到探测器。最后,叠加所有微元边界面对探测器的红外辐射便得到计算域内目标对探测器的红外辐射强度。离散传递法将复杂的三维空间辐射传输问题转化为简单的沿着特征射线的一维辐射传输问题,简化了所要求解的问题。

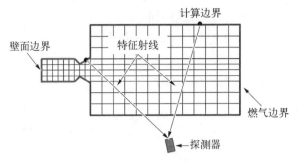

图 3-3　离散传递法原理示意图

采用离散传递法计算目标的红外辐射特性时,首先需要解决各微元边界面有效辐射亮度的计算问题。如图 3-4 所示,根据各边界属性,将计算域边界划分为固体壁面边界和透明边界,其中固体壁面边界包含 M 个微元面,透明边界包含 N 个微元面。取微元面 k,假设其他边界微元面对 k 均可见,则微元面 k 的有效辐射亮度为

$$L_{\lambda,k}(0) = \varepsilon_{\lambda,k} L_{\lambda b}(T_k) + \rho_{\lambda,k} L_{\lambda,k}^{\mathrm{in}} \qquad (3-27)$$

式中,$\varepsilon_{\lambda,k}$ 为微元面 k 的发射率;$\rho_{\lambda,k}$ 为微元面 k 的反射率。

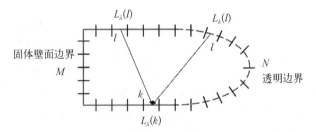

图 3-4　计算域边界离散示意图

公式(3-27)右边第一项表示微元面 k 自身温度产生的光谱辐射亮度,右边第二项表示微元面 k 对所有入射到微元面 k 上的光谱辐射亮度的反射。

其他微元面对 k 产生的光谱辐射照度为

$$H_{\lambda,k}^{\mathrm{in}} = \sum_{l=1}^{M+N-1} L_\lambda(l,k) \pi F_{k-l} \qquad (3-28)$$

式中,F_{k-l} 为微元面 k 对微元面 l 的角系数;$L_\lambda(l,k)$ 为从微元面 l 传输到微元面 k 上的光谱辐射亮度。

公式(3-28)中,$L_\lambda(l,k)$ 可根据公式(3-26)进行计算。则公式(3-28)可转化为

$$H_{\lambda,k}^{\mathrm{in}} = \sum_{l=1}^{M+N-1} \pi F_{k-l} \left\{ L_{\lambda,l}(0) \prod_{i=1}^{n} \tau_\lambda(i) + \sum_{i=1}^{n} L_{b\lambda}(i)[1-\tau(i)] \prod_{j=i+1}^{n} \tau(j) \right\} \quad (3-29)$$

式中，$L_{\lambda,l}(0)$ 为微元面 l 的有效光谱辐射亮度。

结合公式(3-29)，可将公式(3-27)转化为

$$
\begin{aligned}
L_{\lambda,k}(0) &= \varepsilon_{\lambda,k} L_{\lambda b}(T_k) + \rho_{\lambda,k} \frac{H_{\lambda,k}^{in}}{\pi} \\
&= \varepsilon_{\lambda,k} L_{\lambda b}(T_k) + \frac{\rho_{\lambda,k}}{\pi} \sum_{l=1}^{M+N-1} \pi F_{k-l} \Big\{ L_{\lambda,l}(0) \prod_{i=1}^{n} \tau_{\lambda}(i) \\
&\quad + \sum_{i=1}^{n} L_{b\lambda}(i) [1 - \tau(i)] \prod_{j=i+1}^{n} \tau(j) \Big\}
\end{aligned}
\tag{3-30}
$$

对于航空发动机排气系统，当计算域足够大时，透明边界远离燃气高温核心区，边界内外的密度基本相等，折射率相同。此时，对于透明边界微元面，可取 $L_{\lambda,l}(0) = 0$。因此，可以将公式(3-30)中的固体壁面微元面对 k 的影响和透明边界微元面对 k 的影响分离，即

$$
\begin{aligned}
L_{\lambda,k}(0) &= \varepsilon_{\lambda,k} L_{\lambda b}(T_k) + \frac{\rho_{\lambda,k}}{\pi} \sum_{l=1}^{M-1} \pi F_{k-l} \Big[L_{\lambda,l}(0) \prod_{i=1}^{n} \tau_{\lambda}(i) \Big] \\
&\quad + \frac{\rho_{\lambda,k}}{\pi} \sum_{l=1}^{M+N-1} \pi F_{k-l} \Big\{ \sum_{i=1}^{n} L_{b\lambda}(i) [1 - \tau(i)] \prod_{j=i+1}^{n} \tau(j) \Big\}
\end{aligned}
\tag{3-31}
$$

从公式(3-31)可以看出，想要获得排气系统固体壁面微元的有效光谱辐射亮度需要联立所有固体壁面微元的有效光谱辐射亮度计算式并求解大型线性方程组。

当获得所有固体壁面微元的有效光谱辐射亮度后，即可计算得到探测点处目标航空发动机排气系统的红外辐射强度。当探测点距离目标航空发动机排气系统较远时，探测点处的红外辐射强度为

$$
I_{\lambda} = \sum_{m=1}^{n} L_{\lambda,m} \Delta A_m
\tag{3-32}
$$

式中，$L_{\lambda,m}$ 为对探测点可见的边界微元面 m 传输到探测器的光谱辐射亮度；ΔA_m 为微元面 m 到探测器的特征射线方向上的投影面积。

本书基于 C++ 程序设计语言，采用离散传递法计算航空发动机排气系统的红外辐射。

3.2.3　流场数值模拟方法

S 弯喷管红外辐射特性的计算建立在流场计算的基础上。通过流场计算获得 S 弯喷管壁面的温度分布、燃气的温度和压力分布，以及 CO_2、H_2O、CO 等气体组分的摩尔分数，然后将这些流场参数导入红外辐射特性计算程序进行计算。本书采

用商用 CFD 软件,求解三维雷诺平均 N-S 方程,采用 SST $k-\omega$ 湍流模型开展 S 弯喷管流场特性的数值计算。

采用 ICEM 软件对 S 弯喷管的几何模型进行结构化网格划分,图 3-5 给出了全三维计算网格和边界条件,其中,近壁面网格经过加密处理,壁面 $y^+<5$。经网格无关性验证,当计算网格量达到 160 万左右时,S 弯喷管对称面上的上、下壁面的静压分布不再随网格量的增加而有明显改变。

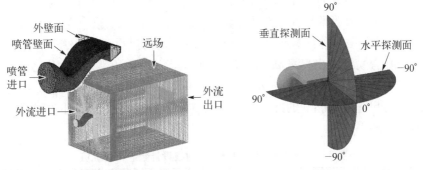

图 3-5　计算网格和边界条件　　　　图 3-6　探测点布置示意图

S 弯喷管进口采用压力进口边界条件,进口的总温为 $T^* = 1\,072$ K,总压为 $p^* = 1.54$ atm。外流场的进口和远场均设置为压力远场边界,给定 $Ma_\infty = 0.05$,静温 $T_0 = 300$ K,静压 $p_0 = 1$ atm。外流场出口设置为静压 $p_b = 1$ atm。壁面采用无滑移绝热壁面。本书假设发动机燃烧室内的燃油充分燃烧,喷管进口处燃气组分 H_2O 和 CO_2 的摩尔分数分别设置为 $x(H_2O) = 12.87\%$ 和 $x(CO_2) = 13.12\%$。外流场进口以及远场的燃气组分与外界的大气环境保持一致。

在计算 S 弯喷管的红外辐射时,将喷管进口简化成灰体壁面,其发射率与喷管壁面的发射率均设置为 $\varepsilon = 0.9$(Rao et al. , 2005)。考虑到实际情况中喷管安装在机体内部,喷管的外壁面被飞机蒙皮遮挡,因此,在计算 S 弯喷管的红外辐射时不考虑喷管外壁面的辐射。红外计算波长范围为 $3\sim5\ \mu m$,探测距离设置为 $1\,000$ m,且不考虑环境对红外辐射的衰减作用。探测点分别设置在水平探测面和垂直探测面上,方位如图 3-6 所示。

3.3　几何参数对 S 弯喷管红外辐射特性的影响研究

S 弯喷管的红外辐射特征主要由喷管壁面、燃气温度分布和燃气组分浓度分布决定。而 S 弯喷管几何设计参数变化会改变喷管的几何构型和包括温度和组分浓度在内的流场分布,进而影响 S 弯喷管红外辐射特征。因此为了获取低红外辐射特征的 S 弯喷管设计方法,需研究 S 弯喷管红外辐射特性及关键设计参数对其红外辐射特性的影响,分析 S 弯喷管红外辐射特征及产生机理,以期从抑制红外辐射方面为 S 弯喷管的设计提供参考。本节选择中心线变化规律、出口宽高比、两弯轴向长度比作为关键几何参数研究其对 S 弯喷管红外辐射特性的影响。

3.3.1　S 弯喷管的红外辐射特性

为研究 S 弯喷管的红外辐射特性,分析了两段 S 弯的中心线均为"前急后缓"变化规律的 S 弯喷管的红外辐射强度分布,喷管的几何参数取表 3 - 1 中设计状态的值。S 弯喷管在对称面以及出口中心水平面上的燃气温度分布如图 3 - 7 所示。由于 S 弯喷管的出口宽高比为 7,出口形状为扁平的类矩形,因此 S 弯喷管尾喷流在垂直方向上的高度要明显小于其在水平方向上的宽度,这也是造成水平探测面上 S 弯喷管燃气的红外辐射强度与垂直探测面上的红外辐射强度不同的原因。

表 3 - 1　S 弯喷管几何设计参数在设计状态下的取值

几何参数	A_1/A_{in}	$\Delta Y_1/L_1$	L_1/L_2	W_e/H_e
设计状态取值	0.6	0.28	1 : 2	7

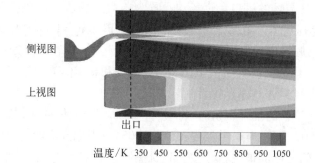

温度/K　350　450　550　650　750　850　950　1050

图 3 - 7　S 弯喷管的燃气温度分布

图 3 - 8 给出了 S 弯喷管不同横截面处和对称面上的马赫数分布以及流线方向。从 S 弯喷管内的马赫数分布可以看出,随着 S 弯喷管内部型面的收缩,喷管的横截面面积沿着流向逐渐减小,因此整体上 S 弯喷管内部的气流沿着流向表现出逐渐加速的特征。在 S 弯喷管进口附近,喷管型面向下偏转,受壁面结构的限制,S 弯喷管进口附近气流的上部分也向下偏转,气流的上部分在喷管上壁面施加的向心力作用下,加速减小。在横截面 1 处,气流下部分的速度高于上部分的速度,相应的,气流下部分的压强小于上部分的压强,因此,在横截面 1 处,流线方向向下。在两段 S 弯的连接处,由于喷管向上偏转,气流在喷管壁面的限制下也向上偏转。由于上壁面的曲率比下壁面的大,靠近上壁面处的气流在离心力的作用下加速更

明显,从而在上壁面附近形成局部的高速区,如横截面 3 所示,气流上部分的速度大于下部分的速度,这使得气流上部分的压强小于下部分的压强,因此横截面 3 上的流线方向向上。在两段 S 弯通道的中间部分,气流上、下部分的加速受到喷管上、下壁面的限制,在横截面 2 和横截面 4 处,中间部分的气流速度最大,压强最小,因此,上、下部分的流线方向均指向中间,并形成横向流动。同样的,在横截面 5 处,上、下两部分的气流流向也指向中间,形成横向流。随着横向流沿着喷管进一步发展,最终在 S 弯喷管出口处形成横向涡,如横截面 6 所示。

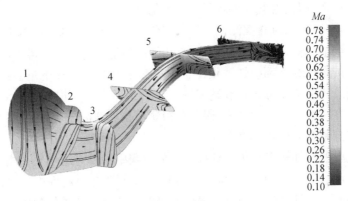

图 3-8　S 弯喷管内流马赫数和流线流向分布

　　S 弯喷管在水平探测面和垂直探测面上的红外辐射强度分布如图 3-9 所示。为了便于分析和比较,图中分别给出了 S 弯喷管的总红外辐射强度、壁面红外辐射强度以及燃气红外辐射强度,并且对本章中 S 弯喷管的红外辐射强度结果进行了归一化处理。

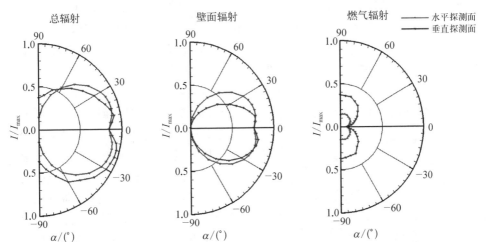

图 3-9　S 弯喷管红外辐射强度分布

从图3-9可以看出,S弯喷管在两个探测面上的燃气红外辐射强度整体上均随着探测角|α|的增加而变大。这主要是由于燃气对探测点的投射角度变化造成的,随着探测角|α|的增加,燃气在探测方向上的投影面积逐渐变大,燃气被探测器捕获到的高温区面积也就更大,相应的燃气对探测点的红外辐射强度也就越大。同时,燃气辐射在传输至探测器的过程中,离探测器较远的燃气辐射需要穿透离探测器较近的燃气部分,燃气辐射会因为自身的吸收作用而减弱。随着探测角度|α|的增加,燃气辐射在传输过程中所经过的燃气路径变短,使得燃气对自身红外辐射的吸收作用减弱,因而燃气红外辐射强度增加。

对于S弯喷管,与垂直探测面上的燃气红外辐射相比,水平探测面上的燃气红外辐射强度明显降低,如图3-9所示,平均下降值达到14.2%。当|α|=90°时,水平探测面上的燃气红外辐射强度相比于垂直探测面上的下降更是多达61.1%,这是由S弯喷管尾喷流的分布特性造成的。如图3-7所示,尾喷流在水平方向上的宽度大于其在垂直方向上的高度,因此在探测角相等的情况下,探测器在垂直探测面上能捕获到更多的尾喷流高温区。

壁面发射的红外辐射在传输到探测器的过程中需要穿透燃气。由于燃气对辐射的吸收作用,使得壁面发出的辐射在传输过程中会有一定程度的衰减。因此探测器接收到的壁面红外辐射强度由壁面本身的红外辐射和燃气的吸收作用两部分因素决定。当探测角|α|<10°时,S弯喷管的壁面红外辐射强度随着|α|的增加而变大,如图3-9所示。这是因为当探测角从0°增加到10°时,对探测器可见的壁面面积仅减小了1.5%,如图3-10所示,壁面本身的辐射变化量较小,此时,燃气对来自壁面的红外辐射的吸收作用是造成壁面红外辐射强度变化的主要原因。当探测角较小时,壁面发出的辐射需要穿透较长的燃气行程才能传输到探测器,燃气对辐射的吸收作用较强;随着探测角的增加,壁面发出的辐射在传输到探测器的过程中所需穿透的燃气行程逐渐变短,燃气的吸收作用也相应地减弱。因此,当探测角|α|<10°时,S弯喷管的壁面红外辐射强度随着|α|的增加而变大。当探测角|α|>10°时,壁面辐射强度开始随着探测角|α|的增加而逐渐减小,如图3-9所示。这

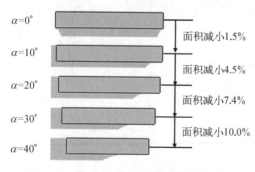

图3-10　可见壁面面积随探测角度的变化

是因为随着探测角|α|的进一步增加,对探测器可见的壁面面积开始明显减小,如图3-10所示,造成壁面自身的辐射变化明显。此时,壁面自身辐射的变化是造成壁面红外辐射强度变化的主要原因。随着对探测器可见的壁面面积的减小,壁面红外辐射强度逐渐降低。当|α|=90°时,壁面辐射强度减小为0。

从图 3－9 可以看出,Ｓ 弯喷管垂直探测面下方的壁面红外辐射强度与水平探测面上的相差不大,但是垂直探测面上方的壁面红外辐射强度低于垂直探测面下方的壁面红外辐射强度。这主要是由 Ｓ 弯喷管上、下壁面的温度分布差异造成的。图 3－11 给出了 Ｓ 弯喷管上、下壁面的温度分布。可以看出,在 Ｓ 弯喷管下游,上壁面的温度整体上高于下壁面的温度,因此在垂直探测面下方,可被探测器探测到的喷管壁面的温度高于在垂直探测面上方可被探测到的喷管壁面温度。而壁面辐射受壁面温度的影响较大,因此垂直探测面下方的壁面红外辐射强度高于垂直探测面上方的。Ｓ 弯喷管壁面的温度分布与其内部的流场特性有关。在 Ｓ 弯喷管下游,喷管内部型面向下偏转,受喷管壁面结构的限制,气流也向下发生偏转。由于喷管下壁面相对于上壁面更靠近曲率中心,而气流越靠近曲率中心,加速越快,如图 3－8 所示。因此在 Ｓ 弯喷管的下游,气流上部分的温度高于下部分的温度,从而导致上壁面的温度高于下壁面的温度。

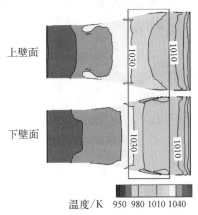

图 3－11　Ｓ 弯喷管上、下壁面的
温度分布

综合来看,Ｓ 弯喷管的壁面红外辐射强度高于其燃气红外辐射强度,总红外辐射强度的分布大致与壁面红外辐射强度的分布一致。当探测角 $|\alpha|$ 较小时,对探测器可见的壁面面积大,壁面红外辐射强度也较大,壁面的红外辐射强度高于燃气的红外辐射强度;随着探测角 $|\alpha|$ 增加,对探测器可见的壁面面积迅速减小,壁面红外辐射强度也随之减小,而燃气红外辐射强度随着 $|\alpha|$ 的增加而变大。因此当 $|\alpha|$ 较大时,燃气红外辐射强度高于壁面的红外辐射强度。当 $|\alpha|=90°$,Ｓ 弯喷管的壁面红外辐射强度为 0,总红外辐射强度等于燃气红外辐射强度。

总体上看,Ｓ 弯喷管扁平的出口特征造成在垂直探测面上的燃气红外辐射强度高于其在水平探测面上的红外辐射强度。Ｓ 弯喷管下游的上壁面的温度高于下壁面的温度,使得在垂直探测面下方的壁面红外辐射强度高于上方的红外辐射强度。

3.3.2　中心线变化规律对 Ｓ 弯喷管红外辐射特性影响

对于 Ｓ 弯喷管,采用不同变化规律的中心线设计会改变 Ｓ 弯喷管的构型,从而对喷管内流场的特性造成一定的影响。本节研究了第一段 Ｓ 弯通道和第二段 Ｓ 弯通道分别采用不同变化规律的中心线设计时 Ｓ 弯喷管的红外辐射特性,并进行了对比分析。

为研究第一段 Ｓ 弯通道的中心线变化规律对 Ｓ 弯喷管红外辐射特性的影响,

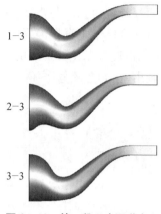

图 3 - 12 第一段 S 弯通道中心线变化规律不同的 S 弯喷管模型

在第二段 S 弯通道的中心线采用"前急后缓"变化规律的基础上,分别对第一段 S 弯通道的中心线采用"均匀""前缓后急"以及"前急后缓"变化规律的 3 种 S 弯喷管的红外辐射特性进行了研究。3 种喷管的几何构型如图 3 - 12 所示,图中,"-"前后的数字分别代表第一、二段 S 弯通道中心线的变化规律。其中,数字"1""2"和"3"分别代表"均匀""前缓后急"和"前急后缓"变化规律。图 3 - 13 给出了 3 种喷管的推力系数和摩擦损失的对比。可以看出,各喷管之间的气动性能的差异很小,推力系数相差不超过 0.003,摩擦损失之间的最大差值小于 0.05%。其中,第一段 S 弯通道采用均匀变化规律的 S 弯喷管 1 - 3 的推力系数最大,且摩擦损失最小。

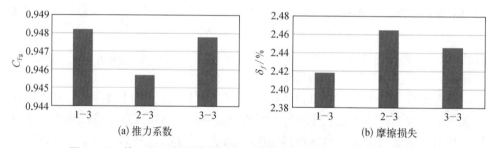

(a) 推力系数 (b) 摩擦损失

图 3 - 13 第一段 S 弯通道中心线变化规律不同的 S 弯喷管的性能参数

第一段 S 弯通道中心线变化规律不同的三种 S 弯喷管的红外辐射强度分布如图 3 - 14 所示。可以看到,第一段 S 弯通道的中心线的变化规律对 S 弯喷的燃气红外辐射基本上无影响。这是因为各喷管之间的尾喷流长度以及高温核心区的大小基本上不受第一段 S 弯通道的中心线的变化规律的影响,如图 3 - 15 所示。

在水平探测面上,各喷管的壁面红外辐射强度分布基本一致。在垂直探测面上,各喷管的壁面红外辐射强度稍有不同。在垂直探测面的下方,喷管 1 - 3 的壁面红外辐射强度最小,喷管 3 - 3 的居中,而喷管 2 - 3 的最大。这主要是由喷管上壁面下游处的温度分布差异造成的。与喷管 1 - 3 相比,喷管 3 - 3 上壁面下游的温度高于 1 010 K 的区域更大;而与喷管 3 - 3 相比,喷管 2 - 3 上壁面下游的温度高于 1 020 K 的区域更大,如图 3 - 16 所示。因为壁面红外辐射对壁面温度敏感,所以在垂直探测面下方,当第一段 S 弯通道中心线采用"均匀"变化规律 1 - 3 时,壁面红外辐射强度最小;当第一段 S 弯通道中心线采用"前缓后急"变化规律 2 - 3 时,壁面红外辐射强度最大;当第一段 S 弯通道中心线采用"前急后缓"变化规律 3 - 3 时,壁面红外辐射强度位于前两者之间。

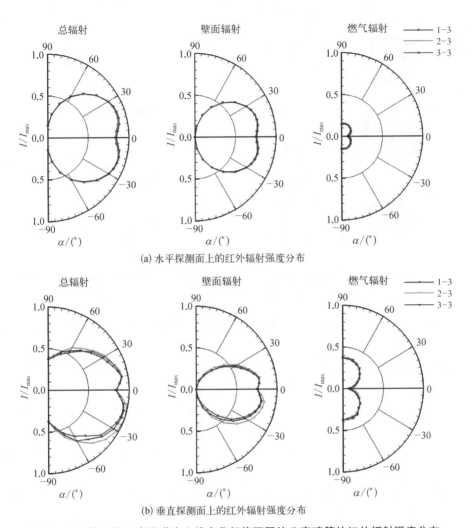

(a) 水平探测面上的红外辐射强度分布

(b) 垂直探测面上的红外辐射强度分布

图 3 - 14　第一段 S 弯通道中心线变化规律不同的 S 弯喷管的红外辐射强度分布

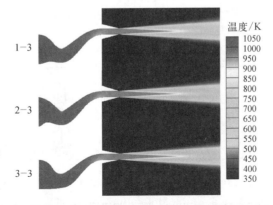

图 3 - 15　第一段 S 弯通道中心线变化规律不同的 S 弯喷管对称面上的燃气温度分布

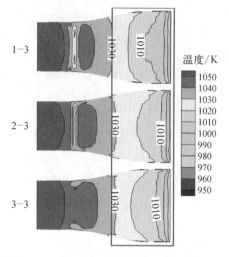

图 3-16 第一段 S 弯通道中心线变化规律
不同的喷管上壁面温度分布

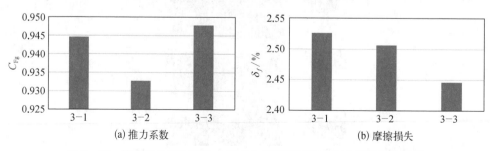

图 3-17 第二段 S 弯通道中心线变化
规律不同的 S 弯喷管模型

第一段 S 弯通道中心线的变化规律不同的 S 弯喷管的总红外辐射强度的变化基本与壁面辐射的强度变化是一致的,总红外辐射强度之间的差异主要在垂直探测面的下方。在垂直探测面的下方,第一段 S 弯通道的中心线为"均匀"变化规律 1-3 和"前急后缓"变化规律 3-3 的 S 弯喷管与第一段 S 弯通道的中心线为"前缓后急"变化规律 2-3 的 S 弯喷管相比,总红外辐射强度平均相差 6.3% 和 3.7%。

当第一段 S 弯通道中心线固定采用"前急后缓"的变化规律,第二段 S 弯通道的中线分别采用"均匀""前缓后急"以及"前急后缓"的变化规律时,S 弯喷管的几何构型如图 3-17 所示。图 3-18 给出了各喷管推力系数以及摩擦损失之间的比较。可以看到,三个喷管之间的推力系数差异相对较大,最大差值为 0.015;而摩擦损失之间的差别较小,最大相差不超过 0.08%。其中,第二段 S 弯通道采用"前急后缓"变化规律的 S 弯喷管具有最大的推力系数和最小的摩擦损失,气动性能最优。

图 3-18 第二段 S 弯通道中心线变化规律不同的 S 弯喷管的性能参数

第二段 S 弯通道中心线变化规律不同的三种 S 弯喷管的红外辐射强度分布如图 3-19 所示。与上述第一段 S 弯通道中心线的变化规律对 S 弯喷管的红外辐射特性的影响类似,由于各喷管之间的尾喷流长度以及高温核心区的大小基本上不受第二段 S 弯通道的中心线的变化规律的影响,如图 3-20 所示,因此 S 弯喷管的燃气红外辐射强度几乎不受第二段 S 弯通道中心线变化规律的影响。在水平探测面上,第二段 S 弯通道中心线变化规律对 S 弯喷管的壁面红外辐射强度几乎无影响。在垂直探测面下方,喷管 3-2 的壁面红外辐射强度最大。图 3-21 给出了各喷管上壁面的温度分布。可以看到,在 S 弯喷管下游,喷管 3-2 上壁面的温度高于 1 020 K 的区域最大,因此,相应的壁面辐射也最大。

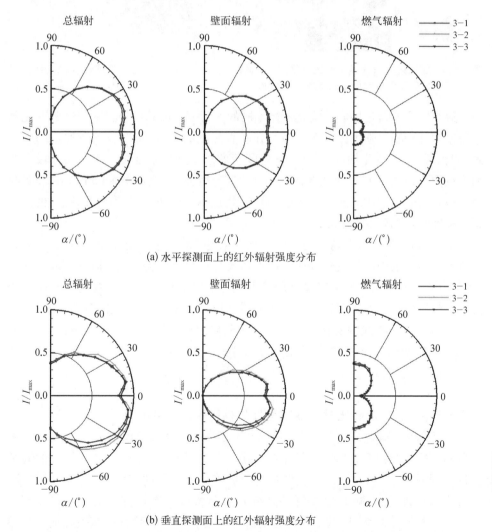

(a) 水平探测面上的红外辐射强度分布

(b) 垂直探测面上的红外辐射强度分布

图 3-19　第二段 S 弯通道中心线变化规律不同的 S 弯喷管的红外辐射强度分布

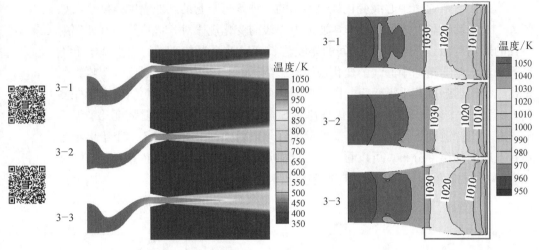

图 3 - 20　第二段 S 弯通道中心线变化规律不同的　图 3 - 21　第二段 S 弯通道中心线变化规律
　　　　　S 弯喷管对称面上的燃气温度分布　　　　　　　　　不同的喷管上壁面温度分布

　　第二段 S 弯通道中心线变化规律不同的 S 弯喷管的总红外辐射强度的变化基本与壁面红外辐射强度的分布一致。在垂直探测面下方,第二段 S 弯通道的中心线为"前缓后急"变化规律 3 - 2 的 S 弯喷管的总红外辐射强度最大。第二段 S 弯通道的中心线为"均匀"变化规律 3 - 1 和"前急后缓"变化规律 3 - 3 的 S 弯喷管与第二段 S 弯通道的中心线为"前缓后急"变化规律 3 - 2 的 S 弯喷管相比,总的红外辐射强度平均相差 5.9% 和 2.2%。

　　综合来看,第一段 S 弯通道的中心线变化规律对喷管气动性能影响较小,而第二段 S 弯通道的中心线变化规律对推力系数有较大的影响。第二段 S 弯通道的中心线采用"前急后缓"变化规律时能获得最优的气动性能。中心线变化规律不同的 S 弯喷管的燃气红外辐射强度基本相同,但壁面红外辐射强度的分布稍有差异。两段 S 弯通道中心线的变化规律对 S 弯喷管红外辐射特性的影响一致,当中心线采用"均匀"变化规律时,红外辐射强度最小;当中心线采用"前缓后急"变化规律时,红外辐射强度最大。

3.3.3　出口宽高比对 S 弯喷管红外辐射特性的影响

　　S 弯喷管出口宽高比的变化会影响第二段 S 弯通道的纵向偏距以及横向曲率分布,从而导致气流在 S 弯喷管转弯处产生不同的加速效果,改变气流的流场特性。同时,大的出口宽高比会增加尾喷流与外界大气的掺混面积,改变尾喷流的温度分布,从而影响 S 弯喷管的红外辐射特性。本节研究了五种出口宽高比(W_e/H_e = 3、5、7、9 和 11)的 S 弯喷管的红外辐射特性。各喷管的其他几何设计参数不变,几何模型如图 3 - 22 所示。随着出口宽高比的增加,S 弯喷管第二段 S 弯

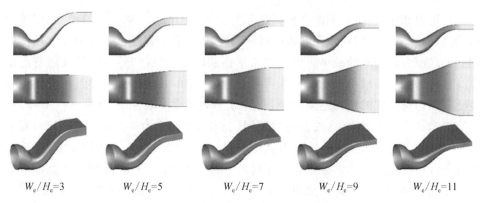

| $W_e/H_e=3$ | $W_e/H_e=5$ | $W_e/H_e=7$ | $W_e/H_e=9$ | $W_e/H_e=11$ |

图 3-22　出口宽高比不同的 S 弯喷管模型

通道的纵向偏距逐渐减小,同时,两个转弯处的曲率半径也减小。

图 3-23 给出了各喷管推力系数之间的对比。可以看到,随着出口宽高比的增加,S 弯喷管的推力系数逐渐减小。与出口宽高比为 $W_e/H_e=3$ 的 S 弯喷管相比,出口宽高比为 $W_e/H_e=11$ 的 S 弯喷管的推力系数降低了 0.012。

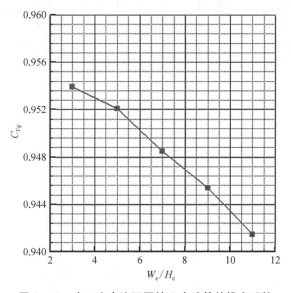

图 3-23　出口宽高比不同的 S 弯喷管的推力系数

出口宽高比不同的 S 弯喷管红外辐射强度的分布如图 3-24 所示。可以看到,在水平探测面上,S 弯喷管燃气红外辐射强度随着出口宽高比的增加而逐渐减小。当出口宽高比由 $W_e/H_e=3$ 增加到 $W_e/H_e=11$ 时,水平探测面上的燃气红外辐射平均降低 31.9%。这是因为随着出口宽高比的增加,出口处的湿周变大,尾喷流与外界大气的掺混面积增加,掺混作用增强,因而尾喷流的长度减小,尾喷流核心

区的长度也相应地缩短,如图 3-25 所示。同时,由于出口宽高比的增加,喷管出口的高度减小,导致尾喷流高温核心区的高度减小,探测器在水平探测面上所能探测到的高温区也相应地减小。因此在水平探测面上,燃气红外辐射强度随着出口宽高比的增加逐渐减小。在水平探测面上,当探测角 $|\alpha|=90°$ 时,燃气红外辐射强度随着出口宽高比的增加逐渐减小,并且减小的幅度逐渐变缓,如图 3-26 所示。与出口宽高比为 $W_e/H_e=3$ 的 S 弯喷管相比,出口宽高比为 $W_e/H_e=11$ 的 S 弯喷管在 $|\alpha|=90°$ 方向上的燃气红外辐射强度下降了 46.0%。在垂直探测面上,燃气红外辐射强度并没有显示出类似水平探测面上的规律性;一方面,尾喷流的高温核心区长度随着出口宽高比的增加而逐渐减小,这有利于降低燃气红外辐射强度;另一

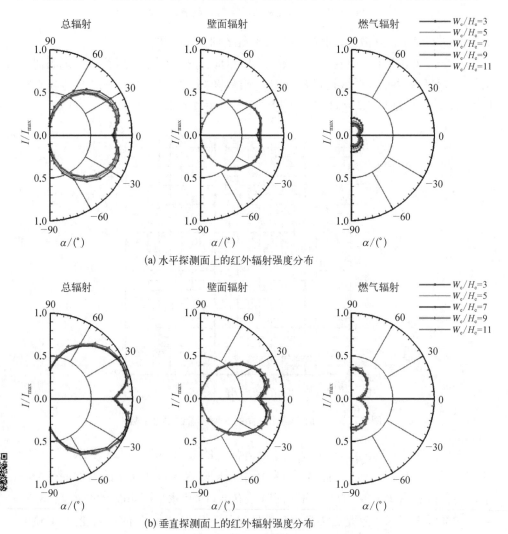

(a) 水平探测面上的红外辐射强度分布

(b) 垂直探测面上的红外辐射强度分布

图 3-24　出口宽高比不同的 S 喷管的红外辐射强度分布

方面,随着出口宽高比的增加,尾喷流在水平方向上的宽度也随之增加,如图 3 - 25 所示,从而增加了探测器在垂直探测面上探测到的尾喷流高温区域,使得燃气红外辐射强度变大。在这两方面的作用下,各喷管在垂直探测面上的燃气红外辐射强度之间有变化,但规律性不强。各喷管垂直探测面上的燃气红外辐射强度之间的平均差值最大为 3.1%。

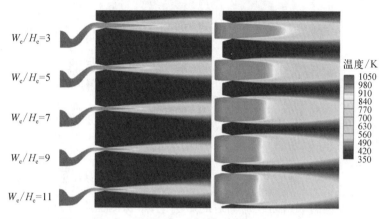

图 3 - 25　出口宽高比不同的 S 喷管的燃气温度分布

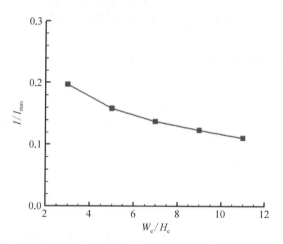

图 3 - 26　水平探测面上探测角 $|\alpha| = 90°$ 的燃气
红外辐射强度随出口宽高比的变化

在水平探测面上,出口宽高比对壁面红外辐射强度的影响较小。各喷管水平探测面上的壁面红外辐射强度之间的平均差值最大为 1.5%。在垂直探测面上,壁面红外辐射强度随着出口宽高比的增加而增加。当出口宽高比由 $W_e/H_e = 3$ 增加到 $W_e/H_e = 11$ 时,垂直探测面上的壁面红外辐射强度平均增加 2.6%。这是因为随着出口宽高比的增加,S 弯喷管下游壁面的温度整体上有升高的趋势,如图 3 - 27 所示。

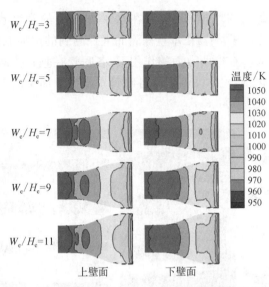

$W_e/H_e=3$

$W_e/H_e=5$

$W_e/H_e=7$

$W_e/H_e=9$

$W_e/H_e=11$

温度/K
1050
1040
1030
1020
1010
1000
990
980
970
960
950

上壁面　　　　　下壁面

图 3-27　出口宽高比不同的 S 喷管的壁面温度分布

受燃气红外辐射和壁面红外辐射的影响,水平探测面上的总红外辐射强度随着出口宽高比的增加,整体上表现出减小的趋势。与出口宽高比为 $W_e/H_e=3$ 的 S 弯喷管相比,出口宽高比为 $W_e/H_e=11$ 的 S 弯喷管在水平探测面上的总红外辐射强度平均降低 10.8%。垂直探测面上总红外辐射强度的变化较小,各喷管垂直探测面上的总红外辐射强度之间的平均差值最大为 3.4%。

综合来看,出口宽高比的增加会导致 S 弯喷管推力系数下降。但是,较大的出口宽高比能够缩短尾喷流高温核心区的长度,从而减小 S 弯喷管在水平探测面上的红外辐射强度。受燃气红外辐射强度的影响,S 弯喷管水平探测面上的总红外辐射强度也随着出口宽高比的增加逐渐减小。在 S 弯喷管的设计过程中,应根据设计要求综合考虑出口宽高比对 S 弯喷管气动性能和红外辐射特性的影响,选择合适的出口宽高比。

3.3.4　两弯轴向长度比对 S 弯喷管红外辐射特性的影响

S 弯喷管的总轴向长度和等直段长度一定时,两段 S 弯通道轴向长度比的取值不同,会对 S 弯喷管的型面产生较大的影响,喷管内流场的特性也会有较大的改变。本节研究了两弯轴向长度比对 S 弯喷管红外辐射特性的影响。喷管的几何构型如图 3-28 所示,其中,各喷管的两弯轴向长度比分别为 $L_1/L_2=3:2$、$2:2$ 以及 $2:4$,其他几何设计参数与设计状态下的 S 弯喷管的几何设计参数保持一致。随着两弯轴向长度比减小,第一段 S 弯通道的轴向长度逐渐减小,而第二段 S 弯通道的轴向长度逐渐增加。

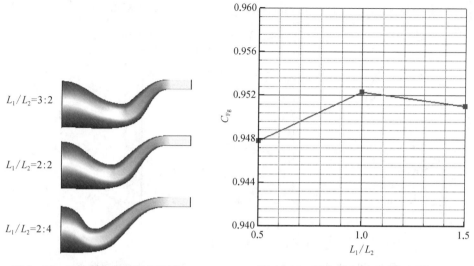

$L_1/L_2=3:2$

$L_1/L_2=2:2$

$L_1/L_2=2:4$

图 3-28　两弯轴向长度比不同的
S 弯喷管模型

图 3-29　两弯轴向长度比不同的
S 弯喷管的推力系数

图 3-29 给出了两弯轴向长度比不同的喷管推力系数之间的对比。可以看出，各喷管推力系数之间的差别较小，最大差值小于 0.005。两弯轴向长度比为 $L_1/L_2=2:4$ 的 S 弯喷管推力系数最小，而两弯轴向长度比为 $L_1/L_2=2:2$ 的 S 弯喷管推力系数最大。

两弯轴向长度比不同的 S 弯喷管红外辐射强度分布如图 3-30 所示。可以看出，两弯轴向长度比对 S 弯喷管燃气红外辐射强度的影响较小。各喷管水平探测面和垂直探测面上的燃气红外辐射强度之间的平均差值最大分别为 1.5% 和 1.6%。这是因为两弯轴向长度比不同的 S 弯喷管的尾喷流长度基本相等，如图

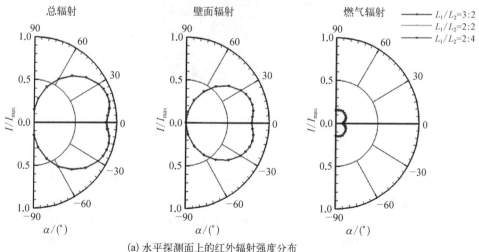

总辐射　　　　　　　　壁面辐射　　　　　　　燃气辐射

$L_1/L_2=3:2$
$L_1/L_2=2:2$
$L_1/L_2=2:4$

(a) 水平探测面上的红外辐射强度分布

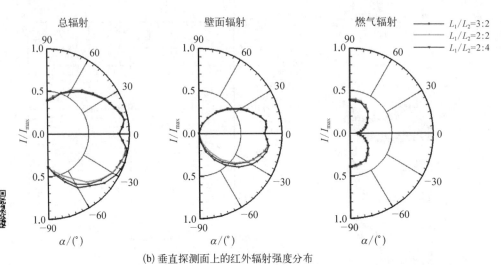

(b) 垂直探测面上的红外辐射强度分布

图 3-30   两弯轴向长度比不同的 S 弯喷管的红外辐射强度分布

3-31 所示。由于喷管的燃气红外辐射强度主要取决于其高温核心区的大小,而各喷管尾喷流高温核心区的长度基本相等,因此,两弯轴向长度比不同的 S 弯喷管燃气红外辐射强度之间的差别较小。

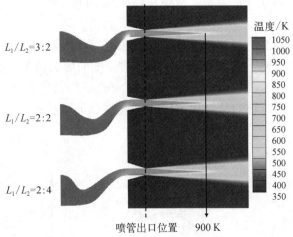

图 3-31   两弯轴向长度比不同的 S 弯喷管对称面上的温度分布

在水平探测面上,两弯轴向长度比不同的 S 弯喷管壁面红外辐射强度之间的差别较小,如图 3-30(a)所示,平均差值最大为 0.7%。在垂直探测面下方,相比于两弯轴向长度比为 $L_1/L_2=3:2$ 和 $L_1/L_2=2:2$ 的 S 弯喷管,两弯轴向长度比为 $L_1/L_2=2:4$ 的 S 弯喷管壁面红外辐射强度平均增加了 7.6% 和 13.8%,如图 3-30(b)所示。这是因为两弯轴向长度比为 $L_1/L_2=2:4$ 的喷管的第二段 S 弯通道的轴向长度最长,

S 弯喷管下游型面的变化最平缓,使得内流流向的改变也最平缓,气流在第二转弯处的加速最小,流速最慢,如图 3‐32 所示。所以,在第二转弯处,两弯轴向长度比为 $L_1/L_2 = 2:4$ 的喷管的燃气温度最高。而 S 弯喷管的壁面温度分布与喷管内部燃气的温度分布有关,壁面附近的燃气温度越高,壁面温度越高。图 3‐33 给出了各喷管上壁面的温度分布,可以看出,在 S 弯喷管下游,两弯轴向长度比为 $L_1/L_2 = 3:2$ 和 $L_1/L_2 = 2:2$ 的 S 弯喷管的上壁面温度分布接近,而两弯轴向长度比为 $L_1/L_2 = 2:4$ 的 S 弯喷管上壁面的温度高于前两者。因此在垂直探测面的下方,两弯轴向长度比为 $L_1/L_2 = 2:4$ 的 S 弯喷管可被探测到的喷管壁面温度高于另外两个 S 弯喷管的壁面温度。相应的,两弯轴向长度比为 $L_1/L_2 = 2:4$ 的 S 弯喷管壁面红外辐射强度也比轴向长度比为 $L_1/L_2 = 3:2$ 和 $L_1/L_2 = 2:2$ 的 S 弯喷管壁面红外辐射强度大。

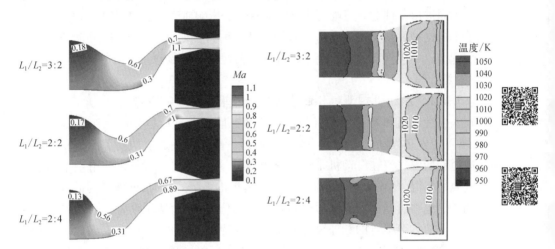

图 3‐32　两弯轴向长度比不同的 S 弯喷管对称面上的马赫数分布　　图 3‐33　两弯轴向长度比不同的 S 弯喷管上壁面的温度分布

　　两弯轴向长度比不同的 S 弯喷管总红外辐射强度的变化趋势与壁面红外辐射强度的变化趋势基本一致,水平探测面上的总红外辐射强度之间的差别较小,垂直探测面下方的总红外辐射强度的变化较大。在垂直探测面下方,两弯轴向长度比为 $L_1/L_2 = 3:2$ 和 $L_1/L_2 = 2:2$ 的 S 弯喷管总红外辐射强度比两弯轴向长度比为 $L_1/L_2 = 2:4$ 的 S 弯喷管总红外辐射强度平均低 3.3% 和 5.2%。

　　综上所述,两弯轴向长度比对 S 弯喷管推力系数的影响较小。由于在 S 弯喷管后方,探测器可探测到的喷管壁面主要是 S 弯喷管下游的壁面部分,因此,S 弯喷管下游壁面温度的分布是造成 S 弯喷管壁面红外辐射强度变化的主要原因。两弯轴向长度比为 $L_1/L_2 = 2:4$ 的 S 弯喷管下游的上壁面温度最高,使得在垂直探测面的下方,两弯轴向长度比为 $L_1/L_2 = 2:4$ 的 S 弯喷管壁面红外辐射强度比两弯轴向长度比为 $L_1/L_2 = 3:2$ 和 $L_1/L_2 = 2:2$ 的 S 弯喷管壁面红外辐射强度大。综合来看,两弯轴

向长度比为 $L_1/L_2 = 2:2$ 的 S 弯喷管总红外辐射强度最低,并且推力系数最大。

3.4 不同进口条件对 S 弯喷管红外辐射特性的影响研究

在真实的航空发动机环境中,发动机的构型不同会改变 S 弯喷管的进口边界条件,从而较大程度地影响喷管内燃气的组成结构及流动特性,相应地,S 弯喷管的红外辐射特性也会随之改变。同时,航空发动机的内/外涵道、支板、尾椎以及涡轮等会导致旋流,产生非均匀的喷管进口气流,影响 S 弯喷管内燃气的掺混过程,改变燃气的温度和组分浓度的分布,使得 S 弯喷管的红外辐射特性变化。本节开展了不同进口条件对 S 弯喷管红外辐射特性的影响研究,通过数值模拟的方法,研究了不同构型发动机用的 S 弯喷管的红外辐射特性之间的差异,以及发动机旋流和喷管进口不同气动参数对 S 弯喷管红外辐射特性的影响。

3.4.1 发动机构型对 S 弯喷管的红外辐射特性的影响

涡喷发动机和涡扇发动机是常用的两种航空发动机构型。相比于涡喷发动机,常见的涡扇发动机增加了一个外涵通道。流经内涵通道的高温燃气和流经外涵通道的低温气流在发动机排气系统内掺混,最后经尾喷管排出。由于增加了低温气流的掺混,尾喷流的温度将会有较大程度的下降。同时,外涵道的低温气流也起到了隔绝喷管壁面和内涵通道高温燃气的作用,从而使尾喷管壁面的温度也大大降低。而 S 弯喷管的红外辐射强度主要由喷管壁面和尾喷流的温度决定,因此,发动机构型的不同将会对 S 弯喷管的红外辐射特性产生较大的影响。本节对比研究了 S 弯喷管在涡喷发动机和涡扇发动机两种构型下的红外辐射特性。

在本节研究中,涡喷发动机用的 S 弯喷管模型采用 3.3 节中的 S 弯喷管模型,其红外辐射特性在 3.3 节中已经进行了详细介绍,本节不再重复。涡扇发动机用的 S 弯喷管模型在 3.3 节所用模型的基础上,在喷管进口处设置了内、外涵进口边界,如图 3-34 所示。同时,涡扇发动机用的 S 弯喷管模型采用了遮挡高温内涵进口的设计原则,其上、下纵向线的公切线 MN 经过内涵进口最低点 A,如图 3-35 所示。

外涵进口

内涵进口

图 3-34　涡扇发动机用 S 弯喷管模型

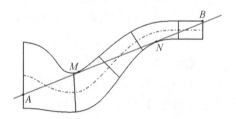

图 3-35　涡扇发动机用 S 弯喷管遮挡准则

内、外涵进口边界条件均设置为压力进口边界条件,其中内涵进口的总温和总压分别为 858. 477 K 和 1. 866 atm;外涵进口的总温和总压分别为 365. 914 K 和 1. 934 atm。环境温度和压力分别设置为 300 K 和 1 atm。内涵进口处燃气组分 H_2O 和 CO_2 的摩尔分数分别设置为 $x(H_2O) = 12.87\%$ 和 $x(CO_2) = 13.12\%$。外涵进口以及远场的燃气组分与外界的大气环境保持一致。壁面采用绝热无滑移壁面,发射率为 0.9。探测点设置与 3.3 节相同。

两种构型发动机用的 S 弯喷管的红外辐射强度分布如图 3-36 所示,为了便于比较,分别对两种 S 弯喷管的红外辐射强度进行了归一化处理。从图 3-36 可以看出,不同构型发动机用的 S 弯喷管的红外辐射强度分布具有明显的差异。对

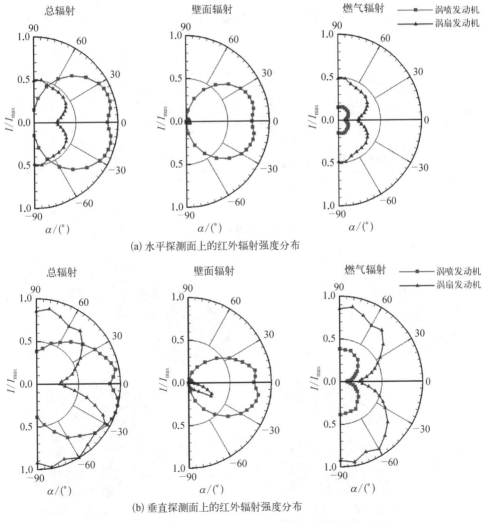

图 3-36　不同构型发动机用 S 弯喷管的红外辐射强度分布

于涡喷发动机用的 S 弯喷管,其壁面红外辐射对总红外辐射的影响较大;而对于涡扇发动机用的 S 弯喷管,其燃气红外辐射对总红外辐射的影响较大。图 3-37 给出了两种 S 弯喷管壁面红外辐射和燃气红外辐射在总红外辐射中所占的比例。可以看到,对于涡喷发动机用的 S 弯喷管,在大部分探测角范围内,壁面红外辐射所占的比例均大于燃气红外辐射所占的比例,仅当探测角$|\alpha|$较大时,由于可被探测到的壁面面积较小,燃气红外辐射的比例大于壁面红外辐射的比例;对于涡扇发动机用的 S 弯喷管,在整个水平探测面和垂直探测面上,燃气红外辐射所占的比例均明显大于壁面红外辐射所占的比例,水平探测面上燃气红外辐射的比例均大于0.85,垂直探测面上燃气红外辐射比例最小为 0.65。不同构型发动机用的 S 弯喷管红外辐射强度分布的这种差异主要是由两种喷管的壁面温度与核心流之间的温差大小造成的。图 3-38 给出了两种 S 弯喷管的壁面以及对称面上的温度分布,

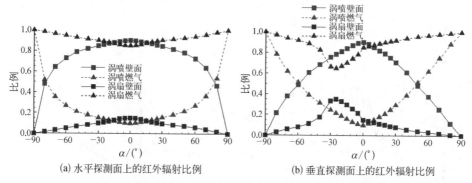

(a) 水平探测面上的红外辐射比例　　　　(b) 垂直探测面上的红外辐射比例

图 3-37　不同构型发动机用 S 弯喷管总红外辐射组成比例

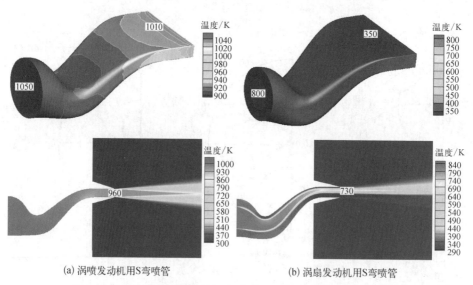

(a) 涡喷发动机用S弯喷管　　　　　(b) 涡扇发动机用S弯喷管

图 3-38　不同构型发动机用 S 弯喷管壁面及对称面上的温度分布

可以看到,对于涡喷发动机用的 S 弯喷管,其喷管下游壁面的温度比喷管出口处核心流温度高,因而当壁面可被探测到的面积较大时,壁面红外辐射所占的比例高于燃气红外辐射所占的比例;而对于涡扇发动机用的 S 弯喷管,其喷管壁面的温度仅为 350 K 左右,而出口处的核心流温度高达 730 K 左右,比喷管下游壁面的温度高380 K,因而燃气红外辐射所占的比例高于壁面红外辐射所占的比例。

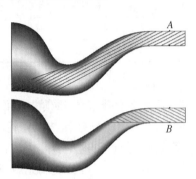

图 3 - 39　S 弯喷管内壁面入射辐射区域示意图

对于涡扇发动机用的 S 弯喷管,其在垂直探测面上负探测角范围内的壁面红外辐射强度大于正探测角范围内的壁面红外辐射强度,如图3 - 36(b)所示,这主要是由于上、下壁面的有效辐射不同造成。图 3 - 39 给出了喷管内对出口附近壁面上点 A 和点 B 可见的区域,即辐射能直接照射到 A、B 两点的区域。其中,A、B 两点分别位于上壁面和下壁面,且轴向位置相同。可以看到,喷管内大部分区域(图 3 - 39 上图阴影区)的辐射都能直接照射到上壁面的 A 点,并且,部分高温核心流也位于该区域;对于下壁面上的 B

点,仅有喷管出口附近的一小部分区域(图 3 - 39 下图阴影区)的辐射可以直接照射到。因此入射到上壁面上的辐射能量大于入射到下壁面上的辐射能量,使得上壁面的有效辐射较大,相应地,在垂直探测面负探测角范围内的壁面红外辐射强度大于正探测角范围内的壁面红外辐射强度。

综上所述,不同构型发动机用的 S 弯喷管红外辐射特性之间存在较大的差异。对于涡喷发动机用的 S 弯喷管,其总红外辐射强度受壁面红外辐射强度的影响较大;而对于涡扇发动机用的 S 弯喷管,由于其壁面温度比核心流温度低很多,使得其总红外辐射强度受燃气红外辐射强度的影响较大。

3.4.2　进口预旋对 S 弯喷管红外辐射特性的影响研究

进口旋流会改变尾喷管内的流场特性以及喷管出口处的气流温度分布,因而不可避免的会影响 S 弯喷管的红外辐射特性。本节重点研究了进口旋流对 S 弯喷管红外辐射特性的影响。进口旋流角定义为喷管进口处气流切向分量与发动机轴线方向之间的夹角。研究中,进口旋流通过设置内涵进口气流的流动方向实现。本节研究了不同旋流角(0°,5°,10°,15°和 20°)条件下 S 弯喷管的红外辐射特性。

1. 有旋流与无旋流条件下 S 弯喷管的红外辐射特性

本小节对比分析了无旋流(旋流角为 0°)和有旋流(旋流角为 10°)条件下 S 弯喷管红外辐射强度分布之间的差异。表 3 - 2 给出了有旋流和无旋流条件下的 S

弯喷管的推力和推力系数。可以看出,两种条件下的 S 弯喷管推力之间的差别很小。与无旋流条件下的 S 弯喷管相比,有旋流时 S 弯喷管的推力仅下降了 0.72%,推力系数仅相差 0.007。

表 3 - 2　有旋流和无旋流条件下的推力和推力系数对比

旋　流　条　件	推　力/kN	推　力　系　数
无旋流	118.623	0.955
有旋流	117.774	0.948

有旋流和无旋流条件下 S 弯喷管的壁面温度分布如图 3 - 40 所示。可以看出,两种条件下,S 弯喷管上壁面和侧壁的温度分布差异很小。但是,下壁面的温度分布有很明显差异。在有旋流条件下,S 弯喷管下壁面的下游出现一块局部温度较高的热斑。这主要是由进口旋流对 S 弯喷管内气流流动特性的影响造成的。图 3 - 41 给出了有旋流和无旋流条件下,S 弯喷管不同横截面处的燃气温度分布。可以看出,两种条件下,S 弯喷管下游部分的燃气温度分布明显不同。在有旋流条件下,从横截面 C 开始,低温外涵气流将高温内涵气流分隔成两部分,同时,高温内涵气流向下移动并与下壁面接触,如图 3 - 40 所示,造成下壁面出现热斑。

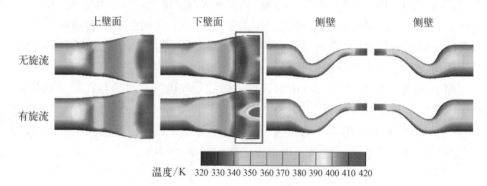

图 3 - 40　有旋流和无旋流条件下的壁面温度分布

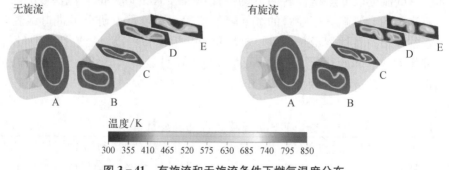

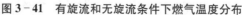

图 3 - 41　有旋流和无旋流条件下燃气温度分布

　　为了更好地理解造成两种条件下 S 弯喷管内燃气温度分布差异的原因,图 3‐42 给出了有旋流和无旋流条件下 S 弯喷管不同截面处 x 方向上的涡量分布。可以看到,在有旋流条件下,在横截面 A 中间偏下的位置形成了一个较强的正向旋涡。在横截面 C 处,受中间旋涡的影响,右侧的气流被卷向内涵气流,右侧负的涡量值增加,左侧正的涡量值减小。在横截面 D 处,右侧负的涡量值进一步增加,形成一个负向旋涡,并与中间的正向旋涡组成了一对反向旋涡对。反向旋涡对加强了内涵和外涵气流之间的掺混,并在横截面 D 处穿透内涵气流,将高温气流向下拖拽,并撞击到下壁面上,如图 3‐41 所示。由于旋流的存在,S 弯喷管的壁面温度分布以及燃气温度分布均发生了改变,从而造成了有旋流和无旋流两种条件下 S 弯喷管红外辐射强度分布之间的差异。

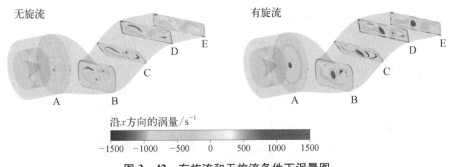

图 3‐42　有旋流和无旋流条件下涡量图

　　图 3‐43 给出了有旋流和无旋流条件下 S 弯喷管红外辐射强度的分布。相比于无旋流条件,在有旋流条件下,S 弯喷管在水平探测面和垂直探测面上的总红外辐射强度平均下降了 4.7% 和 14.2%。在两种旋流条件下,水平探测面上的壁面红外辐射强度明显小于燃气红外辐射强度。因此在水平探测面上,总红外辐射强度的变化趋势与燃气红外辐射强度的变化趋势一致,如图 3‐43(a) 所示。这是因为外涵低温气流有效地隔离了内涵高温燃气和喷管壁面,使得喷管壁面的温度远低于内涵高温燃气的温度。同时,由于 S 弯喷管采用了遮挡高温部件的设计准则,使得在探测点处只能探测到低温喷管壁面。因此,壁面红外辐射强度明显低于燃气红外辐射强度。图 3‐44 给出了两种旋流条件下,水平探测面上的壁面红外辐射和燃气红外辐射在总红外辐射中所占的比例。可以看出,在水平探测面上的整个探测范围内,两种旋流条件下的燃气红外辐射在总红外辐射中所占的比例均高于 0.84。因此,在水平探测面上,S 弯喷管的总红外辐射由燃气红外辐射主导。

　　与无旋流条件下的 S 弯喷管红外辐射强度相比,在有旋流条件下,水平探测面和垂直探测面上的燃气红外辐射强度分别下降 5.5% 和 18.0%,如图 3‐43 所示。这是因为旋流加强了内/外涵气流之间的掺混,有效地减小了燃气高温核心区。两

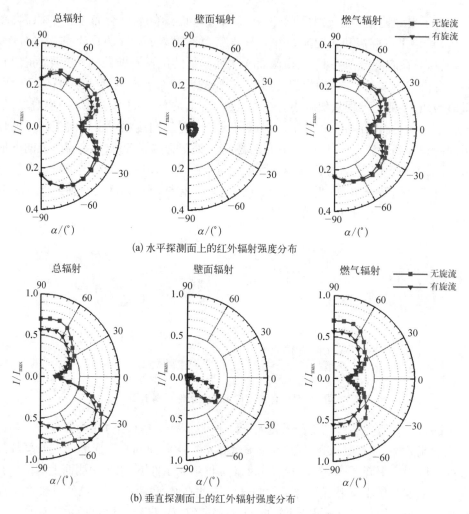

(a) 水平探测面上的红外辐射强度分布

(b) 垂直探测面上的红外辐射强度分布

图 3-43 有旋流和无旋流条件下 S 弯喷管的红外辐射强度分布

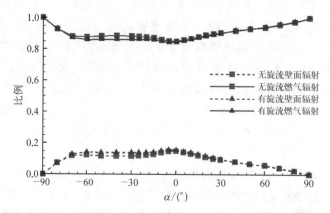

图 3-44 有旋流和无旋流条件下 S 弯喷管水平探测面上的壁面辐射和燃气辐射的比例

种旋流条件下燃气温度为 700 K 的等值面如图 3-45 所示。从侧视图和上视图可以看出,在有旋流条件下,燃气的高温核心区长度小于无旋流条件下的高温核心区长度。在有旋流条件下,低温外涵气流被卷进高温内涵气流中,如图 3-41 所示。因而中间部分的内涵气流温度下降,高温核心区的体积减小,如图 3-45 上视图和后视图所示。由于燃气辐射强度的大小主要取决于高温核心区的大小,因此有旋流条件下的燃气红外辐射强度低于无旋流条件下的燃气红外辐射强度。

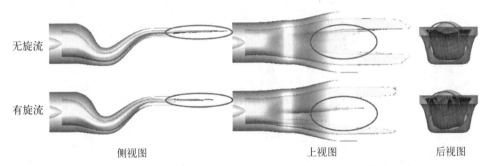

图 3-45　有旋流和无旋流条件下燃气温度为 700 K 的等值面

　　为了更好地理解壁面红外辐射强度分布的机理,壁面红外辐射强度可分解为壁面自身辐射和壁面反射辐射两部分。其中,壁面自身辐射是由壁面自身发射的红外辐射,而壁面反射辐射则是壁面对所有入射到壁面上的红外辐射的反射。图 3-46 给出了有旋流和无旋流条件下的壁面自身辐射和壁面反射辐射的变化。可以看到,在水平探测面上,两种旋流条件下的壁面自身辐射强度几乎不变。这是因为两种旋流条件下喷管侧壁的温度分布几乎不变,如图 3-40 所示。因而水平探测面上的壁面辐射强度的变化主要由壁面反射辐射的变化引起,如图 3-46(a)所示。旋流改变了 S 弯喷管内的流场特性,从而引起燃气温度和壁面温度的变化,使得入射到侧壁上的红外辐射强度变化,对应的壁面反射辐射也随之改变。

　　S 弯喷管总红外辐射强度的变化取决于壁面红外辐射和燃气红外辐射的变化。图 3-47 给出了有旋流条件下 S 弯喷管的红外辐射强度相对于无旋流条件下的变化量。可以看到,燃气红外辐射强度的相对变化量大于壁面红外辐射强度的相对变化量。在水平探测面和垂直探测面上,燃气红外辐射强度的平均相对变化量分别是壁面红外辐射强度的 7.0 倍和 8.3 倍。这是因为涡扇发动机用的 S 弯喷管的红外辐射主要来自燃气的红外辐射。因此相比于壁面红外辐射的变化量,燃气红外辐射的变化量更大。在整个水平探测面上以及在垂直探测面上的正探测角范围内,S 弯喷管总红外辐射强度的变化主要是由燃气红外辐射强度的变化造成的,如图 3-47 所示。而在垂直探测面上的负探测角范围内,总红外辐射强度的变化由燃气红外辐射强度和壁面红外辐射强度的变化共同决定。

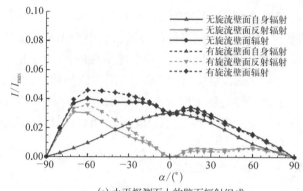

(a) 水平探测面上的壁面辐射组成

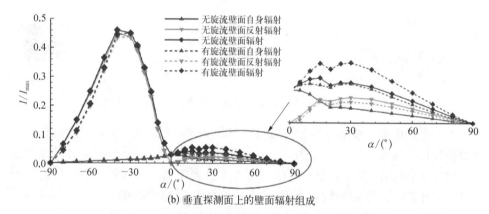

(b) 垂直探测面上的壁面辐射组成

图 3-46　有旋流和无旋流条件下 S 弯喷管壁面辐射组成

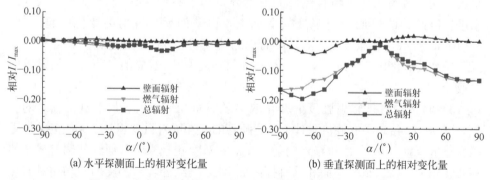

(a) 水平探测面上的相对变化量　　　　(b) 垂直探测面上的相对变化量

图 3-47　有旋流条件下 S 弯喷管红外辐射强度的相对变化量

在有旋流和无旋流条件下,S 弯喷管后半球空间内不同探测角上的总红外辐射强度云图如图 3-48 所示。可以看到,由于下方探测角处的壁面反射辐射较高,使得后半球空间下半部分的红外辐射强度高于上半部分的红外辐射强度。同时,由于壁面红外辐射强度的变化,使得在后半球空间下半部分存在一个局部高红外辐射强度区。与无旋流条件下的 S 弯喷管红外辐射强度相比,在有旋流条件下,由于旋流加强了内外涵气流之间的掺混,使得高温核心流的区域缩小,从而使得 S 弯喷管在整个后半球空间上的红外辐射强度均降低。

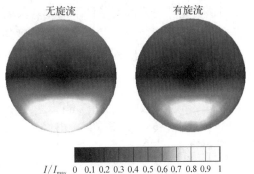

图 3-48　有旋流和无旋流条件下 S 弯喷管后半球空间红外辐射云图

综上所述,进口旋流能有效地抑制 S 弯喷管的红外辐射强度,并且造成的推力损失较小。与无旋流条件下的 S 弯喷管相比,有旋流条件下 S 弯喷管的推力减小了 0.72%。但是,有旋流条件下 S 弯喷管在水平探测面和垂直探测面上的红外辐射强度分别降低了 4.7% 和 14.2%。在垂直探测面上,由于负探测角范围内的壁面反射辐射较大,使得其壁面红外辐射强度高于正探测角范围内的红外辐射强度。在有旋流条件下,S 弯喷管下壁面的下游出现热斑,使得在垂直探测面上的正探测角范围内,壁面红外辐射强度显著增加。但是,因为垂直探测面上正探测角范围内燃气红外辐射强度比壁面红外辐射强度大很多,总红外辐射主要来自燃气红外辐射,因此下壁面上的热斑对总红外辐射强度的影响较小。同时,进口旋流对 S 弯喷管红外辐射特性的影响主要体现在对燃气红外辐射的抑制上。

2. 旋流角对 S 弯喷管的红外辐射特性的影响

本小节对比分析了不同旋流角(5°,10°,15° 和 20°)条件下 S 弯喷管的红外辐射强度分布之间的差异。表 3-3 给出了不同旋流角条件下 S 弯喷管的推力和推力系数。可以看出,随着旋流角从 5° 增加到 20°,S 弯喷管的推力逐渐减小,推力系数由 0.953 减小到 0.936。与无旋流条件下的 S 弯喷管相比,当旋流角小于 10° 时,推力损失小于 1%;当旋流角为 20° 时,推力损失最大,为 1.98%。

表 3-3　不同旋流角条件下的推力和推力系数对比

旋流角/(°)	推力/kN	推力系数	推力损失/%
5	118.340	0.953	0.24
10	117.774	0.948	0.72
15	117.063	0.942	1.32
20	116.274	0.936	1.98

不同旋流角下 S 弯喷管的红外辐射强度分布如图 3-49 所示。可以看到,不同旋流角下的 S 弯喷管红外辐射强度的变化趋势相同。在整个水平探测面上以及垂直探测面上的正探测角范围内,总红外辐射强度主要由燃气红外辐射强度主导。同时,在垂直探测面上,负探测角上的壁面红外辐射强度明显高于正探测角上的壁面红外辐射强度。从图 3-49 可以看出,旋流角越大,对 S 弯喷管红外辐射强度的

抑制越明显。与无旋流条件下的 S 弯喷管相比,随着旋流角由 5° 增加到 20°,S 弯喷管在水平探测面上的总红外辐射强度的平均下降值由 2.3% 增加到 13.8%。在垂直探测面上的总红外辐射强度的平均下降值由 5.8% 增加到 31.2%。

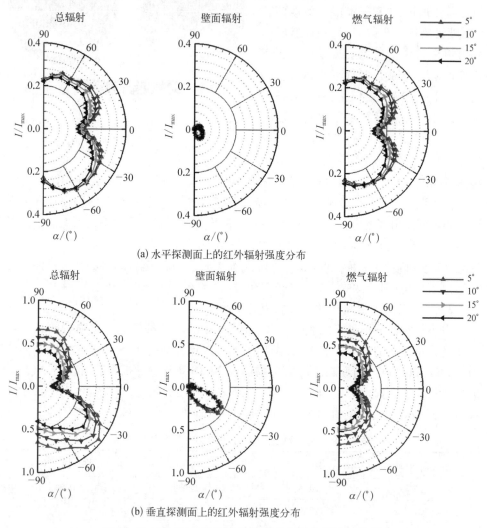

(a) 水平探测面上的红外辐射强度分布

(b) 垂直探测面上的红外辐射强度分布

图 3-49　不同旋流角下 S 弯喷管的红外辐射强度分布

随着旋流角的增加,高温内涵气流与低温外涵气流之间的掺混作用加强,使得燃气高温核心区减小,如图 3-50 所示。因此,随着旋流角的增加,水平探测面和垂直探测面上的燃气红外辐射强度均下降,如图 3-49 所示。与无旋流条件下的 S 弯喷管的红外辐射强度相比,当旋流角由 5° 增加到 20° 时,水平探测面上的燃气红外辐射强度的平均下降值由 2.9% 增加到 16.4%。垂直探测面上的燃气红外辐射强度的平均下降值由 7.5% 增加到 37.8%。

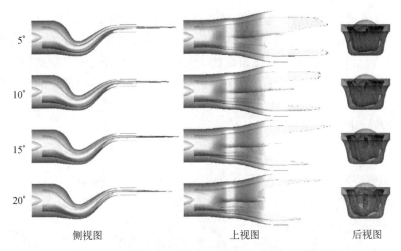

图 3-50　不同旋流角下燃气温度为 700 K 的等值面

　　不同旋流角下 S 弯喷管的壁面自身辐射和壁面反射辐射的变化如图 3-51 所示。可以看到,在水平探测面上,不同旋流角下的壁面自身辐射之间的差异很小。

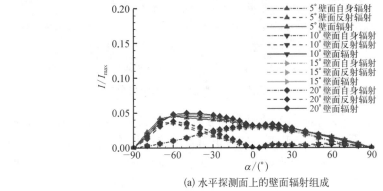

(a) 水平探测面上的壁面辐射组成

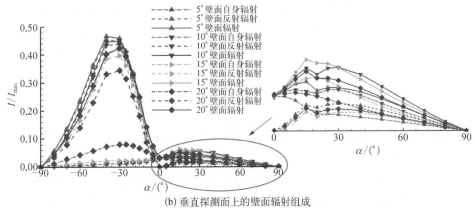

(b) 垂直探测面上的壁面辐射组成

图 3-51　不同旋流角下 S 弯喷管壁面辐射组成

这是因为旋流角的大小对 S 弯喷管侧壁的温度分布几乎没有影响,如图 3-52 所示。因此不同旋流角度下壁面红外辐射强度之间的差异主要是由壁面反射辐射造成的,如图 3-51(a)所示。旋流角度的变化引起内、外涵气流之间的掺混强度变化,使得燃气以及上、下壁面的温度分布改变。相应地,入射到侧壁的辐射强度也随之改变。由于入射到侧壁上的燃气辐射较小,因此,水平探测面上的壁面反射辐射之间的差异也较小,如图 3-51(a)所示。

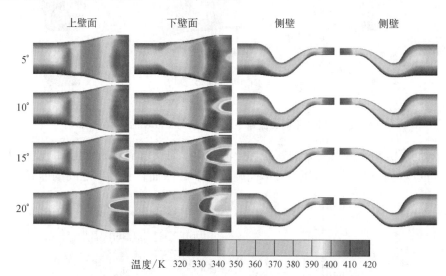

图 3-52　不同旋流角下 S 弯喷管的壁面温度分布

　　在垂直探测面上,负探测角上的壁面自身辐射随着旋流角的增加而增加,如图 3-51(b)所示。这是因为 S 弯喷管上壁面下游处的热斑随着旋流角的增加逐渐增强造成的,如图 3-52 所示。在负探测角上,随着旋流角的增加,壁面反射辐射逐渐减小。这是因为随着旋流角的增加,内、外涵气流之间的掺混作用逐渐增强,燃气高温核心区逐渐缩小,如图 3-50 所示。由于负探测角上的壁面红外辐射主要来自壁面反射辐射,因此,壁面红外辐射强度也随着旋流角的增加而逐渐减小。在正探测角范围内,当 $\alpha > 30°$ 时,随着旋流角从 5° 增加到 10°,壁面自身辐射强度增加。当旋流角继续增加时,壁面自身辐射强度开始减小。这是由于 S 弯喷管下壁面下游处的热斑的强度以及位置变化造成的。与 5° 旋流角条件下的 S 弯喷管相比,10° 旋流角条件下的 S 弯喷管下壁面的热斑强度和面积更大,如图 3-52 所示,因而,后者所能探测到的壁面(喷管出口附近)温度更高,对应的壁面自身红外辐射强度也就更大。当旋流角从 10° 继续增加到 20° 时,上壁面的热斑位置逐渐前移,探测器探测到的壁面温度逐渐减小,因而壁面自身红外辐射强度也随之减小。正探测角范围内的壁面自身辐射强度的变化是造成壁面红外辐射强度变化的主要原因。因此,正探测角范围内壁面红外辐射强度的变化趋势与壁面自身辐射强度的变化趋势相同。

不同旋流角下,S 弯喷管后半球空间内不同探测角上的总红外辐射强度云图如图 3 - 53 所示。从图中可以直观地看到 S 弯喷管的总红外辐射强度随旋流角的变化。随着旋流角的增加,燃气高温核心区逐渐缩小,因而 S 弯喷管后半球空间上的总红外辐射强度随着旋流角的增加而逐渐减小。同时,在后半球空间下半部分,局部高红外辐射强度区的大小以及红外辐射强度也随着旋流角的增加而逐渐减小。

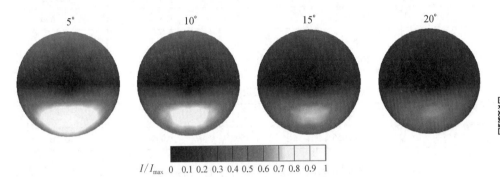

图 3 - 53　不同旋流角下 S 弯喷管后半球空间红外辐射云图

综上所述,旋流角的大小对壁面和燃气的温度分布有明显的影响,从而也会较大程度地改变 S 弯的红外辐射特性。随着旋流角的增加,S 弯喷管下壁面上的热斑强度和位置改变,使得垂直探测面上正探测角范围内的壁面红外辐射强度先增加后减小。在垂直探测面上的负探测角范围内,由于壁面反射辐射逐渐减小,使得壁面红外辐射强度也逐渐减小。较大的旋流角能够加强内/外涵气流之间的掺混,从而缩小燃气高温核心区。因此燃气红外辐射强度随着旋流角的增加而逐渐减小。在有旋流条件下,总红外辐射强度的降低主要是由于燃气红外辐射强度的减小造成的,因此 S 弯喷管的总红外辐射强度也随着旋流角的增加而减小。

3.4.3　进口不同气动参数对 S 弯喷管红外辐射特性的影响

在飞机的飞行包线内,随着飞行条件和发动机工作状态的变化,S 喷管进口处的总温、总压均发生变化,使得喷管的壁面以及燃气的温度分布发生改变,从而引起 S 弯喷管红外辐射强度的变化。本节主要研究了四种典型的发动机工况下的 S 弯喷管的红外辐射特性。这四种典型的发动机工况包括: 起飞状态($C1$,设计点,$H = 0$ km,$Ma = 0$)、爬升状态 1($C2$,$H = 3$ km,$Ma = 0.4$)、爬升状态 2($C3$,$H = 7$ km,$Ma = 0.6$)以及巡航状态($C4$,$H = 11$ km,$Ma = 0.8$)。表 3 - 4 给出了各典型工况下发动机外涵进口的总温 T_1^*、总压 p_1^*,内涵进口的总温 T_2^*、总压 p_2^*,以及环境温度 T_b 和压力 p_b。

不同工况下 S 弯喷管的推力系数对比如表 3 - 5 所示。可以看出,各工况下的 S 弯喷管的推力性能之间的差异很小,最大差值仅为 0.007。这表明飞行条件以及工作状态的改变对 S 弯喷管的推力性能的影响很小。

表3-4　不同发动机工况下的边界条件

性能参数	C1(起飞状态)	C2(爬升状态1)	C3(爬升状态2)	C4(巡航状态)
T_1^*/K	365.914	357.068	343.826	311.222
p_1^*/kPa	195.963	157.750	111.852	67.092
T_2^*/K	858.477	838.954	824.168	726.423
p_2^*/kPa	189.072	152.393	108.412	64.674
T_b/K	288.14	268.64	242.64	216.64
p_b/kPa	101.325	70.121	41.105	22.700

表3-5　不同发动机工况下S弯喷管的推力系数

性能参数	C1	C2	C3	C4
C_{Fg}	0.955	0.959	0.962	0.961

　　图3-54给出了不同发动机工况下S弯喷管对称面上的马赫数分布。可以看出,S弯喷管内的马赫数分布基本一致,各工况下马赫数分布的差异主要在S弯喷管出口下游区域。这是因为不同工况下的S弯喷管均处于临界/超临界状态,喷管出口处的马赫数均达到临界值,根据流量公式可知,各工况下S弯喷管内部相同截面处的马赫数分布是一致的;随着发动机的工况从C1变到C4,S弯喷管的落压比逐渐增加,S弯喷管的欠膨胀状态加剧,因而尾喷流的速度核心区逐渐加长,如图3-54所示。

　　图3-55和图3-56分别给出了不同发动机工况下S弯喷管壁面温度分布以及不同横截面处的燃气温度分布。可以看出,随着飞行条件和发动机工况的改变,

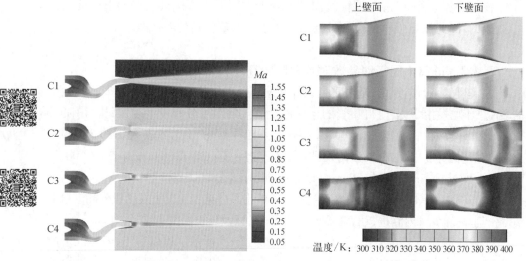

图3-54　不同发动机工况下S弯喷管
对称面上的马赫数分布

图3-55　不同发动机工况下S弯
喷管壁面温度分布

从 C1 工况到 C4 工况,由于喷管内、外涵进口总温逐渐减小,S 弯喷管的壁面温度逐渐下降,同时,沿程各横截面处的燃气温度也逐渐降低。由于 S 弯喷管内的流动特性相同,因此各工况下内、外涵之间的掺混效果相同,使得不同工况下,S 弯喷管内相同横截面上的温度分布的形状以及面积基本保持不变,如图 3 - 56 所示。

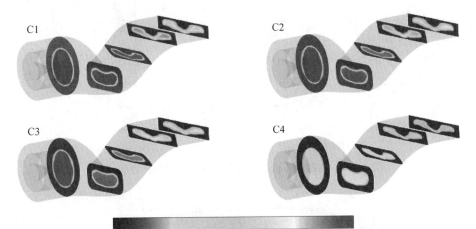

温度/K: 300　355　410　465　520　575　630　685　740　795　850

图 3 - 56　不同发动机工况下 S 弯喷管不同横截面上的燃气温度分布

不同发动机工况下 S 弯喷管的红外辐射强度分布如图 3 - 57 所示。可以看到,随着飞行条件和发动机工况的改变,从 C1 工况到 C4 工况,由于 S 弯喷管在水平探测面和垂直探测面上的壁面红外辐射强度和燃气红外辐射强度均减小,因此总红外辐射强度也逐渐降低。从 C1 工况到 C4 工况,由于喷管内、外涵进口总温逐渐减小,沿程各横截面处的燃气温度逐渐降低,这使得 S 弯喷管燃气的高温核心区逐渐缩小,如图 3 - 58 所示。因此从 C1 工况到 C4 工况,S 弯喷管的燃气红外辐射

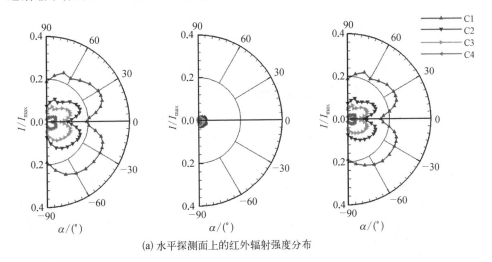

(a) 水平探测面上的红外辐射强度分布

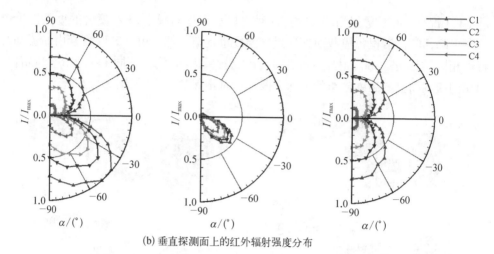

(b) 垂直探测面上的红外辐射强度分布

图 3 - 57　不同发动机工况下 S 弯喷管红外辐射强度分布

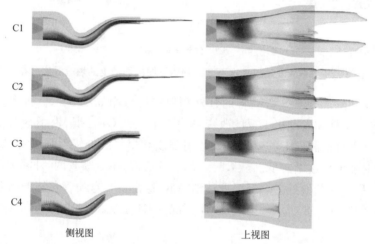

图 3 - 58　不同发动机工况下燃气温度为 670 K 的等值面

强度逐渐降低。对于壁面红外辐射,由于从 C1 工况到 C4 工况,S 弯喷管的壁面温度逐渐下降,如图 3 - 55 所示,使得壁面自身红外辐射强度逐渐减小,同时,由于燃气的高温核心区逐渐缩小,壁面反射辐射也逐渐减小。因此从 C1 工况到 C4 工况,S 弯喷管的壁面红外辐射强度逐渐减小,如图 3 - 57 所示。

　　综上所述,随着飞行条件和发动机工况的改变,从 C1 工况到 C4 工况,虽然尾喷流的速度核心区逐渐加长,但是由于喷管内、外涵进口总温逐渐减小,使得 S 弯喷管燃气的高温核心区逐渐缩小,导致 S 弯喷管燃气红外辐射强度逐渐降低。同时,由于 S 弯喷管的壁面红外辐射强度也逐渐减小,因此,从 C1 工况到 C4 工况,S 弯喷管的总红外辐射强度逐渐减小。

3.5　S 弯喷管低红外辐射设计准则研究

设计 S 弯喷管的主要目的之一是对排气系统的高温部件实现遮挡,以减小排气系统后向的红外辐射强度(Cheng et al., 2019; Cheng et al., 2017)。目前,为了简化设计过程,通常采用完全遮挡的设计准则,即利用 S 弯喷管的几何型面对排气系统的高温部件进行遮挡,使得高温部件在喷管后方各个探测方向上均不可见。采用完全遮挡设计准则的 S 弯喷管通常具有较大的出口偏距,而较大的出口偏距会对喷管的气动性能造成一定的负面影响。因此完全遮挡设计准则并不能完全兼顾 S 弯喷管的红外隐身性能和气动性能。此外,不同构型发动机用的 S 弯喷管的红外辐射特性之间存在较大的差异,这也限制了完全遮挡设计准则的适用范围。本节主要研究了遮挡率对涡喷发动机和涡扇发动机用的 S 弯喷管红外辐射特性的影响。从红外隐身的角度提出了 S 弯喷管低红外辐射设计准则,以期为 S 弯喷管的设计提供一定的参考。

3.5.1　遮挡率对涡喷发动机用 S 弯喷管红外辐射特性的影响

本节主要研究了遮挡率对涡喷发动机用的 S 弯喷管红外辐射特性的影响,遮挡率的定义详见 2.4.3 节,在此不再赘述。针对单 S 弯喷管和双 S 弯喷管,分别选取了遮挡率为 $\Delta Y = 0$、0.25、0.5、0.75 和 1 的 S 弯喷管,研究了遮挡率对两种 S 弯喷管红外辐射特性的影响。

1. 遮挡率对单 S 弯喷管红外辐射特性的影响

具有不同遮挡率的单 S 弯喷管的几何模型如图 3-59 所示。可以看到,随着

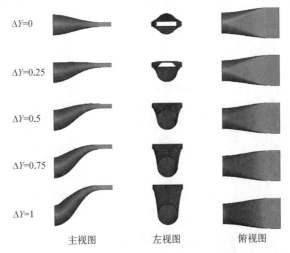

$\Delta Y = 0$

$\Delta Y = 0.25$

$\Delta Y = 0.5$

$\Delta Y = 0.75$

$\Delta Y = 1$

主视图　　　　左视图　　　　俯视图

图 3-59　具有不同遮挡率的单 S 弯喷管模型

遮挡率 ΔY 的增加,可见的喷管进口面积逐渐减小。当遮挡率 $\Delta Y=0$ 时,单 S 弯喷管即为普通的二元喷管。各喷管的推力系数如表 3-6 所示。可以看到,单 S 弯喷管的推力系数随着遮挡率的增加逐渐减小。

表 3-6　不同 ΔY 的单 S 弯喷管的推力系数

ΔY	0	0.25	0.5	0.75	1
推力系数	0.958 3	0.957 9	0.957 8	0.957 1	0.956 3

遮挡率不同的单 S 弯喷管红外辐射强度的分布如图 3-60 所示。可以看到,在水平探测面上,当探测角 $|\alpha|<70°$ 时,总红外辐射强度的变化趋势与壁面红外辐射强度的变化趋势一致,如图 3-60(a) 所示。在垂直探测面上,当探测角 $|\alpha|<50°$

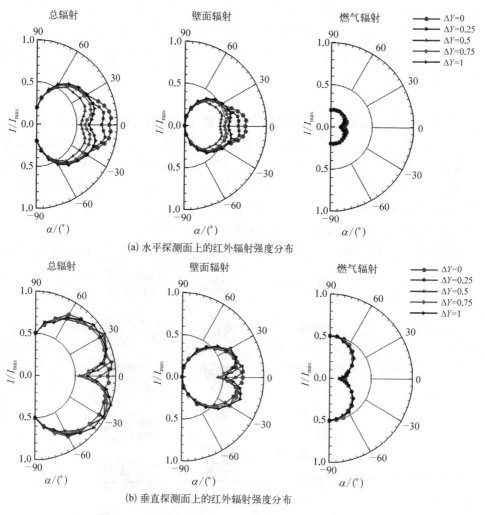

(a) 水平探测面上的红外辐射强度分布

(b) 垂直探测面上的红外辐射强度分布

图 3-60　不同遮挡率的单 S 弯喷管红外辐射强度分布

时,总红外辐射强度的变化趋势与壁面红外辐射强度的变化趋势一致,如图 3 - 60
(b)所示。当探测角|α|较小时,壁面红外辐射强度比燃气红外辐射强度大很多,
总红外辐射强度主要来自壁面红外辐射。随着探测角|α|的增加,可见的喷管壁面
面积逐渐减小,壁面红外辐射对总红外辐射的影响逐渐减弱,燃气红外辐射在总红
外辐射中所占的比例逐渐增加。当|α| = 90°时,可见的喷管壁面面积为 0,总红外
辐射全部来自燃气红外辐射,此时总红外辐射强度等于燃气红外辐射强度。

　　S 弯喷管的主要目的是实现对高温部件(简化为喷管进口)的遮挡。对于遮挡
率 ΔY = 0 和 ΔY = 1 的单 S 弯喷管,在水平探测面上,当|α|较小时,ΔY = 0 的单 S 弯
喷管的燃气红外辐射强度大于 ΔY = 1 的单 S 弯喷管的燃气红外辐射强度,如图
3 - 60(a)所示。图 3 - 61 和图 3 - 62 分别给出了各喷管的燃气温度分布以及燃气
中 CO_2 和 H_2O 的浓度分布。燃气与环境大气之间的掺混作用决定了燃气温度和
组分浓度的分布。由于各喷管的出口宽高比相同,各喷管出口下游燃气温度的分
布和组分浓度的分布基本相同。当探测角|α|较小时,喷管出口上游(即喷管内)
的燃气对探测器可见,但是可见的燃气体积随着遮挡率的增加而减小。由于喷管
外的燃气温度分布以及组分浓度分布基本一致,因此,当探测角|α|较小时,燃气红
外辐射强度的差异主要来自喷管内可被探测到的燃气。喷管内可被探测到的燃气
体积越大,燃气的红外辐射强度越大。

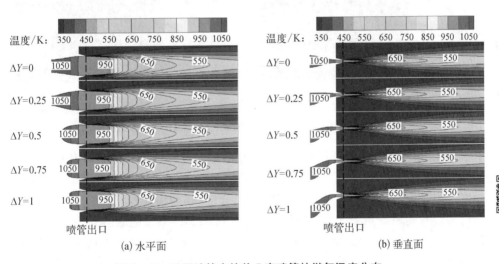

图 3 - 61　不同遮挡率的单 S 弯喷管的燃气温度分布

　　表 3 - 7 和表 3 - 8 分别给出了单 S 弯喷管水平探测面和垂直探测面上不同探
测点处的可见面积比,即在探测点处可见的喷管进口面积与可见的壁面总面积(包
括可见的喷管进口面积和可见的喷管壁面面积)之比。其中,由于 S 弯喷管的对称
性,表 3 - 7 只给出了水平探测面上 0° ~ 90°范围内的可见面积比。在水平探测面

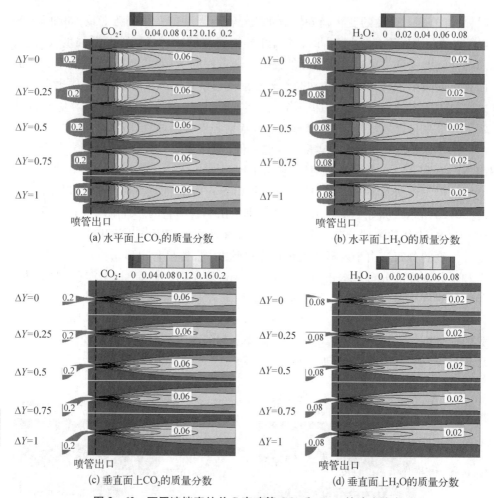

图 3 - 62　不同遮挡率的单 S 弯喷管 CO_2 和 H_2O 的浓度分布

上,当探测角 α 在 $0° \sim 20°$ 范围内时,$\Delta Y = 0$ 的单 S 弯喷管的可见面积比明显大于 $\Delta Y = 1$ 的单 S 弯喷管的可见面积比,对应的,$\Delta Y = 0$ 的单 S 弯喷管的壁面红外辐射强度也明显大于 $\Delta Y = 1$ 的单 S 弯喷管的壁面红外辐射强度,如图 3 - 60(a)所示。随着 $\Delta Y = 0$ 的单 S 弯喷管的可见面积比由 0. 67($\alpha = 0°$)逐渐减小到 0. 15($\alpha = 20°$),$\Delta Y = 0$ 和 $\Delta Y = 1$ 的单 S 弯喷管的壁面红外辐射强度之间的差值也逐渐减小。在垂直探测面上 $-5° \sim 10°$ 探测角范围内,$\Delta Y = 0$ 的单 S 弯喷管的壁面红外辐射强度大于 $\Delta Y = 1$ 的单 S 弯喷管的壁面红外辐射强度,如图 3 - 60(b)所示。同样,随着 $\Delta Y = 0$ 的单 S 弯喷管的可见面积比由 0. 67($\alpha = 0°$)逐渐减小到 0. 13($\alpha = 10°$),$\Delta Y = 0$ 和 $\Delta Y = 1$ 的单 S 弯喷管的壁面红外辐射强度之间的差值也逐渐减小。由于喷管外的燃气温度分布和组分浓度分布基本相同,不同遮挡率的 S 弯喷管的燃气红外辐射强度之间的差异也很小,使得燃气对壁面红外辐射的衰减作用可以认为是相等的。因此,不同 S 弯喷管可见壁面的温度分布是造成各喷管壁面红外辐射强度变化的主要因素。由于喷管进口的温度比喷管壁面的温度高,因此可见面积比对壁面红外辐射强度有较大的影响。在一定范围内,可见面积比越大,壁面红外辐射强度越大。

表 3-7　不同遮挡率的单 S 弯喷管水平探测面上的可见面积比

探测角/(°)	ΔY				
	0	0.25	0.5	0.75	1
0	0.67	0.52	0	0	0
5	0.66	0.50	0	0	0
10	0.51	0.43	0	0	0
15	0.33	0.26	0	0	0
20	0.15	0.06	0	0	0
30	0	0	0	0	0
40	0	0	0	0	0
50	0	0	0	0	0
60	0	0	0	0	0
70	0	0	0	0	0
80	0	0	0	0	0
90	0	0	0	0	0

表 3-8　不同遮挡率的单 S 弯喷管垂直探测面上的可见面积比

探测角/(°)	ΔY				
	0	0.25	0.5	0.75	1
90	0	0	0	0	0
80	0	0	0	0	0
70	0	0	0	0	0
60	0	0	0	0	0
50	0	0	0	0	0
40	0	0	0	0	0
30	0	0	0	0	0
20	0	0	0	0	0
15	0	0.01	0.07	0.07	0
10	0.13	0.31	0.29	0	0
5	0.46	0.52	0.22	0	0

续　表

探测角/(°)	ΔY				
	0	0.25	0.5	0.75	1
0	0.67	0.51	0	0	0
-5	0.46	0.02	0	0	0
-10	0.13	0	0	0	0
-15	0	0	0	0	0
-20	0	0	0	0	0
-30	0	0	0	0	0
-40	0	0	0	0	0
-50	0	0	0	0	0
-60	0	0	0	0	0
-70	0	0	0	0	0
-80	0	0	0	0	0
-90	0	0	0	0	0

在垂直探测面上,当探测角 $\alpha=10°$ 和 $\alpha=-10°$ 时,$\Delta Y=0$ 的单 S 弯喷管的可见面积比为 0.13,如表 3-8 所示。但是,当 $\alpha=10°$ 时,$\Delta Y=0$ 的单 S 弯喷管壁面红外辐射强度大于 $\Delta Y=1$ 的单 S 弯喷管,而当 $\alpha=-10°$ 时,$\Delta Y=0$ 的单 S 弯喷管壁面红外辐射强度小于 $\Delta Y=1$ 的单 S 弯喷管。这是由于 $\Delta Y=1$ 的单 S 弯喷管的上、下壁面的温度分布不同造成的。图 3-63 给出了在垂直探测面上 $\alpha=10°$ 和 $\alpha=-10°$ 时,$\Delta Y=0$ 和 $\Delta Y=1$ 的单 S 弯喷管的可见壁面的温度分布。由于 $\Delta Y=0$ 的单 S 弯喷管

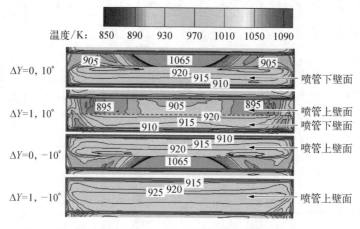

图 3-63　$\Delta Y=0$ 和 $\Delta Y=1$ 的单 S 弯喷管在垂直探测面上 10° 和
-10° 探测角下的可见壁面温度分布

几何结构上的对称性,其上、下壁面的温度分布基本相同,因而在 $\alpha = 10°$ 和 $\alpha =$ $-10°$ 上的壁面红外辐射强度也基本相等,如图 3 - 60(b) 所示。对于 $\Delta Y = 1$ 的单 S 弯喷管,当 $\alpha = 10°$ 时,上、下壁面均可见,而当 $\alpha = -10°$ 时,仅上壁面可见,如图 3 - 63 所示。当 $\alpha = 10°$ 时,$\Delta Y = 1$ 的单 S 弯喷管的大部分可见壁面的温度低于 920 K,而当 $\alpha = -10°$ 时,$\Delta Y = 1$ 的单 S 弯喷管的大部分可见壁面的温度高于 920 K。因此,对于 $\Delta Y = 1$ 的单 S 弯喷管,其在 $\alpha = -10°$ 上的壁面红外辐射强度高于在 $\alpha =$ $10°$ 上的壁面红外辐射强度,如图 3 - 60(b) 所示。

S 弯喷管的壁面红外辐射强度主要由可见的壁面的温度分布决定。由以上对 $\Delta Y = 0$ 和 $\Delta Y = 1$ 的单 S 弯喷管红外辐射强度分布的对比可知,当可见面积比大于 0.15 时,可见喷管进口对壁面红外辐射强度的影响明显。当可见面积比小于 0.15 时,随着可见面积比的减小,可见喷管进口对壁面红外辐射的影响较小,此时,壁面红外辐射强度主要由喷管壁面的温度分布决定。

在水平探测面上,当 $|\alpha| < 30°$ 时,由于喷管内可见燃气体积的变化,使得遮挡率不同的单 S 弯喷管的燃气红外辐射强度稍有不同,如图 3 - 60(a) 所示。当 $|\alpha| > 30°$ 时,由于各喷管外燃气的温度分布和组分浓度分布基本相同,使得遮挡率不同的单 S 弯喷管燃气红外辐射强度之间的差异较小。在水平探测面上,$\Delta Y = 0$ 的单 S 弯喷管在 $-20° \sim 20°$ 范围内的壁面红外辐射强度和 $\Delta Y = 0.25$ 的单 S 弯喷管在 $-15° \sim 15°$ 范围内的壁面红外辐射强度明显高于 $\Delta Y = 0.5$、0.75 和 1 的单 S 弯喷管的壁面红外辐射强度。这是因为 $\Delta Y = 0$ 的单 S 弯喷管在 $-20° \sim$ $20°$ 范围内的可见面积比和 $\Delta Y = 0.25$ 的单 S 弯喷管在 $-15° \sim 15°$ 范围内的可见面积比均大于 0.15,如表 3 - 7 所示。在水平探测面上,当遮挡率由 0 增加到 0.5 时,总红外辐射强度逐渐减小。随着遮挡率进一步由 0.5 增加到 1,总红外辐射强度逐渐增加,这是由壁面温度分布的变化引起的。在垂直探测面上,$\Delta Y =$ 0 的单 S 弯喷管在 $-5° \sim 5°$ 范围内的可见面积比、$\Delta Y = 0.25$ 的单 S 弯喷管在 $0° \sim$ $10°$ 范围内的可见面积比以及 $\Delta Y = 0.5$ 的单 S 弯喷管在 $5° \sim 10°$ 范围内的可见面积比均大于 0.15,如表 3 - 8 所示。因而在垂直探测面上,$\Delta Y = 0$ 的单 S 弯喷管在 $-5° \sim 5°$ 范围内的壁面红外辐射强度、$\Delta Y = 0.25$ 的单 S 弯喷管在 $0° \sim 10°$ 范围内的壁面红外辐射强度以及 $\Delta Y = 0.5$ 的单 S 弯喷管在 $5° \sim 10°$ 范围内的壁面红外辐射强度均大于 $\Delta Y = 0.75$ 和 $\Delta Y = 1$ 的单 S 弯喷管的壁面红外辐射强度,如图 3 - 20(b) 所示。

从以上结果可以看出,在水平探测面上,$\Delta Y = 0.5$ 的单 S 弯喷管的总红外辐射强度最小。在垂直探测面上,当 $|\alpha|$ 较大时,各喷管的总红外辐射强度之间的差异很小,但是 $\Delta Y = 0.75$ 和 $\Delta Y = 1$ 的单 S 弯喷管在所有探测点处的可见面积比均小于 0.15,并且当 $|\alpha|$ 较小时,$\Delta Y = 0.75$ 的单 S 弯喷管的总红外辐射强度最小。考虑到 S 弯喷管在垂直探测面上的总红外辐射强度大于水平探测面上的总红外辐射强

度,因此 $\Delta Y=0.75$ 的单 S 弯喷管的红外隐身性能要优于其他喷管的红外隐身
性能。

综上所述,较大的遮挡率并不一定能提高 S 弯喷管的红外隐身性能。当可见
面积比足够大时,可见的高温喷管进口对单 S 弯喷管的壁面红外辐射强度有较大
的影响。对于 $\Delta Y=0.75$ 和 $\Delta Y=1$ 的单 S 弯喷管,各探测角上的可见面积比均小于
0.15,因而可见的高温喷管进口对壁面红外辐射强度的影响有限。当 $\Delta Y>0.75$
时,受壁面温度分布的影响,$\Delta Y=1$ 的单 S 弯喷管总红外辐射强度高于 $\Delta Y=0.75$
的单 S 弯喷管的总红外辐射强度,因此,当 $\Delta Y>0.75$ 时,较大的 ΔY 并不能提高单
S 弯喷管的红外隐身性能。

2. 遮挡率对双 S 弯喷管红外辐射特性的影响

具有不同遮挡率的双 S 弯喷管的几何模型如图 3-64 所示。可以看到,随着
遮挡率的减小,可见的喷管进口面积逐渐增加。当遮挡率 $\Delta Y=0$ 时,可见的喷管进
口面积最大。本小节中双 S 弯喷管的进口直径、轴向长度、出口面积以及出口宽高
比均与单 S 弯喷管模型的保持一致。各喷管的推力系数如表 3-9 所示。可以看
到,双 S 弯喷管的推力系数随着遮挡率的增加逐渐减小。

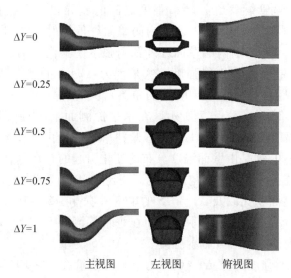

图 3-64   具有不同遮挡率的双 S 弯喷管模型

表 3-9   不同 ΔY 的双 S 弯喷管的推力系数

ΔY	0	0.25	0.5	0.75	1
推力系数	0.948 1	0.947 8	0.946 8	0.945 9	0.945 7

遮挡率不同的双 S 弯喷管红外辐射强度的分布如图 3-65 所示。可以看到,
双 S 弯喷管红外辐射强度的分布规律与单 S 弯喷管红外辐射强度的分布规律类

似。在水平探测面上，$\Delta Y = 0.5$ 的双 S 弯喷管的总红外辐射强度最小。当 $\Delta Y < 0.5$ 时，总红外辐射强度随着 ΔY 的增加而减小。当 $\Delta Y > 0.5$ 时，总红外辐射强度随着 ΔY 的增加而增加。

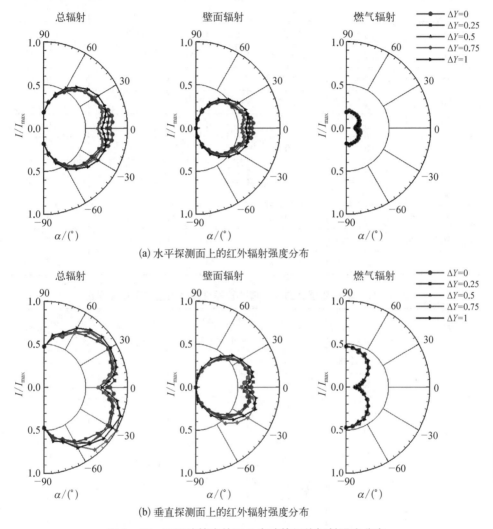

(a) 水平探测面上的红外辐射强度分布

(b) 垂直探测面上的红外辐射强度分布

图 3−65　不同遮挡率的双 S 弯喷管红外辐射强度分布

表 3−10 和表 3−11 分别给出了双 S 弯喷管水平探测面和垂直探测面上不同探测点处的可见面积比。在水平探测面上，对于 $\Delta Y = 0$ 和 $\Delta Y = 0.25$ 的双 S 弯喷管，喷管进口可见的探测角范围为 $-20° \sim 20°$，与单 S 弯喷管的相同。在垂直探测面上，对于 $\Delta Y = 0$ 和 $\Delta Y = 0.25$ 的双 S 弯喷管，喷管进口可见的角度范围比单 S 弯喷管的小。同时，当探测角相同时，双 S 弯喷管的可见面积比小于单 S 弯喷管的可见面积。

表 3-10　不同遮挡率的双 S 弯喷管水平探测面上的可见面积比

探测角/(°)	ΔY				
	0	0.25	0.5	0.75	1
0	0.62	0.44	0	0	0
5	0.59	0.42	0	0	0
10	0.47	0.35	0	0	0
15	0.30	0.24	0	0	0
20	0.11	0.10	0	0	0
30	0	0	0	0	0
40	0	0	0	0	0
50	0	0	0	0	0
60	0	0	0	0	0
70	0	0	0	0	0
80	0	0	0	0	0
90	0	0	0	0	0

表 3-11　不同遮挡率的双 S 弯喷管垂直探测面上的可见面积比

探测角/(°)	ΔY				
	0	0.25	0.5	0.75	1
90	0	0	0	0	0
80	0	0	0	0	0
70	0	0	0	0	0
60	0	0	0	0	0
50	0	0	0	0	0
40	0	0	0	0	0
30	0	0	0	0	0
20	0	0	0	0	0
15	0	0	0.02	0.08	0
10	0	0.12	0.27	0	0
5	0.23	0.45	0.17	0	0
0	0.62	0.44	0	0	0
-5	0.44	0	0	0	0
-10	0	0	0	0	0

续　表

探测角/(°)	ΔY				
	0	0.25	0.5	0.75	1
-15	0	0	0	0	0
-20	0	0	0	0	0
-30	0	0	0	0	0
-40	0	0	0	0	0
-50	0	0	0	0	0
-60	0	0	0	0	0
-70	0	0	0	0	0
-80	0	0	0	0	0
-90	0	0	0	0	0

　　对于遮挡率不同的双 S 弯喷管,在水平探测面上,$\Delta Y=0$ 和 $\Delta Y=0.25$ 的双 S 弯喷管在 $0°\sim10°$ 范围内的可见面积比大于 0.35,如表 3-10 所示。相应地,$\Delta Y=0$ 和 $\Delta Y=0.25$ 的双 S 弯喷管在 $0°\sim10°$ 范围内的壁面红外辐射强度高于 $\Delta Y=0.5$、0.75 和 1 的壁面红外辐射强度。在水平探测面上,当 $\alpha=15°$ 时,$\Delta Y=0$ 和 $\Delta Y=1$ 的双 S 弯喷管的可见面积比分别为 0.30 和 0,但是 $\Delta Y=0$ 的双 S 弯喷管的壁面红外辐射强度低于 $\Delta Y=1$ 双 S 弯喷管的壁面红外辐射强度。当 $|\alpha|>10°$ 时,喷管壁面对壁面红外辐射强度的影响逐渐变大,而喷管进口的影响逐渐减小。当 $|\alpha|>10°$ 时,随着 ΔY 的增加,壁面红外辐射强度逐渐增加。

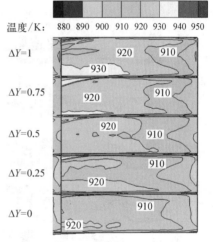

图 3-66　水平探测面上 $\alpha=30°$ 时各喷管可见壁面的温度分布

当 $\Delta Y=1$ 时,双 S 弯喷管的壁面红外辐射强度最大,如图 3-65(a)所示。这是由于喷管壁面温度分布随着 ΔY 的变化而变化引起的。图 3-66 给出了在水平探测面上 $\alpha=30°$ 时各喷管可见壁面的温度分布。可以看到,可见壁面的温度整体上随着遮挡率的增加而逐渐升高。$\Delta Y=1$ 的双 S 弯喷管可见壁面左下角部分的温度高于 930 K,而其他喷管可见壁面的温度基本上都低于 930 K。因此,$\Delta Y=1$ 的双 S 弯喷管的壁面红外辐射强度最大。

　　在垂直探测面上,可见的喷管进口对 $\Delta Y=0$ 的双 S 弯喷管在 $-5°\sim0°$ 探测角范围以及 $\Delta Y=0.25$ 的双 S 弯喷管在 $0°\sim5°$ 探测角范围内的红外辐射强度有较大的影响。$\Delta Y = 0$ 的双 S 弯喷管在 $-5° \sim 0°$ 探测角范围的可见面积比和 $\Delta Y = 0.25$ 的双 S 弯喷管在 $0° \sim 5°$ 探测角范围内的可见面积比均大于 0.35，如表 $3-11$ 所示。对应的，$\Delta Y = 0$ 的双 S 弯喷管在 $-5° \sim 0°$ 探测角范围的壁面红外辐射强度和 $\Delta Y = 0.25$ 的双 S 弯喷管在 $0° \sim 5°$ 探测角范围内的壁面红外辐射强度大于 $\Delta Y = 0.5$、0.75 和 1 的壁面红外辐射强度。

综上所述，当可见面积比大于 0.35 时，可见的喷管进口对双 S 弯喷管红外辐射强度的影响较大。在水平探测面上，$\Delta Y = 0.5$ 和 $\Delta Y = 0.75$ 的双 S 弯喷管的可见面积比为 0，其总红外辐射强度低于 $\Delta Y = 0$、0.25 和 1 的总红外辐射强度。在垂直探测面上，$\Delta Y = 0.5$、0.75 和 1 的双 S 弯喷管的可见面积比小于 0.35，但是 $\Delta Y = 0.75$ 和 $\Delta Y = 1$ 的双 S 弯喷管在 $-10° \sim -60°$ 范围内的总红外辐射强度高于 $\Delta Y = 0.5$ 的双 S 弯喷管的总红外辐射强度。综合考虑双 S 弯喷管水平探测面和垂直探测面上的红外辐射强度，$\Delta Y = 0.5$ 的双 S 弯喷管的红外隐身性能最优。同时，为了能有效地抑制排气系统的红外辐射，双 S 弯喷管的可见面积比应控制在 0.35 以下。

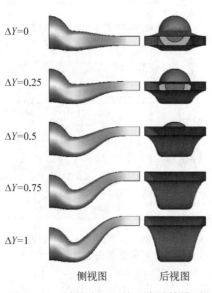

$\Delta Y = 0$

$\Delta Y = 0.25$

$\Delta Y = 0.5$

$\Delta Y = 0.75$

$\Delta Y = 1$

侧视图　　　后视图

图 $3-67$　遮挡率不同的 S 弯喷管模型

3.5.2　遮挡率对涡扇发动机用 S 弯喷管红外辐射特性的影响

本节主要研究了遮挡率对涡扇发动机用的 S 弯喷管红外辐射特性的影响。针对双 S 弯喷管，分别选取遮挡率为 $\Delta Y = 0$、0.25、0.5、0.75 和 1 的双 S 弯喷管，研究了遮挡率对涡扇发动机用的双 S 弯喷管红外辐射特性的影响。具有不同遮挡率的 S 弯喷管的几何模型如图 $3-67$ 所示。各喷管的进口直径、轴向长度、出口面积以及出口宽高比均相同。可以看到，内涵进口的可见面积随着 ΔY 的变化而变化。当 $\Delta Y < 0.25$ 时，内涵进口明显可见。各喷管的推力系数如表 $3-12$ 所示。可以看到，S 弯喷管的推力系数随着遮挡率的增加逐渐减小。

表 $3-12$　不同 ΔY 的 S 弯喷管的推力系数

ΔY	0	0.25	0.5	0.75	1
推力系数	0.962 4	0.960 4	0.950 2	0.940 1	0.924 1

表 $3-13$ 和表 $3-14$ 分别给出了 S 弯喷管在水平探测面和垂直探测面上的可见面积比，即可见的内涵进口面积与可见的壁面总面积（包括可见的内涵进口面

积、外涵进口面积和可见的喷管壁面面积）之比。其中,由于 S 弯喷管几何结构上的对称性,表 3-13 只给出了 S 弯喷管水平探测面上 0°~90°范围内的可见面积比。随着 ΔY 的变化,S 弯喷管壁面之间的相互遮挡关系也发生了变化。由于 $\Delta Y=0$ 的 S 弯喷管的出口偏距比 $\Delta Y=0.25$ 的 S 弯喷管的出口偏距小,在 S 弯喷管的正后方,对于 $\Delta Y=0$ 的 S 弯喷管,只有内涵进口的下部分可见,而对于 $\Delta Y=0.25$ 的 S 弯喷管,内涵进口的中间部分可见,如图 3-67 所示。因为各喷管出口的高度相同,并且内涵进口为圆形,所以越靠近中部,可见的内涵进口面积越大。因此,$\Delta Y=0.25$ 的 S 弯喷管在 0°探测角上的可见面积比最大,并且在水平探测面上 0°~20°范围内相同的探测点处,$\Delta Y=0.25$ 的 S 弯喷管的可见面积比大于 $\Delta Y=0$ 的 S 弯喷管的可见面积比,如表 3-13 所示。随着 ΔY 的增加,喷管出口逐渐向上移动,S 弯喷管对喷管进口的遮挡作用也越来越明显。因而在垂直探测面上,S 弯喷管可见面积比大于 0 的探测角范围随着 ΔY 的增加逐渐减小,并且逐渐上移,如表 3-14 所示。

表 3-13　不同遮挡率的 S 弯喷管水平探测面上的可见面积比

探测角/(°)	ΔY				
	0	0.25	0.5	0.75	1
0	0.13	0.21	0	0	0
5	0.13	0.21	0	0	0
10	0.13	0.21	0	0	0
15	0.12	0.18	0	0	0
20	0.04	0.08	0	0	0
30	0	0	0	0	0
40	0	0	0	0	0
50	0	0	0	0	0
60	0	0	0	0	0
70	0	0	0	0	0
80	0	0	0	0	0
90	0	0	0	0	0

表 3-14　不同遮挡率的 S 弯喷管垂直探测面上的可见面积比

探测角/(°)	ΔY				
	0	0.25	0.5	0.75	1
90	0	0	0	0	0
80	0	0	0	0	0

探测角/(°)	ΔY				
	0	0.25	0.5	0.75	1
70	0	0	0	0	0
60	0	0	0	0	0
50	0	0	0	0	0
40	0	0	0	0	0
30	0	0	0	0	0
20	0	0	0	0	0
15	0	0	0	0.06	0
10	0	0	0.10	0	0
5	0	0.12	0.09	0	0
0	0.13	0.21	0	0	0
-5	0.23	0.02	0	0	0
-10	0.07	0	0	0	0
-15	0	0	0	0	0
-20	0	0	0	0	0
-30	0	0	0	0	0
-40	0	0	0	0	0
-50	0	0	0	0	0
-60	0	0	0	0	0
-70	0	0	0	0	0
-80	0	0	0	0	0
-90	0	0	0	0	0

　　遮挡率不同的 S 弯喷管红外辐射强度的分布如图 3 - 68 所示。可以看到,在水平探测面上,当 $\Delta Y>0.25$ 时,S 弯喷管红外辐射强度之间的差异很小。但是在垂直探测面上,遮挡率对 S 弯喷管的红外辐射强度分布有较大的影响。

　　在水平探测面上,$\Delta Y=0$ 和 $\Delta Y=0.25$ 的 S 弯喷管在 $-20°\sim20°$ 探测角范围内的可见面积比大于 0,如表 3 - 13 所示,即在此探测角范围内高温内涵进口可见。对应的,$\Delta Y=0$ 和 $\Delta Y=0.25$ 的 S 弯喷管在 $-20°\sim20°$ 探测角范围内的壁面红外辐射强度明显大于 $\Delta Y=0.5$、0.75 和 1 的 S 弯喷管的壁面红外辐射强度。由于在 $-20°\sim20°$ 探测角范围内,$\Delta Y=0$ 和 $\Delta Y=0.25$ 的 S 弯喷管的高温内涵进口可见,使得壁面红外辐射强度明显高于燃气红外辐射强度,因而总红外辐射强度的变化与壁面红

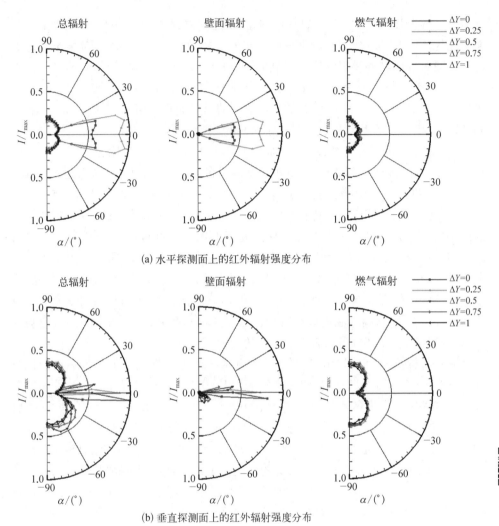

(a) 水平探测面上的红外辐射强度分布

(b) 垂直探测面上的红外辐射强度分布

图 3-68　不同遮挡率的 S 弯喷管红外辐射强度分布

外辐射强度的变化一致。在水平探测面上,当|α|>20°时,内涵进口不可见,此时燃气红外辐射强度高于壁面红外辐射强度,S 弯喷管的总红外辐射强度的变化与燃气红外辐射强度的变化相同,如图 3-68(a)所示。由于低温外涵气流的引入,使得喷管壁面的温度接近外涵进口的温度,内涵进口与外涵进口以及喷管壁面之间的温度差异较大。因此,当内涵进口可见时,高温内涵进口对壁面红外辐射强度的影响较大。在水平探测面上-20°~20°探测角范围内,$\Delta Y=0$ 和 $\Delta Y=0.25$ 的 S 弯喷管的可见面积比大于 0.04,而 $\Delta Y=0.5$、0.75 和 1 的 S 弯喷管的可见面积比均为 0。受高温内涵进口的影响,$\Delta Y=0$ 和 $\Delta Y=0.25$ 的 S 弯喷管壁面红外辐射强度高于 $\Delta Y=0.5$、0.75 和 1 的 S 弯喷管的壁面红外辐射强度。可见面积比越大,相应的

壁面红外辐射强度越大。在 $-20° \sim 20°$ 探测角范围内，$\Delta Y = 0.25$ 的 S 弯喷管的可见面积比比 $\Delta Y = 0$ 的 S 弯喷管的可见面积比大很多，如表 3-13 所示，因而 $\Delta Y = 0.25$ 的 S 弯喷管壁面红外辐射强度也明显大于 $\Delta Y = 0.25$ 的 S 弯喷管的壁面红外辐射强度，如图 3-68(a) 所示。当 $|\alpha|$ 由 $15°$ 增加到 $25°$ 时，$\Delta Y = 0$ 的 S 弯喷管的可见面积比由 0.12 减小至 0，$\Delta Y = 0.25$ 的 S 弯喷管的可见面积比由 0.18 减小至 0，$\Delta Y = 0$ 和 $\Delta Y = 0.25$ 的 S 弯喷管壁面红外辐射强度也迅速减小。

在垂直探测面上，随着 ΔY 的增加，各喷管的最大可见面积比由 $\Delta Y = 0$ 的 S 弯喷管的 0.23 逐渐减小到 $\Delta Y = 0.75$ 的 S 弯喷管的 0.06。最大可见面积比对应的角度也由 $\Delta Y = 0$ 的 S 弯喷管的 $-5°$ 逐渐上移到 $\Delta Y = 0.75$ 的 S 弯喷管的 $15°$，如表 3-14 所示。与最大可见面积比相对应的，除 $\Delta Y = 1$ 的 S 弯喷管外，各喷管的壁面红外辐射强度分布出现一个极值。并且极值出现的角度也由 $\Delta Y = 0$ 的 S 弯喷管的 $-5°$ 逐渐上移到 $\Delta Y = 0.75$ 的 S 弯喷管的 $15°$，如图 3-68(b) 所示。由于可见面积比越大，相应的壁面红外辐射强度越大，因此随着 ΔY 的增加，S 弯喷管壁面红外辐射强度的极值逐渐减小。对于 $\Delta Y = 1$ 的 S 弯喷管，由于在所有探测角上的可见面积比均为 0，即高温内涵进口在所有探测点处均不可见，因而 $\Delta Y = 1$ 的 S 弯喷管的壁面红外辐射强度分布没有出现类似的极值。

在垂直探测面上，$\Delta Y = 0.25$ 的 S 弯喷管在 $-5°$ 和 $5°$ 探测角上的可见面积比分别为 0.02 和 0.12。但是，在 $-5°$ 探测角上，$\Delta Y = 0.25$ 的 S 弯喷管壁面红外辐射强度对总红外辐射强度的影响并不明显，如图 3-68(b) 所示。$\Delta Y = 0$ 的 S 弯喷管在 $-10° \sim 0°$ 探测角范围内的最小可见面积比为 0.07，$\Delta Y = 0.5$ 的 S 弯喷管在 $5° \sim 10°$ 探测角范围内的最小可见面积比为 0.09，$\Delta Y = 0.75$ 的 S 弯喷管在 $15°$ 探测角上的可见面积比为 0.06，各喷管在对应的探测角上的壁面红外辐射强度对总红外辐射强度的影响较大，如图 3-68(b) 所示。而在水平探测面上，当可见面积比大于 0.04 时，壁面红外辐射强度对总红外辐射强度有较大的影响。综合水平探测面上和垂直探测面上的红外辐射强度分布特点可知，当可见面积比大于 0.04 时，可见的高温内涵进口对壁面红外辐射强度以及总红外辐射强度有较大的影响。

S 弯喷管尾喷流与环境大气之间的掺混受出口宽高比的影响较大。由于各喷管的出口宽高比相同，因而各喷管尾喷流与环境大气的掺混效果差别不大。图 3-69 给出了不同遮挡率的 S 弯喷管尾喷流中心的轴向速度沿轴向的分布。可以看到，各喷管尾喷流中心的轴向速度变化趋势相同。在 7 m 之前，各喷管尾喷流中心的轴向速度稍有差异，在 7 m 之后，各喷管尾喷流中心的轴向速度基本相同。因此各喷管高温核心流的长度基本相同，对应的燃气红外辐射强度相差也较小。由于总红外辐射强度等于壁面红外辐射强度与燃气红外辐射强度之和，因此壁面红外辐射强度分布的特点也同样出现在总红外辐射强度的分布上。

综上所述，遮挡率对涡扇发动机用的 S 弯喷管红外辐射强度的分布有较大的

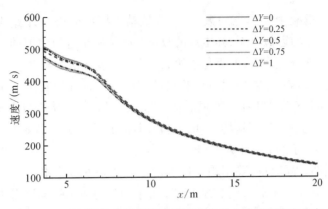

图 3-69　不同遮挡率的 S 弯喷管尾喷流中心的轴向速度分布

影响。在水平探测面上 $-20°\sim20°$ 探测角范围内，$\Delta Y=0.5$、0.75 和 1 的 S 弯喷管的可见面积比均为 0，对应的总红外辐射强度明显低于 $\Delta Y=0$ 和 $\Delta Y=1$ 的 S 弯喷管的总红外辐射强度。在垂直探测面上，当 $\Delta Y<1$ 时，高温内涵进口在部分探测角上可见，对应的，在壁面红外辐射强度分布上出现极值。综合来看，涡扇发动机用的 S 弯喷管的可见面积比应该控制在 0.04 以下。

3.6　S 弯喷管气动/红外多目标优化研究

在 S 弯喷管的设计过程中，其气动性能设计目标和红外隐身性能设计目标往往是相互矛盾的。为了获得最优的气动性能，在设计 S 弯喷管时，需要尽量减小对喷管内气流流动方向的改变，即尽量减小 S 弯喷管的偏距以及喷管型面的变化，从而减小气流沿程的局部损失。而小偏距的 S 弯喷管对其前端高温部件的遮挡作用有限，对排气系统红外辐射强度的抑制效果较小。具有较大偏距的 S 弯喷管能够有效地对其前端高温部件进行遮挡，从而较好地抑制排气系统的红外辐射强度，但是其给气动性能带来的负面影响也比较明显。针对这一问题，本节主要研究了 S 弯喷管的气动/红外多目标优化方法，基于径向基神经网络技术建立了 S 弯喷管设计参数与气动设计目标和红外设计目标之间的近似模型，并在此近似模型的基础上，通过改进的多目标粒子群优化算法，进行了以高气动性能和低红外辐射强度为目标的 S 弯喷管气动/红外多目标优化设计。

3.6.1　S 弯喷管优化试验设计

试验设计方法是自然科学研究方法领域中的一个分支学科（何为等，2012）。在多目标优化设计中，试验设计是近似建模技术的重要组成部分。对于复杂的系统，通过精确模型进行分析和计算需要耗费大量的时间和精力，因此，在进行试验设计时,希望尽量减少样本点的数量,以降低精确模型分析和计算的工作量。同时,为了得到可靠的近似模型,样本点的数量又必须满足近似建模的需要。如何用较少的样本点获得符合要求的近似模型,以最少的试验次数真实反映设计目标随设计参数的变化趋势,这需要通过试验设计方法进行合理的安排。在本小节的研究中,S 弯喷管的气动性能和红外辐射特性都是通过计算机仿真分析获得。由于 S 弯喷管的气动性能和红外辐射特性的分析和计算没有已知的模型可供参考,因此采用"填满空间"的试验设计方法(Palmer, 1998;Simpson et al. , 1998),将设计空间的每个区域都等同对待,采用均匀试验设计方法来安排样本点。均匀试验设计最早是由我国学者方开泰用数论方法构造出来的。均匀试验设计需要通过规格化的表格来安排试验。通常用 $U_n(m^k)$ 表示均匀设计表。其中,U 为均匀设计表的代号;n 表示试验次数;m 表示因素的水平数;k 表示最多可安排的因素个数。均匀设计表通常都附有一个使用表,两个表需配合使用。

综合考虑 S 弯喷管的几何设计参数对其气动性能和红外辐射特性的影响,分别在 S 弯喷管的三个维度上各选择一个几何参数作为试验设计的影响因素。其中,S 弯喷管轴向设计参数为两弯轴向长度比 L_1/L_2,横向设计参数为出口宽高比 W_e/H_e,纵向设计参数为遮挡率 ΔY,各参数的取值范围如表 3-15 所示。S 弯喷管的气动优化目标和红外优化目标分别为 S 弯喷管的推力系数 C_{Fg},以及红外辐射特征水平(infrared radiation signature level, IRSL)。其中,红外辐射强度 IRSL 取方位角 0°、5°、10°、15°、20°、30°、40°、60° 和 90° 上红外辐射强度的平均值。

表 3-15　设计参数的取值范围

L_1/L_2	0.5~1.5
W_e/H_e	3~11
ΔY	0~1

采用 $U_{21}^*(21^7)$ 均匀设计表进行 3 因素 21 水平的试验方案设计,$U_{21}^*(21^7)$ 均匀设计表及其使用表如表 3-16 和表 3-17 所示。根据 $U_{21}^*(21^7)$ 的使用表,选择 $U_{21}^*(21^7)$ 均匀设计表中的第 1 列、第 3 列以及第 4 列进行试验方案设计。表 3-17 中 D 表示均匀度偏差,其值越小代表均匀度越好。

表 3-16　$U_{21}^*(21^7)$ 均匀设计表

试验号	列　号						
	1	2	3	4	5	6	7
1	1	5	7	9	13	17	19
2	2	10	14	18	4	12	16

续　表

试验号	列　号						
	1	2	3	4	5	6	7
3	3	15	21	5	17	7	13
4	4	20	6	14	8	2	10
5	5	3	13	1	21	19	7
6	6	8	20	10	12	14	4
7	7	13	5	19	3	9	1
8	8	18	12	6	16	4	20
9	9	1	19	15	7	21	17
10	10	6	4	2	20	16	14
11	11	11	11	11	11	11	11
12	12	16	18	20	2	6	8
13	13	21	3	7	15	1	5
14	14	4	10	16	6	18	2
15	15	9	17	3	19	13	21
16	16	14	2	12	10	8	18
17	17	19	9	21	1	3	15
18	18	2	16	8	14	20	12
19	19	7	1	17	5	15	9
20	20	12	8	4	18	10	6
21	21	17	15	13	9	5	3

表 3 - 17　$U_{21}^*(21^7)$ 的使用表

因素数	列　号					D
2	1	5	—	—	—	0.069 7
3	1	3	4	—	—	0.112 1
4	1	2	3	5	—	0.138 1
5	1	4	5	6	7	0.175 9

最终,21 个试验样本的设计参数的取值如表 3 - 18 所示。分别对这 21 个 S 弯喷管试验样本进行建模、网格划分以及数值仿真计算,得到样本的气动性能目标响应值 C_{Fg} 以及红外辐射特征水平 IRSL 如表 3 - 18 所示。其中,红外目标响应值 IRSL 进行了归一化处理。

表 3 - 18　S 弯喷管试验样本及气动/红外目标响应值

样　本	L_1/L_2	W_e/H_e	ΔY	C_{Fg}	IRSL
N1	0.5	5.4	0.4	0.958 5	0.763 1
N2	0.55	8.2	0.85	0.952 2	0.766 1
N3	0.6	11	0.2	0.949 8	0.756 1
N4	0.65	5	0.65	0.959 1	0.771 0
N5	0.7	7.8	0	0.956 5	0.754 9
N6	0.75	10.6	0.45	0.951 0	0.756 2
N7	0.8	4.6	0.9	0.954 7	0.771 0
N8	0.85	7.4	0.25	0.957 9	0.754 0
N9	0.9	10.2	0.7	0.951 6	0.757 6
N10	0.95	4.2	0.05	0.964 5	0.763 0
N11	1	7	0.5	0.958 6	0.761 0
N12	1.05	9.8	0.95	0.950 7	0.763 3
N13	1.1	3.8	0.3	0.965 4	0.764 0
N14	1.15	6.6	0.75	0.957 9	0.763 8
N15	1.2	9.4	0.1	0.955 6	0.756 1
N16	1.25	3.4	0.55	0.964 9	0.772 6
N17	1.3	6.2	1	0.938 1	0.767 0
N18	1.35	9	0.35	0.956 3	0.746 5
N19	1.4	3	0.8	0.948 8	0.783 3
N20	1.45	5.8	0.15	0.963 6	0.761 2
N21	1.5	8.6	0.6	0.956 1	0.760 6

3.6.2　S 弯喷管设计参数对优化目标的影响

当使用均匀设计法进行试验设计时,由于实验结果没有整齐可比性,因此不能采用一般的方差分析处理,通常采用多元回归分析法对结果进行分析,以得到多个因素与目标响应值之间的影响关系。由于在均匀设计法的结果分析中一般不考虑三次项以及三个因素以上的因素之间的交互作用,因此多元回归的响应函数可以表示为

$$\hat{y} = b_0 + \sum_{j=1}^{m} b_j x_j + \sum_{j,\,k=1}^{m} b_{jk} x_j x_k + \sum_{j=1}^{m} b_{jj} x_j^2 \qquad (3-33)$$

式中,m 为总的因素个数;x_j^2 为因素 j 的二次项。

公式(3-33)中,$x_j x_k$ 反映了因素 j 和 k 之间的交互作用。当不考虑因素之间

的相互作用时,公式(3-33)可以进一步简化为

$$\hat{y} = b_0 + \sum_{j=1}^{m} b_j x_j + \sum_{j=1}^{m} b_{jj} x_j^2 \tag{3-34}$$

式中,回归系数 b_0、b_j 以及 $b_{jj}(j = 1, 2, \cdots, m)$ 的求解可参考相关教材(何晓群,2010)和文献资料(林春土,1985)。

在 S 弯喷管气动/红外多目标优化研究中,在不考虑各因素之间相互影响的情况下,可以用下式来描述目标响应与因素之间的关系:

$$\hat{y} = b_0 + b_1 x_1 + b_2 x_2 + b_3 x_3 + b_4 x_1^2 + b_5 x_2^2 + b_6 x_3^2 \tag{3-35}$$

式中,$\hat{y}$ 表示目标响应 C_{Fg} 或 IRSL;x_1、x_2 以及 x_3 分别表示因素 L_1/L_2、W_e/H_e 以及 ΔY。假设 $x_4 = x_1^2$、$x_5 = x_2^2$、$x_6 = x_3^2$,则可以将公式(3-35)线性化为

$$\hat{y} = b_0 + b_1 x_1 + b_2 x_2 + b_3 x_3 + b_4 x_4 + b_5 x_5 + b_6 x_6 \tag{3-36}$$

通过表 3-16 的均匀设计试验数据,使用统计数据分析软件可以方便地获得针对不同目标函数(C_{Fg} 和 IRSL) 的回归方程的方差分析结果,如表 3-19 所示。其中,F 值为方差分析的结果,表示对整个回归方程的检验,Sig. 为与 F 值对应的显著性检验值。可以看到,对于 C_{Fg} 和 IRSL 两种目标函数,Sig. 均小于 0.05。因此,可以认为所建立的回归方程是有效的,回归方程能够在一定程度上反映因素与响应之间的关系。

表 3-19　回归方程的方差分析表

目标函数	方差来源	平方和	自由度	方差	F 值	Sig.
C_{Fg}	回归	0.000 586	6	0.000 098	5.681 721	0.003 550
	残余	0.000 241	14	0.000 017	—	—
	统计	0.000 826	20	—	—	—
IRSL	回归	0.001 112	6	0.000 185	17.449 604	0.000 009
	残余	0.000 149	14	0.000 011	—	—
	统计	0.001 261	20	—	—	—

由于回归系数 b_j 绝对值的大小与对应因素的单位有关,因此为了比较各因素对响应值的影响程度,必须将各因素的单位进行标准化,得到标准化的回归系数 b_j'。b_j' 的绝对值越大,表示对应的因素对响应的影响越大。表 3-20 给出了针对 C_{Fg} 和 IRSL 两种目标函数的回归方程的各回归系数 b_j 以及标准回归系数 b_j'。可以看到,对于目标函数 C_{Fg} 有 $| b_1' | > | b_3' | > | b_2' |$,因此三个因素的主次关系为 $x_1 > x_3 > x_2$,即在同一标准下,两弯轴向长度比 L_1/L_2 对推力系数的影响最大,而出口宽高比 W_e/H_e 对推力系数的影响最小。对于目标函数 IRSL 有 $| b_2' | > | b_1' | >$

$|b'_3|$，因此三个因素的主次关系为 $x_2 > x_1 > x_3$，即在同一标准下，出口宽高比 W_e/H_e 对红外辐射强度的影响最大，而遮挡率 ΔY 对红外辐射强度的影响最小。

表 3 – 20　回归方程的回归系数和标准回归系数

| | $\hat{y}$ 表示 C_{Fg} | | | $\hat{y}$ 表示 IRSL | |
模型	回归系数 b_j	标准回归系数 b'_j	模型	回归系数 b_j	标准回归系数 b'_j
b_0	0.942 616	—	b_0	0.808 966	—
b_1	0.030 312	1.462 904	b_1	−0.031 860	−1.244 858
b_2	0.001 745	0.673 766	b_2	−0.008 725	−2.727 161
b_3	0.019 911	0.960 938	b_3	0.000 259	0.010 103
b_4	−0.015 254	−1.485 718	b_4	0.015 096	1.190 338
b_5	−0.000 213	−1.163 169	b_5	0.000 465	2.060 324
b_6	−0.032 133	−1.606 232	b_6	0.012 659	0.512 314

3.6.3　S 弯喷管气动/红外多目标优化

　　S 弯喷管的气动/红外多目标优化过程主要分为两步，即近似建模和多目标优化。采用径向基神经网络技术对气动性能目标 C_{Fg} 以及红外目标 IRSL 建立近似模型的过程中，首先对扩展系数 δ 在 0.01 ~ 2 范围内进行寻优，步长取 0.01。图 3 – 70 给出了 δ 寻优过程中样本目标响应值的平均误差随 δ 的变化。可以看到，对于目标 C_{Fg}，当 $\delta = 1.15$ 时，样本的平均误差最小。对于目标 IRSL，当 $\delta = 0.23$ 时，样本的平均误差最小。因此在建立近似模型时，对目标 C_{Fg} 和 IRSL 分别取 $\delta = 1.15$ 和 $\delta = 0.23$。

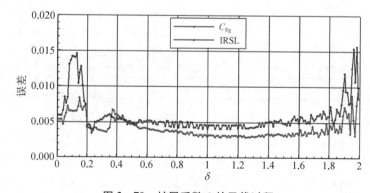

图 3 – 70　扩展系数 δ 的寻优过程

　　在建立了 S 弯喷管的优化目标与优化设计参数之间的近似模型后，采用改进的粒子群多目标优化算法对 S 弯喷管进行气动/红外多目标优化。优化过程中，粒子群种群规模为 800,外部档案大小为 200,最大迭代次数为 5 000。图 3‑71 和图 3‑72 分别给出了样本以及优化得到的 Pareto 解在设计空间和目标空间上的分布。从图 3‑71 可以看到,S 弯喷管的三个优化参数向一个区域聚集。表 3‑21 给出了优化得到的 Pareto 解设计参数的取值范围。从图 3‑72 可以看到 Pareto 解朝着 C_{Fg} 增加且 IRSL 减小的方向移动,符合对 S 弯喷管具有高气动性能和低红外辐射强度的优化目标的要求。

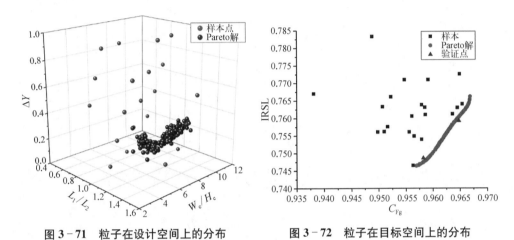

图 3‑71　粒子在设计空间上的分布　　　　图 3‑72　粒子在目标空间上的分布

表 3‑21　Pareto 解的设计参数范围

L_1/L_2	$1.22 \sim 1.44$
W_e/H_e	$4.11 \sim 9.17$
ΔY	$0.21 \sim 0.42$

为了验证优化结果的可靠性,在 Pareto 解集中选择了两个 Pareto 解进行验证。所选取的两个 Pareto 解的设计参数如表 3‑22 所示。根据待验证的 Pareto 解的设计参数进行 S 弯喷管的建模、网格划分以及数值仿真计算,获得这两个验证点的目标函数值,如表 3‑23 所示。图 3‑72 给出了这两个验证点与试验样本以及 Pareto 解集在目标空间上的位置关系。可以看到,受近似模型误差的影响,验证点与 Pareto 解集之间稍有偏差,但是两个验证点均分布在 Pareto 解集附近,且吻合度较好。

表 3‑22　验证 Pareto 解的设计参数

Pareto 解	L_1/L_2	W_e/H_e	ΔY
V1	1.33	8.11	0.33
V2	1.37	4.80	0.26

表 3 – 23　验证点的目标函数值

验证点	C_{Fg}	IRSL
V1	0.958 2	0.748 6
V2	0.964 8	0.759 2

第4章
三轴承偏转喷管设计方法与应用

4.1 引 言

短距/垂直起降(short/vertical takeoff and landing，S/VTOL)飞机兼具直升机与传统战斗机的优势，飞机通过推进系统产生的升力实现短距/垂直起降，因此，S/VTOL飞机用推进系统一直是各航空发达国家研究的重点(Ransone，2002；Anderson，1983)。三轴承偏转喷管因其结构简单、质量轻、自由度高等特点成为S/VTOL飞机用矢量喷管的研究热点(索德军等，2014)。三轴承偏转喷管由三段可互相旋转的筒体构成，通过改变三段筒体的旋转角度并将三段筒体进行组合从而改变喷管的偏转角度(刘帅等，2015)。

此外，S/VTOL飞机在近地面垂直起降时，推进系统排出的高速喷流与地面发生干涉，喷流的卷吸效应使飞机下表面压力降低从而产生升力损失，并且发动机的进气道会吸入推进系统排出的高温燃气，从而造成进气道内气流的温度畸变，影响发动机的稳定工作(Saddington et al.，2009；Cabrita et al.，2002；Barata，1993；Smith et al.，1991)。

本章开展三轴承偏转喷管设计方法与应用研究，首先通过试验获得的喷管壁面静压分布验证数值模拟方法的合理性，以确定合适的模拟方法。采用数值模拟方法开展三轴承偏转喷管的气动型面设计，研究了三轴承偏转喷管气动性能、三轴承偏转喷管偏转运动实现方法；基于复合型推进系统的动力布局方案，获得双喷流近地面条件下的升力损失；开展三轴承偏转喷管热态模型试验，验证三轴承偏转喷管与航空发动机的整机匹配性。

4.2 三轴承偏转喷管气动型面设计方法

4.2.1 三轴承偏转喷管几何特征分析

三轴承偏转喷管主要由与发动机过渡转接段、三段喷管筒体、三个轴承、密封装置、作动机构以及控制系统等组成。三轴承偏转喷管三段筒体间通过轴承进行连接并实现相对转动(Kentfield，1967)。为实现三轴承偏转喷管的推力矢量特性

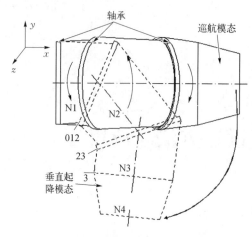

图 4-1　三轴承偏转喷管工作原理图

及较高的气动性能,三段喷管筒体造型需满足特定的型面设计要求,且三段筒体间的相对转动应满足一定的运动规律,如图 4-1 所示。三轴承偏转喷管的结构形式和工作原理既不同于传统的收缩和收扩喷管,也不同于二元矢量喷管和轴对称矢量喷管等,所以其型面设计具有自身的独特性。

图 4-2 给出了各段筒体截面轴向视图,如图所示,0 截面为发动机连接段与第一段筒体的连接截面,12 及 23 截面为三段筒体之间的连接截面。为能实现各段之间相对旋转,同时保证转动过程中相邻两段筒体间的摩擦阻力尽量小,截面处均采用轴承连接相邻两段转动筒体,且轴承选取标准件,故 0 截面、12 及 23 截面均为圆截面。此外,N4 段收缩喷管型面选取某型涡喷发动机尾喷管的收缩段进行比例缩放,所以第三段筒体的出口 3 截面为圆截面。由上述分析可知,N1 段由圆到椭圆的过渡段和椭圆段组成,N2 段为椭圆筒体,N3 段由椭圆段和椭圆到圆的过渡段组成。分别设 11 和 33 截面为 N1 和 N3 段过渡段的末端截面和始端截面,22 截面为 N2 段的横截面,则三轴承旋转喷管筒体截面简图如图 4-2 所示。

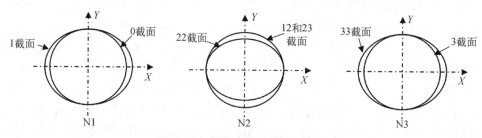

图 4-2　各段筒体截面轴向视图

4.2.2　三轴承偏转喷管型面设计

基于上述分析,可将三轴承偏转喷管型面分成三部分设计,即等直段、过渡段和收缩段。等直段的作用是为了连接和整流,其设计方法为:将等直段的长度平均分为 N(N 为正整数)等份,在离散点 y 值不变的情况下计算离散点坐标。本书的椭圆段均采用等直段设计。

过渡段的作用是使型面平滑过渡以减小损失。为了有效地控制内管道壁面由于压力梯度不均而造成的二次流损失,根据 Lee 等的研究理论(Lee et al., 1985)和不同的需求,利用第 2 章中公式(2-1)、公式(2-2)和公式(2-3)设计过渡段的型面。本书为圆与椭圆的型面过渡的设计,为保证过渡的损失较小,采用变化适度类型的变面积和变型面宽度的过渡方法,具体的步骤如下。

(1)型面面积计算。设过渡段进口面积为 A_{in},出口面积为 A_{ex},则 $\Delta A = A_{ex} - A_{in}$,选择变化适度类型的面积变化规律计算出各控制点处的型面面积,即

$$A_i = A_{in} + \Delta A \left[3 \left(\frac{x_i}{L} \right)^2 - 2 \left(\frac{x_i}{L} \right)^3 \right] \tag{4-1}$$

(2)型面宽度计算。设过渡段进口宽度为 W_{in},出口宽度为 W_{ex},则 $\Delta W = W_{ex} - W_{in}$,选择变化适度类型的宽度变化规律计算出各控制点处的型面宽度,即

$$W_i = W_{in} + \Delta W \left[3 \left(\frac{x_i}{L} \right)^2 - 2 \left(\frac{x_i}{L} \right)^3 \right] \tag{4-2}$$

(3)曲面生成。已知各控制点处的面积和宽度,由于本书的过渡型面均为椭圆,设高度(椭圆的长半轴或短半轴长度)为 H_i,依据椭圆面积公式:

$$A_i = \pi \times W_{in} \times \frac{H_i}{4} \tag{4-3}$$

计算出椭圆高度,即可知椭圆的参数方程并在空间坐标系中得到特征点的坐标,离散化椭圆截面生成型面曲线,连接相应的特征点生成纵向线,利用型面线和纵向线在 CATIA 软件中运用多截面曲面生成内剖面,即可得过渡型面的设计,而过渡段的长度由其他设计要素决定。

收缩段型面设计采用维托辛斯基公式来计算壁面的型线,其公式为

$$\left(\frac{r_e}{r} \right)^2 = 1 - \left(1 - \frac{1}{C} \right) \frac{\left[1 - (x/l)^2 \right]^2}{\left[1 + \frac{1}{3}(x/l)^2 \right]^3} \tag{4-4}$$

式中,C 表示收缩比,$C = (r_0/r_e)^2$,其他各参数的意义示于图 4-3 中。其中,l 是选定的($l > r_0$),它可以在宽广的范围内变动,这种型面的喷管适合于连接两个不同尺寸的管道,用在亚声速风洞上;r_0 是给定的尺寸;r_e 是喷管的喉部半径。在本书的设

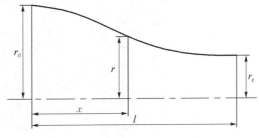

图 4-3　收缩段型面设计示意图

计中,根据经验,选取 $r_0 = 2r_e$, $l = 2r_0/3$, 收缩曲线可以获得较好的气流品质。

4.3 三轴承偏转喷管数值模拟方法的数值验证

图 4 - 4 喷管 95°偏角状态的台架安装视图

三轴承偏转喷管矢量状态下,喷管内的气流流动特征与弯管内的气流流动特征类似,气流在喷管内可能形成二次流,且随着气流的偏转,喷管内、外侧壁面将形成压力差。本节选取喷管非矢量状态及 95°偏角状态下的流动特征进行模拟方法的数值验证,实验获得喷管非矢量及 95°偏角状态下,多落压比工况下的喷管内、外侧壁面的静压分布,并将实验结果与数值计算结果进行对比,验证数值方法的可行性,喷管 95°偏角状态的台架安装视图如图 4 - 4 所示。

4.3.1 实验台架介绍

本实验基于南京航空航天大学的低压比实验台架,开展喷管的风洞实验研究。实验采用喷管壁面静压测量方法获得详实、准确的实验数据,验证喷管流场数值模拟、气动型面设计、气动性能分析等方面研究工作的正确性。

低压比风洞实验台如图 4 - 5 所示,实验台主要由以下几部分组成:高低压气源、主流阀门组、转接段、三分量天平、总压探针、实验舱、模型实验件、引射筒等。此外还有外围的测试设备,如压力扫描阀、纹影仪、天平信号采集等设备。该实验台气源设备提供的来流绝对压力可达到 6 atm 左右,真空箱内压力可以达到 0.03 atm 以下。

图 4 - 5 低压比风洞实验台

采集系统主要为压力扫描阀,其最多可以测量 48 个压力信号,共分为 A、B、C 三个模块,其中 A1~A8 量程为 60 psi[①],A9~A16 量程为 100 psi,B1~B16 及 C1~C16 量程均为 10 psi,用以测量喷管在工作状态下的壁面沿程压力。

4.3.2 实验方案及步骤

图 4 - 6 和图 4 - 7 分别为喷管实验件在非矢量状态及 95°偏角状态下的三维视图,该实验件由三段独立的筒体构成,三段筒体之间通过螺钉固定连接,可组合成非矢量及 95°偏角型面,喷管进、出口面积比为 2.23,各段筒体上、下壁面的宽边及窄边共分布 32 个测点,为便于实验结果与实验件测点的对照,喷管非矢量状态上壁面的测点归为 A_1、A_2 组,下壁面的测点归为 B_1、B_2、B_3 组。

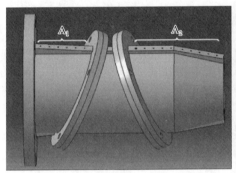

(a) 上壁面测点分布　　　　　　　(b) 下壁面测点分布

图 4 - 6　喷管实验件在非矢量状态的三维视图

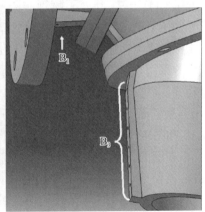

(a) 上壁面测点分布　　　　　　　(b) 下壁面测点分布

图 4 - 7　喷管实验件在 95°偏角状态的三维视图

---

① 1 psi = 6.894 76×10³ Pa。

实验根据喷管偏角的不同分两组进行,分别测量喷管非矢量及 95°偏角状态,多落压比工况下,喷管上、下壁面的压力分布,具体实验方案见表 4-1。

表 4-1   喷管壁面压力测量方案

实 验 分 组	实验落压比
喷管非矢量状态	1.3、1.4、1.5、1.6、2、2.5、3、4
喷管 95°偏角状态	1.4、1.5、1.6

根据三轴承偏转喷管静压分布测量的实验方案,改变喷管落压比,对喷管两个状态进行连续的压力测量,实验步骤如下:

(1)检查测压孔的平整度、静压管的通气性及静压管的气密性;

(2)记录实验室大气压强、大气温度;

(3)启动真空泵,检查实验台的气密性,直至实验舱内的压力达到实验条件;

(4)依次测量高压气体来流的总压、喷管沿程静压、喷管落压比等重要的气动参数;

(5)改变主流压比,重复上述过程,直至获得所有需要的落压比工况;

(6)待所有实验完成之后,关闭真空泵和真空阀。

4.3.3   三轴承偏转喷管流动特征的数值验证

1. 非矢量状态下喷管冷态实验及数值验证结果

采用三维 CFD 方法,开展了喷管非矢量状态下的流场数值模拟,计算网格采用结构化分区生成的 O 型网格,并在喷管壁面处进行了加密处理,保证壁面 $y^+ = 1\sim3$。在计算格式上选用三维守恒 N-S 方程,流动中的对流项、湍流动能及湍流动能耗散率等采用二阶迎风格式进行空间离散,方程中黏性项的空间离散格式为中心差分格式。考察的湍流模型包括 S-A 一方程湍流模型、标准 $k-\varepsilon$ 两方程湍流模型(增强型壁面函数)及 RNG$k-\varepsilon$ 两方程湍流模型(增强型壁面函数)。

图 4-8 和图 4-9 分别给出了喷管落压比为 1.5 及 4 时,采用各湍流模型得到的喷管上、下壁面的无量纲静压分布(以喷管进口总压进行无量纲化)。从图中可以看出,各湍流模型对喷管上、下壁面静压分布的预测结果相近,且湍流模型的预测结果与实验结果十分接近,在收缩段之前,气流的流动状态近似于直管内的流动,气流的沿程压力变化较小,流场相对简单,气流在收缩段中加速减压,收缩壁面附近的压力降低,实验值与数值模拟结果吻合度较高,因此在喷管非矢量状态下,各湍流模型对直管壁面与收缩壁面的压力预测结果相接近且与实验结果吻合较好。

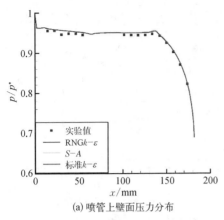
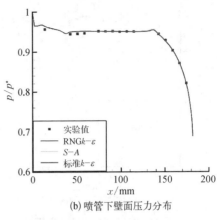

(a) 喷管上壁面压力分布　　　　　　　(b) 喷管下壁面压力分布

图 4-8　NPR=1.5 工况下压力分布实验结果与数值模拟结果对比

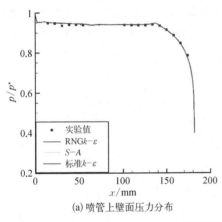
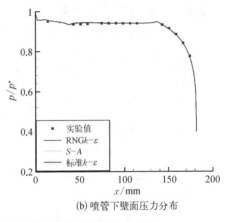

(a) 喷管上壁面压力分布　　　　　　　(b) 喷管下壁面压力分布

图 4-9　NPR=4 工况下压力分布实验结果与数值模拟结果对比

2. 95°偏角状态下喷管冷态实验及数值验证结果

对于喷管 95°偏角状态流场特征的数值验证,考察了 $S-A$ 一方程湍流模型、标准 $k-\varepsilon$ 两方程湍流模型(增强型壁面函数)、RNG$k-\varepsilon$ 两方程湍流模型(增强型壁面函数)、Realizable $k-\varepsilon$ 两方程湍流模型(增强型壁面函数)及带压缩效应的 SST$k-\omega$ 湍流模型(壁面处理为双层区模型)。图 4-10 为喷管落压比为 1.5 时,沿喷管上、下壁面的无量纲压力分布。从湍流模型对喷管下壁面压力分布的预测精度来看,各湍流模型对喷管上壁面的压力分布的预测结果几乎相同,且与实验值接近,在第三段筒体下壁面,标准 $k-\varepsilon$ 及 Realizable$k-\varepsilon$ 湍流模型与实验结果相接近,RNG$k-\varepsilon$ 湍流模型对第三段筒体下壁面压力的预测值与实验结果之间的偏差最大,其次分别是 SST$k-\omega$ 湍流模型、$S-A$ 湍流模型。由于喷管第三段筒体下壁面的流动受到上游气流(第二段筒体内壁面气流)的影响,因此各湍流模型对第三段筒体下壁面压力分布的预测精度,一定程度上能够反映该湍流模型对喷管内的旋涡及分离流动的预测精度。

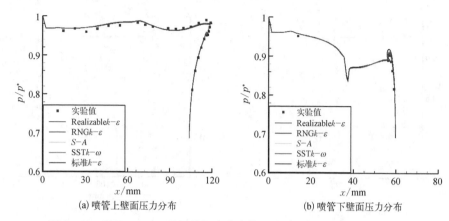

(a) 喷管上壁面压力分布　　　　　(b) 喷管下壁面压力分布

图 4 - 10　NPR=1.5 工况下的压力分布的实验结果与数值模拟结果对比

标准 $k - \varepsilon$ 湍流模型对落压比为 1.4 及 1.6 工况下的壁面压力分布的预测结果与实验结果的对比如图 4 - 11、图 4 - 12 所示,从图中可以看出,标准 $k - \varepsilon$ 湍流

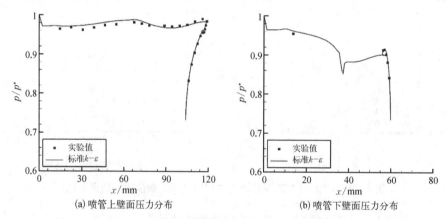

(a) 喷管上壁面压力分布　　　　　(b) 喷管下壁面压力分布

图 4 - 11　NPR=1.4 工况下的压力分布的实验结果与数值模拟结果对比

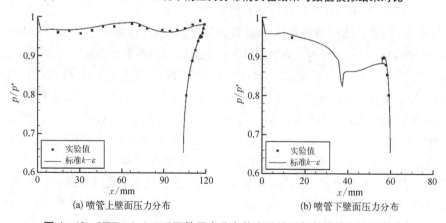

(a) 喷管上壁面压力分布　　　　　(b) 喷管下壁面压力分布

图 4 - 12　NPR=1.6 工况下的压力分布的实验结果与数值模拟结果对比

模型对喷管壁面压力分布的预测结果与实验结果的吻合度较高,因此本书选取标准 $k - \varepsilon$ 湍流模型开展三轴承偏转喷管的气动性能研究。

4.4　三轴承偏转喷管设计

4.4.1　三轴承偏转喷管非矢量状态的气动型面设计

1. 几何模型及面积变化规律

本书建立的三轴承偏转喷管的三维实体模型除包含三段可相互旋转的筒体外,还包括与发动机连接的固定段筒体,其几何尺寸已在图 4-13 中详细地标出,其中,固定段筒体的进口截面为环形截面,筒体中心装有半球形的尾锥。喷管进口总压根据某涡喷发动机的涡轮出口总压确定,$p^* = 155\ 817\ \text{Pa}$,总温 $T^* = 1\ 072\ \text{K}$。通过求解 N-S 方程获得三轴承偏转喷管内的流场特征,湍流模型采用标准 $k - \varepsilon$ 湍流模型。

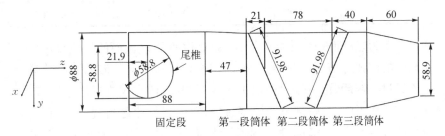

图 4-13　喷管几何模型(单位: mm)

由三轴承偏转喷管几何特征分析可知,第一段喷管筒体包含圆截面到椭圆截面的过渡型面。本书提出了三种过渡段筒体的面积变化规律,采用三维实体建模软件,分别建立了喷管非矢量状态下,符合各面积变化规律的几何模型。

图 4-14 为喷管过渡段筒体型面的示意图,图中截面 A 至截面 B 为圆截面到椭圆截面的过渡型面,截面 B 至截面 C 为椭圆筒体,圆截面 C 为椭圆筒体的斜切面。d_1 为截面 A 的直径,d_2 为截面 B 的椭圆短轴,d_3 为截面 C 的直径。三种过渡段筒体的

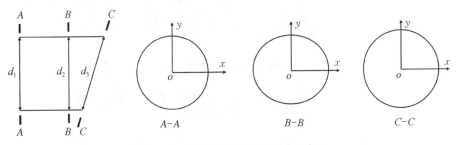

图 4-14　喷管过渡段筒体型面示意图

面积变化规律分别为：① $A_1 > A_2$，且 $d_1 = d_3$；② $A_1 = A_2$；③ $A_1 < A_2$，且 $d_1 = d_2$。

2. 气动型面优选

表4-2为三种面积变化规律下喷管气动性能的数值模拟结果。从表中可以看出，$A_1 > A_2$ 时，喷管出口总压恢复系数、流量系数及推力系数均高于其他两种面积变化规律下的性能参数，该面积变化规律下的喷管气动性能最优，$A_1 = A_2$ 条件下的喷管推力系数比 $A_1 > A_2$ 条件下的喷管推力系数低 0.9%，$A_1 < A_2$ 条件下的喷管推力系数比 $A_1 > A_2$ 条件下的喷管推力系数低 1.8%。通过分析喷管内的流场特征可获得过渡段面积变化规律对喷管气动性能的影响机理。

表4-2 三种面积变化规律下的喷管气动性能的数值模拟结果

	σ	C_D	C_{Fg}
$A_1 > A_2$	0.975 1	0.915 4	0.967 7
$A_1 = A_2$	0.974 5	0.905 3	0.959
$A_1 < A_2$	0.973 7	0.895 2	0.950 2

图4-15为三种面积变化规律下，喷管对称面及 D 截面的气流总压及流线分布。从图中的流线分布可以看出，三种面积变化规律下的气流的流动趋势大体相同。气流经过尾锥后，由于流通面积扩大，一部分气流在尾锥后产生回流区，回流区内的气流总压下降，另一部分气流绕过回流区，在回流区后混合，喷管中心区域的气流总压逐渐升高。比较三种面积变化规律下对称面及 D 截面的气流总压分布

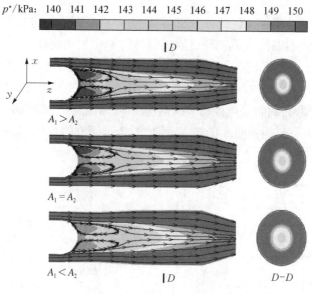

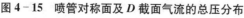

图4-15 喷管对称面及 D 截面气流的总压分布

可以看出，$A_1 > A_2$ 时的尾锥后的回流区范围最小，$A_1 = A_2$ 及 $A_1 < A_2$ 条件下尾锥后的回流区域范围较大。这是由于气流经过尾锥后，过渡段型面的扩张使中心区外侧气流一部分沿扩张壁面流动，一部分向中心区流动，气流沿扩张壁面的流动减弱了对回流区范围的限制，从而导致回流区范围增大，喷管内流动损失增大，因此过渡段截面面积会影响尾锥后的回流区范围，从而影响喷管内气流的流动损失。

图 4-16 为喷管出口气流的总压分布。由图可见，三种面积变化规律下的总压分布结果与表 4-2 中总压恢复系数结果相对应，$A_1 > A_2$ 条件下的喷管出口总压分布梯度最大，随着过渡段截面面积的扩大，喷管出口总压逐渐减小并趋于均匀，说明随着过渡段截面面积的增大，喷管内回流区范围增大，环形进口气流在喷管内混合更均匀，能量损失也相应增大。

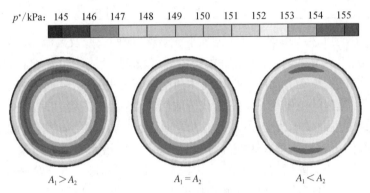

$p^*/\mathrm{kPa}:$　145　146　147　148　149　150　151　152　153　154　155

$A_1 > A_2$　　　　　$A_1 = A_2$　　　　　$A_1 < A_2$

图 4-16　喷管出口截面气流的总压分布

4.4.2　三轴承偏转喷管矢量状态气动型面设计

飞机垂直起降时，喷管偏转至 90° 以提供飞机所需的升力，由于 90° 偏角状态是三轴承偏转喷管的关键工作状态，因此开展三轴承偏转喷管 90° 偏角状态的气动型面设计十分必要。

图 4-17 为喷管 90° 偏角状态下的型面示意图，图中的 l_1、l_2、l_3 为三段筒体的轴线长度，d 为喷管进口截面及各段筒体斜切圆截面的直径，从图中可以看出，各段筒体的轴线长度及斜切圆截面的直径是决定喷管 90° 偏角状态下几何型面的关键参数，因此本书通过改变三段筒体的轴线长度，分析各段筒体的轴线长度对喷管 90° 偏角状态下的气动性能的影响，建立喷管 90° 偏角状态下的性能近似模型，优化得到最大的喷管推力系数及相应的三段筒体的轴线长

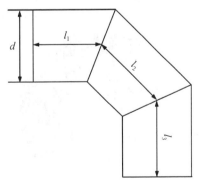

图 4-17　喷管 90° 偏角状态下的型面示意图

度。研究过程中,将三段筒体轴线长度进行无量纲化处理,三段筒体轴线的无量纲长度分别为 $L_1 = l_1/d$、$L_2 = l_2/d$、$L_3 = l_3/d$。

1. 第一段筒体长度对喷管气动性能的影响分析

表 4－3 为 $L_1 = 0.3$ 及 $L_1 = 1$ 时喷管性能参数的对比,从表中可以看出, $L_1 = 1$ 比 $L_1 = 0.3$ 时的喷管推力系数增大了 0.84%,流量系数增大了 0.3%,说明在 $L_2 = 0.7$、$L_3 = 0.22$ 条件下, L_1 对喷管的气动性能存在一定的影响。

表 4－3　$L_1 = 0.3$ 及 $L_1 = 1$ 时喷管的性能参数 ($L_2 = 0.7$、$L_3 = 0.22$)

	C_{Fg}	C_D
$L_1 = 0.3$	0.931 8	0.894 8
$L_1 = 1$	0.939 6	0.897 8

图 4－18 为 $L_1 = 0.3$ 及 $L_1 = 1$ 型面下,喷管剖面的流线及湍流动能分布。从图中可以看出, $L_1 = 0.3$ 时,由于第一段筒体长度较短,气流绕过尾锥后立即进入第二段筒体,气流的流动方向随第二段筒体的型面而发生改变,从而限制了回流区的充分发展,回流区的范围变小。从流线分布可以看出,气流绕过回流区后,回流区外侧气流速度方向发生改变,气流的流动方向由水平方向变为接近于垂直方向,由于该区域气流有较大的垂直速度分量,与回流区内侧沿水平方向流动的气流混合后,混合区域湍流动能增大,并伴随一定的能量损失。另外,由于第一段筒体长度较短,第一、二段喷管筒体在内壁面连接处的转折角增大,导致气流流过转折角时在第二段筒体内壁面发生较大程度的分离,气流的能量损失增大。 $L_1 = 1$ 时,由于第一段筒体长度较长,尾锥后的回流区充分发展,回流区范围增大,与 $L_1 = 0.3$ 型面相比,回流区气流的能量损失增大。从流线分布可以看出,气流绕过回流区后,在第一段筒体大约轴线位置混合,由于气流的流动方向以水平为主,气流混合后无

湍流动能/($10^3\,\mathrm{m^2/s^2}$):　0.5　0.95　1.85　1.4　2.75　2.3　3.65　3.2　4.55　3.7　5.45

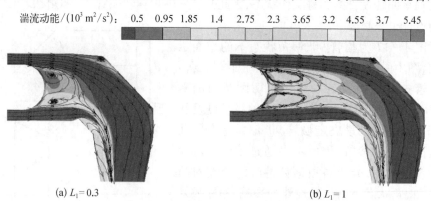

(a) $L_1 = 0.3$ 　　　　　　　　　　　　　　(b) $L_1 = 1$

图 4－18　$L_1 = 0.3$ 及 $L_1 = 1$ 时喷管剖面的流线及湍流动能分布 ($L_2 = 0.7$、$L_3 = 0.22$)

过大的能量损失。另外,与 $L_1 = 0.3$ 型面相比,由于第一、二段喷管筒体在内壁面连接处的转折角减小,第二段筒体内壁面的分离程度减弱,能量损失相对减小。由喷管流量系数的比较可知,$L_1 = 1$ 比 $L_1 = 0.3$ 时的喷管流量系数增大了 0.3%,这是由于 L_1 增大时,第二、三段筒体内壁面的气流分离程度降低,喷管有效流通面积受壁面气流分离的影响减弱,喷管流量相对增大。

2. 第二段筒体长度对喷管气动性能的影响分析

表 4 - 4 为 $L_2 = 0.41$ 及 $L_2 = 1$ 时喷管性能参数的对比,从表中可以看出,$L_2 = 1$ 比 $L_2 = 0.41$ 时的喷管推力系数增大了 2.54%,流量系数增大了 2.8%,说明在 $L_1 = 1$、$L_3 = 0.61$ 条件下,L_2 对喷管的气动性能存在一定的影响。

表 4 - 4　$L_2 = 0.41$ 及 $L_2 = 1$ 时喷管的性能参数 ($L_1 = 1$、$L_3 = 0.61$)

	C_{Fg}	C_D
$L_2 = 0.41$	0.911 2	0.877
$L_2 = 1$	0.934 3	0.897 9

图 4 - 19 为在 $L_2 = 0.41$ 及 $L_2 = 1$ 的型面下,喷管剖面的流线及湍流动能分布。从图中可以看出,$L_2 = 0.41$ 时,由于第二段筒体的内壁面长度较小甚至可以忽略,靠近喷管内壁面的气流从第一段筒体流出后直接进入第三段筒体,气流转折角接近 $90°$,从而导致气流在第三段筒体内壁面发生较大程度的分离,该区域气流的湍流动能增大,并伴随较大的能量损失。$L_2 = 1$ 时,由于第二段筒体内壁面的长度较大,靠近喷管内壁面的气流从第一段筒体流出后进入第二段筒体,气流转折角接近 $45°$,气流在第二段筒体内壁面发生分离,与 $L_2 = 0.41$ 相比,该分离区范围及湍流动能减小,气流在该区域的能量损失减小。第二段筒体内壁面的分离区一直延伸

湍流动能/$(10^3 \text{ m}^2/\text{s}^2)$:　0.5　0.95　1.85　1.4　2.75　2.3　3.65　3.2　4.55　3.7　5.45

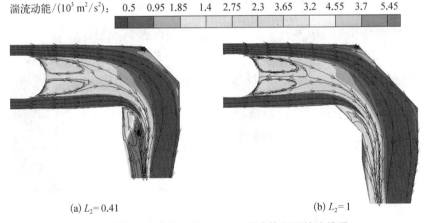

(a) $L_2 = 0.41$ 　　　　　　　　　　　　　(b) $L_2 = 1$

图 4 - 19　$L_2 = 0.41$ 及 $L_2 = 1$ 时喷管剖面的流线及
湍流动能分布 ($L_1 = 1$、$L_3 = 0.61$)

到第三段筒体内壁面,第三段筒体分离区气流的湍流动能有所减小,气流在该区域的能量损失减小。由上述分析可知,第二段筒体长度直接影响第二、三段筒体内壁面的分离区范围及强度,从而影响喷管内气流的能量损失,由此可见,第二段筒体的长度对喷管气动性能的影响较大。由喷管流量系数的比较可知,$L_2 = 1$ 比 $L_2 = 0.41$ 时的喷管流量系数增大了 2.8%,这是由于第二段筒体长度较小时,第三段筒体内壁面的分离区范围增大,靠内壁面的喷管出口的气流速度降低,从而导致喷管的流量减小。

3. 第三段筒体长度对喷管气动性能的影响分析

表 4-5 为 $L_3 = 0.22$ 及 $L_3 = 1$ 时喷管性能参数的对比,从表中可以看出,$L_3 = 0.22$ 比 $L_3 = 1$ 时的喷管推力系数增大了 1.53%,流量系数增大了 0.74%,说明在 $L_1 = 1$、$L_2 = 0.7$ 条件下,L_3 对喷管气动性能存在一定的影响。

表 4-5　$L_3 = 0.22$ 及 $L_3 = 1$ 时喷管的流量系数及推力系数 ($L_1 = 1$、$L_2 = 0.7$)

	C_{Fg}	C_D
$L_3 = 0.22$	0.939 6	0.897 8
$L_3 = 1$	0.925 4	0.890 4

图 4-20 为在 $L_3 = 0.22$ 及 $L_3 = 1$ 的型面下,喷管剖面的流线及湍流动能分布。从图中可以看出,$L_3 = 1$ 时,由于第三段筒体内壁面的长度较大,第二段筒体内壁面的分离区在第三段筒体的内壁面充分发展,分离区的湍流动能增大且出现涡流,气流在该区域的能量损失增大。$L_3 = 0.22$ 时,第三段筒体内壁面的长度较小,内壁面的分离区范围及湍流动能减小,气流在该区域的能量损失减小。由喷管流量系

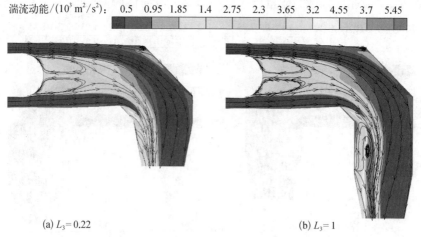

湍流动能/$(10^3 \, m^2/s^2)$: 0.5　0.95　1.85　1.4　2.75　2.3　3.65　3.2　4.55　3.7　5.45

(a) $L_3 = 0.22$　　　　　　　　　(b) $L_3 = 1$

图 4-20　$L_3 = 0.22$ 及 $L_3 = 1$ 时喷管剖面的流线及
湍流动能分布 ($L_1 = 1$、$L_2 = 0.7$)

数的比较可知，$L_3 = 0.22$ 比 $L_3 = 1$ 时的喷管流量系数增大了 0.74%，流量系数的变化同样是由气流在喷管内壁面的分离区造成的。

4.4.3　三轴承偏转喷管运动规律设计方法

从图 4-1 三轴承偏转喷管工作原理图中可以看出，三轴承偏转喷管通过三段筒体之间的相互旋转实现喷管的偏转，相邻两段筒体之间通过轴承连接以减小各段筒体旋转时的摩擦力。喷管偏转过程中，第一、三段筒体旋转方向相同，第二段筒体相对第一、三段筒体的旋转方向相反，且三段筒体的轴线时刻保持在同一俯仰面内，即喷管偏转过程中仅产生俯仰力，不产生侧向力（Kentfield，1967）。关于三轴承偏转喷管相比其他机械式矢量喷管的优势，美国柯蒂斯莱特公司做了如下描述：① 偏转过程中，矢量推力保持在同一俯仰面内；② 偏转过程中，喷管的矢量角度可连续变化；③ 喷管的偏转机构设计不影响喷管非矢量状态的气动性能。

本书亦将上述三轴承偏转喷管的独特优势作为喷管的设计目标，开展三轴承偏转喷管的偏转规律设计。

1. 坐标变换方法概述

三轴承偏转喷管的各段筒体都绕前一段筒体的斜切圆截面的轴线旋转，因此可将各段筒体视作独立的坐标系，通过如下的坐标变换方法（韩建友，2004）将各段筒体的质点坐标转换到同一坐标系中。

设有共原点的两组右手笛卡儿坐标系 $x_i y_i z_i$ 和 $x_j y_j z_j$，i 系称为旧系，j 系称为新系，如图 4-21 所示。设空间有一点 P（矢径为 r），关于这两组坐标系的坐标分别是 (x_i, y_i, z_i) 和 (x_j, y_j, z_j)，则引入矩阵 C_{ij}，使 $(r)_i = C_{ij} r_j$。式中，r_i 及 r_j 为同一点 P 分别在旧坐标系 i 及新坐标系 j 中的列阵，即 $r_i = (x_i, y_i, z_i)^{\mathrm{T}}$、$r_j = (x_j, y_j, z_j)^{\mathrm{T}}$，矩阵 C_{ij} 可由式(4-5)表示。

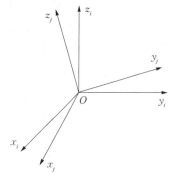

图 4-21　变换坐标系

$$
C_{ij} = \begin{bmatrix} \cos\alpha_1 & \cos\alpha_2 & \cos\alpha_3 \\ \cos\beta_1 & \cos\beta_2 & \cos\beta_3 \\ \cos\gamma_1 & \cos\gamma_2 & \cos\gamma_3 \end{bmatrix} \tag{4-5}
$$

式中，右下角标表示该方阵是由坐标系 j 变换到坐标系 i 的坐标变换矩阵，其中，α_1、β_1、γ_1、α_2、β_2、γ_2、α_3、β_3、γ_3 分别为 x_j 轴、y_j 轴及 z_j 轴关于 $x_i y_i z_i$ 的方向角，C_{ij} 常称为方向余弦矩阵。

以绕 z 轴旋转的坐标变换为例，设有两个共原点坐标系，对于坐标系 $x_i y_i z_i$，坐

标系 $x_j y_j z_j$ 的坐标轴方向可认为是绕 z 轴旋转了一个角度 θ，θ 的正负按右手法则规定，则绕 z 轴转 θ 角度的方向余弦矩阵为

$$\boldsymbol{C}_{ij}^{(\theta)} = \begin{bmatrix} \cos\theta & -\sin\theta & 0 \\ \sin\theta & \cos\theta & 0 \\ 0 & 0 & 1 \end{bmatrix} \qquad (4-6)$$

矩阵右上角（θ）表示坐标系 j 是由坐标系绕 z 轴转过 θ 角而得。同理可知，绕 x 轴旋转 α 角度和绕 y 轴旋转 β 角度的方向余弦矩阵分别为

$$\boldsymbol{C}_{ij}^{(\alpha)} = \begin{bmatrix} 1 & 0 & 0 \\ 0 & \cos\alpha & -\sin\alpha \\ 0 & \sin\alpha & \cos\alpha \end{bmatrix} \qquad (4-7)$$

和

$$\boldsymbol{C}_{ij}^{(\beta)} = \begin{bmatrix} \cos\beta & 0 & \sin\beta \\ 0 & 1 & 0 \\ -\sin\beta & 0 & \cos\beta \end{bmatrix} \qquad (4-8)$$

2. 喷管偏转规律建模

由三轴承偏转喷管的设计目标可知，喷管偏转过程中应保证三段喷管筒体的轴线在同一俯仰面内。基于该设计目标，建立喷管偏转规律模型，获得三段筒体的旋转角度规律及喷管偏角与各段筒体旋转角度的关系。

图 4-22 为喷管偏转规律研究模型，坐标系 xyz 为绝对坐标系，坐标系 $x_0 y_0 z_0$、$x_1 y_1 z_1$、$x_2 y_2 z_2$、$x_3 y_3 z_3$、$x_4 y_4 z_4$ 及 $x_5 y_5 z_5$ 为与各筒体固连并建立在各段筒体的进、出口截面上的旋转坐标系。设第一段筒体绕 x 轴旋转 θ_1 角度，第二段筒体绕 x_1 轴旋转 θ_2 角度，第三段筒体绕 x_3 轴旋转 θ_3 角度，点 A、B、C 分别为固定在第一、二、三段筒体上的质点，为便于模型的简化，将 $y_0 z_0$ 截面的喷管进口半径单位化，则点 A 的坐标为 $r_{A0} = (0, 0, 1)$，点 B 的坐标为 $r_{B2} = (0, 0, -1/\cos\alpha)$，点 C 的坐标为 $r_{C4} = (0, 0, 1/\cos\alpha)$，坐标系 $x_0 y_0 z_0$ 绕绝对坐标系 $oxyz$ 的 x 轴旋转 $-\theta_1$ 角度的余弦矩阵可由式（4-9）表示。

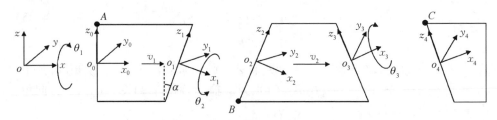

图 4-22   喷管偏转规律模型

$$\boldsymbol{C}_{ab0} = \begin{bmatrix} 1 & 0 & 0 \\ 0 & \cos(-\theta_1) & -\sin(-\theta_1) \\ 0 & \sin(-\theta_1) & \cos(-\theta_1) \end{bmatrix} \qquad (4-9)$$

坐标系 $x_1y_1z_1$ 绕坐标系 $x_0y_0z_0$ 的 y_0 轴旋转 α 角的余弦矩阵为

$$\boldsymbol{C}_{01} = \begin{bmatrix} \cos\alpha & 0 & \sin\alpha \\ 0 & 1 & 0 \\ -\sin\alpha & 0 & \cos\alpha \end{bmatrix} \qquad (4-10)$$

坐标系 $x_2y_2z_2$ 绕坐标系 $x_1y_1z_1$ 的 x_1 轴旋转 θ_2 角的余弦矩阵为

$$\boldsymbol{C}_{12} = \begin{bmatrix} 1 & 0 & 0 \\ 0 & \cos\theta_2 & -\sin\theta_2 \\ 0 & \sin\theta_2 & \cos\theta_2 \end{bmatrix} \qquad (4-11)$$

坐标系 $x_3y_3z_3$ 绕坐标系 $x_2y_2z_2$ 的 y_2 轴旋转 -2α 角的余弦矩阵为

$$\boldsymbol{C}_{23} = \begin{bmatrix} \cos(-2\alpha) & 0 & \sin(-2\alpha) \\ 0 & 1 & 0 \\ -\sin(-2\alpha) & 0 & \cos(-2\alpha) \end{bmatrix} \qquad (4-12)$$

坐标系 $x_4y_4z_4$ 绕坐标系 $x_3y_3z_3$ 的 x_3 轴旋转 $-\theta_3$ 角的余弦矩阵为

$$\boldsymbol{C}_{34} = \begin{bmatrix} 1 & 0 & 0 \\ 0 & \cos(-\theta_3) & -\sin(-\theta_3) \\ 0 & \sin(-\theta_3) & \cos(-\theta_3) \end{bmatrix} \qquad (4-13)$$

通过上述坐标变换可以得出三段筒体分别绕 x、x_1、x_3 轴旋转 $-\theta_1$、θ_2、$-\theta_3$ 角后,点 A、B、C 在绝对坐标系 xyz 中的坐标为

$$r_A = \boldsymbol{C}_{ab0} r_{A0} \qquad (4-14)$$

$$r_B = \boldsymbol{C}_{ab0} \boldsymbol{C}_{01} \boldsymbol{C}_{12} r_{B2} \qquad (4-15)$$

$$r_C = \boldsymbol{C}_{ab0} \boldsymbol{C}_{01} \boldsymbol{C}_{12} \boldsymbol{C}_{23} \boldsymbol{C}_{34} r_{C4} \qquad (4-16)$$

为实现喷管偏转过程中三段喷管筒体的轴线保持在同一俯仰面内的设计目标,点 A、B、C 应满足如下关系式(Woodward,1987):

$$|z_A| = |z_B| = |z_C| \qquad (4-17)$$

将式(4-14)~式(4-16)代入式(4-17)中,可以得出 θ_1、θ_2、θ_3 之间的关联式为

$$\tan\theta_1 = \tan\left(\frac{\theta_2}{2}\right)\cos\alpha \qquad (4-18)$$

$$\theta_2 = \theta_3 \qquad (4-19)$$

由式(4-18)、式(4-19)可进一步得出喷管偏角 β 与 θ_1、θ_2、θ_3 之间的关联式。图4-23中,设 v_{01} 为第一段筒体轴线在坐标系 $x_0y_0z_0$ 中的方向矢量,v_{02} 为第二段筒体轴线在坐标系 $x_2y_2z_2$ 中的方向矢量,其中 $v_{01} = (1, 0, 0)$,$v_{02} = (\cos\alpha, 0, \sin\alpha)$。三段筒体分别绕 x、x_1、x_3 轴旋转 $-\theta_1$、θ_2、$-\theta_3$ 角后,v_{01}、v_{02} 在绝对坐标系中可表示为

$$v_1 = (1, 0, 0) \qquad (4-20)$$

$$v_2 = C_{ab0}C_{01}C_{12}v_{02} \qquad (4-21)$$

由4.2.1节中的喷管几何特征分析可知,v_1 与 v_2 的夹角为 $\beta/2$,即

$$\cos\left(\frac{\beta}{2}\right) = \frac{v_1 \cdot v_2}{|v_1||v_2|} \qquad (4-22)$$

将式(4-20)、式(4-21)代入式(4-22)中可得

$$\cos\left(\frac{\beta}{2}\right) = \cos^2\alpha + \sin^2\alpha\cos\theta_2 \qquad (4-23)$$

式(4-23)可简化为

$$\beta = 2\arccos(\cos^2\alpha + \sin^2\alpha\cos\theta_2) \qquad (4-24)$$

式(4-24)即为喷管偏转角度与筒体旋转角度的关系。

由式(4-18)、式(4-19)可知,第一、二段筒体之间的相对旋转角速度需随时间非线性变化,第三段筒体与第二筒体的角速度相同。

3. 喷管偏转规律优选

根据喷管偏角 β 与各段筒体旋转角 θ_1、θ_2、θ_3 之间的关系,可以得到两种典型的喷管偏转控制规律,即非线性偏角控制规律和线性偏角控制规律。

非线性偏角控制规律是指 β 随时间非线性变化的矢量角控制规律。设喷管可实现的最大偏角为95°,喷管由0°偏转至95°用时2.5 s,在非线性偏角控制规律中,第一段筒体绕 x 轴匀速旋转,则由式(4-18)及式(4-24)可以得出 β、θ_1、θ_2 随时间的变化规律,如图4-23所示。从图中可以看出,按该控制规律,第二、三段筒体旋转角速度与第一段筒体旋转角速度接近2倍关系,且喷管偏转过程中,第一段筒体的旋转角速度为常数,第二、三段筒体的旋转角速度接近常数,喷管偏角随时间非线性变化,且偏转角速度逐渐减小,最后趋近于0,即喷管可平稳连续地由0°偏转至95°。

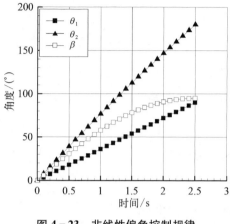

图4-23　非线性偏角控制规律

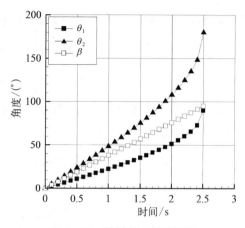

图4-24　线性偏角控制规律

线性偏角控制规律是指 β 随时间线性变化的矢量角控制规律。依然设喷管可实现的最大偏角为95°,喷管由0°偏转至95°用时2.5 s,在线性偏角控制规律中,喷管保持匀角速度偏转,即 $\mathrm{d}\beta/\mathrm{d}t$ 为常数,则由式(4-18)及式(4-24)可以得出 β、θ_1、θ_2 随时间的变化规律,如图4-24所示。从图中可以看出,按该控制规律,第一、二、三段筒体的旋转角速度均随时间非线性变化,且在喷管偏转后期,第一、二、三段筒体的旋转角加速度大幅度增大,增加了喷管控制系统的设计难度。

由上述分析可知,非线性偏角控制规律中,第一段筒体的旋转角速度为常数,第二、三段筒体的旋转角度随时间非线性变化,而线性偏角控制规律中,三段筒体的旋转角速度均随时间非线性变化,故采用非线性偏角控制规律可以减少非线性控制变量,降低喷管控制系统的设计难度。

4. 刚体复合运动

简单的刚体运动可分为平动和转动(刘巧伶,2010)。由三轴承偏转喷管的工作原理及偏转规律可知,三轴承偏转喷管的第一段筒体作简单的匀速定轴转动,第二、三段筒体相对前一段筒体作变速定轴转动,由于前段筒体的轴线方向和位置不断地改变,第二段筒体的运动可描述为刚体绕某一瞬轴的转动,第三段筒体的运动可描述为刚体绕瞬轴转动与平动相结合的复合运动。本节首先简要介绍刚体作复合运动的建模方法,在此基础上建立各段筒体的运动规律模型,得到各段筒体在绝对坐标系下的运动规律。

根据文献(王月梅,1988)可知,设系统由 n 个刚体组成,刚体1作定轴转动,刚体 n 相对刚体 $n-1$ 作定轴转动。设 $\boldsymbol{\omega}_{1a}$, $\boldsymbol{\omega}_{2a}$, $\cdots$, $\boldsymbol{\omega}_{na}$ 为各刚体的绝对角速度;$\boldsymbol{\omega}_2$, $\boldsymbol{\omega}_3$, $\cdots$, $\boldsymbol{\omega}_n$ 为刚体 n 相对刚体 $n-1$ 的相对角速度;O_1, O_2, $\cdots$, O_n 分别为相对角速度矢量 $\boldsymbol{\omega}_2$, $\boldsymbol{\omega}_3$, $\cdots$, $\boldsymbol{\omega}_n$ 所在直线上的任意点;$\boldsymbol{v}_{O_1}$, $\boldsymbol{v}_{O_2}$, $\cdots$, $\boldsymbol{v}_{O_n}$ 是点 O_1, O_2, $\cdots$, O_n 的绝对速度。刚体2的绝对运动为转动与平动的复合运动,刚体2的

绝对角速度 $\boldsymbol{\omega}_{2a}$ 和线速度 $\boldsymbol{v}_{O_2}$ 可表示为

$$\boldsymbol{\omega}_{2a} = \boldsymbol{\omega}_{1a} + \boldsymbol{\omega}_2 = \boldsymbol{\omega}_1 + \boldsymbol{\omega}_2 \tag{4-25}$$

$$\boldsymbol{v}_{O_2} = \boldsymbol{\omega}_1 \times O_1 O_2 \tag{4-26}$$

将刚体 2 看作动坐标系,刚体 3 相对刚体 2 作平动和定轴转动,刚体 3 的绝对角速度 $\boldsymbol{\omega}_{3a}$ 和线速度 $\boldsymbol{v}_{O_3}$ 可表示为

$$\boldsymbol{\omega}_{3a} = \boldsymbol{\omega}_{2a} + \boldsymbol{\omega}_3 = \boldsymbol{\omega}_1 + \boldsymbol{\omega}_2 + \boldsymbol{\omega}_3 \tag{4-27}$$

$$\begin{aligned}
\boldsymbol{v}_{O_3} &= \boldsymbol{v}_{O_3} + \boldsymbol{\omega}_{2a} \times O_2 O_3 \\
&= \boldsymbol{\omega}_1 \times O_1 O_2 + (\boldsymbol{\omega}_1 + \boldsymbol{\omega}_2) \times O_2 O_3 \\
&= \boldsymbol{\omega}_1 \times O_1 O_3 + \boldsymbol{\omega}_2 \times O_2 O_3
\end{aligned} \tag{4-28}$$

依次合成,可推得刚体 n 作平动和转动的复合运动,刚体 n 的线速度 $\boldsymbol{v}_{O_n}$ 和绝对角速度 $\boldsymbol{\omega}_{na}$ 可表示为

$$\boldsymbol{v}_{O_n} = \boldsymbol{\omega}_1 \times O_1 O_n + \boldsymbol{\omega}_2 \times O_2 O_n + \cdots + \boldsymbol{\omega}_{n-1} \times O_{n-1} O_n = \sum_{i=1}^{n-1} \boldsymbol{\omega}_i \times O_i O_n \tag{4-29}$$

$$\boldsymbol{\omega}_{na} = \boldsymbol{\omega}_1 + \boldsymbol{\omega}_2 + \cdots + \boldsymbol{\omega}_n = \sum_{i=1}^{n} \boldsymbol{\omega}_i \tag{4-30}$$

5. 各段筒体的运动规律建模

通过简化的喷管偏转规律模型可获得三轴承偏转喷管各段筒体的运动规律模型,如图 4-25 所示。模型中的 xyz 坐标系为绝对坐标系,不随喷管运动,$x'y'z'$ 坐标系为固定在第二段筒体上的坐标系,$y'z'$ 截面与第二段喷管的倾斜截面重合,第二段筒体的两倾斜截面的中心距离为 l。其中,xyz 坐标系的坐标原点与 $x'y'z'$ 坐标系的坐标原点重合,且位于第一、二段喷管轴承安装截面的几何中心。通过分析喷管的复合运动可知,三轴承偏转喷管中的第一段筒体绕 x 轴定轴转动,角速度矢量为 $\boldsymbol{\omega}_1$,O_1 为 $\boldsymbol{\omega}_1$ 上的定点且与 $x'y'z'$ 坐标系的原点重合;第二段筒体在绝对坐标系中作刚体绕坐标原点的定点运动,相对运动为相对第一段筒体绕 x' 轴定轴转

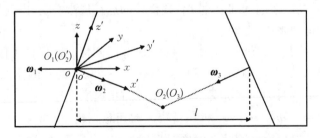

图 4-25　三轴承偏转喷管筒体运动规律模型

动,角速度矢量为 $\boldsymbol{\omega}_2$, O_2 及 O'_2 均为 $\boldsymbol{\omega}_2$ 上的定点,O'_2 点与 O_1 点重合,O_2 点为第二段筒体两倾斜截面法线的交点;第三段筒体在绝对坐标系中作刚体绕某点的定点运动与刚体平动相结合的复合运动,第三段筒体相对第二段筒体作定轴转动,角速度矢量为 $\boldsymbol{\omega}_3$, O_3 点为 $\boldsymbol{\omega}_3$ 上的定点。

通过上述分析及刚体复合运动的建模方法可知,第一段筒体的绝对角速度为

$$\boldsymbol{\omega}_{1a} = \boldsymbol{\omega}_1 = (-\omega_1,\ 0,\ 0) \tag{4-31}$$

O_1 点的绝对线速度为

$$\boldsymbol{v}_{O_1} = 0 \tag{4-32}$$

第二段筒体的绝对角速度为

$$\boldsymbol{\omega}_{2a} = \boldsymbol{\omega}_1 + \boldsymbol{\omega}_2 \tag{4-33}$$

O'_2 点的绝对线速度为

$$\boldsymbol{v}_{O'_2} = \boldsymbol{\omega}_1 \times O_1 O'_2 = 0 \tag{4-34}$$

第三段筒体的绝对角速度为

$$\boldsymbol{\omega}_{3a} = \boldsymbol{\omega}_1 + \boldsymbol{\omega}_2 + \boldsymbol{\omega}_3 \tag{4-35}$$

O_3 点的绝对线速度为

$$\boldsymbol{v}_{O_3} = \boldsymbol{\omega}_1 \times O_1 O_3 + \boldsymbol{\omega}_2 \times O_2 O_3 = \boldsymbol{\omega}_1 \times O_1 O_3 = \begin{pmatrix} 0 \\ -\dfrac{l}{2}\omega_1 \tan\alpha\cos\theta_1 \\ \dfrac{l}{2}\omega_1 \tan\alpha\sin\theta_1 \end{pmatrix} \tag{4-36}$$

由三轴承偏转喷管偏转规律研究模型可知,$\boldsymbol{\omega}_2$、$\boldsymbol{\omega}_3$ 在坐标系 xyz 中分别为

$$\boldsymbol{\omega}_2 = \begin{pmatrix} 1 & 0 & 0 \\ 0 & \cos\theta_1 & \sin\theta_1 \\ 0 & -\sin\theta_1 & \cos\theta_1 \end{pmatrix} \begin{pmatrix} \omega_2\cos\alpha \\ 0 \\ -\omega_2\sin\alpha \end{pmatrix} = \begin{pmatrix} \omega_2\cos\alpha \\ -\omega_2\sin\theta_1\sin\alpha \\ -\omega_2\cos\theta_1\sin\alpha \end{pmatrix} \tag{4-37}$$

$$\boldsymbol{\omega}_3 = \begin{pmatrix} 1 & 0 & 0 \\ 0 & \cos\theta_1 & \sin\theta_1 \\ 0 & -\sin\theta_1 & \cos\theta_1 \end{pmatrix} \begin{pmatrix} \cos\alpha & 0 & \sin\alpha \\ 0 & 1 & 0 \\ -\sin\alpha & 0 & \cos\alpha \end{pmatrix} \begin{pmatrix} 1 & 0 & 0 \\ 0 & \cos\theta_2 & -\sin\theta_2 \\ 0 & \sin\theta_2 & \cos\theta_2 \end{pmatrix} \begin{pmatrix} -\omega_3\cos2\alpha \\ 0 \\ -\omega_3\sin2\alpha \end{pmatrix}$$

$$= \begin{pmatrix} -\omega_2\cos\alpha\cos2\alpha - \omega_2\sin\alpha\sin2\alpha\cos\theta_2 \\ \omega_2\sin2\alpha\sin\theta_2\cos\theta_1 - \omega_2\sin2\alpha\cos\alpha\cos\theta_2\sin\theta_1 + \omega_2\sin\alpha\cos2\alpha\sin\theta_1 \\ -\omega_2\sin2\alpha\sin\theta_2\sin\theta_1 - \omega_2\sin2\alpha\cos\alpha\cos\theta_2\cos\theta_1 + \omega_2\sin\alpha\cos2\alpha\cos\theta_1 \end{pmatrix}$$

$$\tag{4-38}$$

将式(4-31)、式(4-37)代入式(4-33)中,可得

$$
\boldsymbol{\omega}_{2a} = \begin{pmatrix} \omega_2\cos\alpha - \omega_1 \\ -\omega_2\sin\theta_1\sin\alpha \\ -\omega_2\cos\theta_1\sin\alpha \end{pmatrix} \tag{4-39}
$$

将式(4-31)、式(4-37)、式(4-38)代入式(4-35)中,可得

$$
\boldsymbol{\omega}_{3a} = \begin{pmatrix} -\omega_2\cos\alpha\cos2\alpha - \omega_2\sin\alpha\sin2\alpha\cos\theta_2 + \omega_2\cos\alpha - \omega_1 \\ \omega_2\sin2\alpha\sin\theta_2\cos\theta_1 - \omega_2\sin2\alpha\cos\alpha\cos\theta_2\sin\theta_1 \\ +\omega_2\sin\alpha\cos2\alpha\sin\theta_1 - \omega_2\sin\theta_1\sin\alpha \\ -\omega_2\sin2\alpha\sin\theta_2\sin\theta_1 - \omega_2\sin2\alpha\cos\alpha\cos\theta_2\cos\theta_1 \\ +\omega_2\sin\alpha\cos2\alpha\cos\theta_1 - \omega_2\cos\theta_1\sin\alpha \end{pmatrix} \tag{4-40}
$$

4.4.4　三轴承偏转喷管驱动力矩设计方法

三轴承偏转喷管在偏转过程中,驱动系统需要提供各段筒体旋转所需的力矩,驱动力矩过大会导致驱动系统能耗过大,发动机功率分配不合理;驱动力矩过小会导致喷管偏转失效,直接影响飞机的安全性及机动性。因此驱动力矩的大小对喷管作动系统体积、质量及设计复杂程度存在一定的影响(王占学等,2014)。

三轴承偏转喷管力矩计算模型需要考虑喷管偏转轴线方向与各段筒体旋转轴线方向不同,且各段筒体旋转轴线方向随时间变化的问题。图4-26为三轴承偏转喷管偏转方向及受力示意图。从图中可以看出,喷管偏转过程中,各段筒体的旋转轴线与喷管的偏转轴线方向不同,第二、三段筒体的转轴方向随时间变化,由4.4.3节的分析可知,第二、三段筒体在绝对坐标中绕瞬轴转动。此外,从图中还可以看出,各段筒体的驱动力矩需克服喷管重力、各段喷管间旋转接合面的周向摩

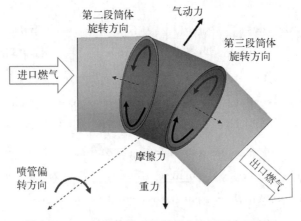

图4-26　三轴承偏转喷管偏转方向及受力示意图

擦力及燃气通过喷管时对喷管产生的气动力对各段筒体旋转轴的力矩。国内外关于三轴承偏转喷管驱动力矩计算模型的相关文献未见公开,国内仅开展了火箭发动机用摆动喷管驱动力矩的建模研究(尤军锋等,2001;杨思孝,1993;杨世学,1989,1985),其力矩建模方法对三轴承偏转喷管驱动力矩建模具有一定的指导意义。本节以三轴承偏转喷管的三段筒体为研究对象,建立各段筒体的驱动力矩计算模型。

1. 基本假设

本书基于经典力学理论,建立三轴承偏转喷管各段筒体的驱动力矩计算模型,计算了各段筒体的驱动力矩。模型中简化了三轴承偏转喷管的受力情况,忽略了三段筒体在非惯性系中的离心惯性力。

三轴承偏转喷管在偏转过程中,各段筒体旋转所需的驱动力矩需克服喷管重力、各段筒体之间的轴承安装截面的周向摩擦力及燃气通过喷管时对喷管壁面产生的气动力对各段筒体旋转轴的力矩。由于气流的黏性作用,燃气通过喷管时对壁面产生切向力,该切向力对各段筒体旋转轴的力矩很小可以忽略不计。由于喷管偏转时各段筒体的轴线始终保持在同一俯仰面内,因此可将燃气对喷管的气动力近似简化到二维俯仰平面内。综上所述,对三轴承偏转喷管驱动力矩计算模型进行合理假设:① 三轴承偏转喷管各段筒体旋转所需的驱动力矩仅需克服喷管重力、轴承安装截面的周向摩擦力及燃气通过喷管时对喷管壁面产生的气动力对各段筒体旋转轴的力矩;② 各截面燃气的物性参数均匀分布;③ 各段筒体进、出口截面的燃气流量相等,且不随时间变化;④ 燃气通过各段筒体时对喷管壁面的气动力作用在俯仰平面内;⑤ 控制体、截面位置和速度的变化简化为其几何中心位置和速度的变化。

基于 4.4.3 节中三轴承偏转喷管的偏转规律模型,为简化计算量,将坐标系 xyz、$x_0y_0z_0$ 的 O、O_0 点与坐标系 $x_1y_1z_1$ 的 O_1 点重合,如图 4-27 所示。

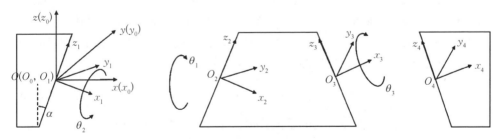

图 4-27　喷管偏转规律简化模型

设第二段筒体相对第一段筒体的旋转轴矢量为 $\boldsymbol{n}_2$, $\boldsymbol{n}_2$ 与坐标系 $x_1y_1z_1$ 中的 x_1 轴重合,第三段筒体相对第二段筒体的旋转轴矢量为 $\boldsymbol{n}_3$, $\boldsymbol{n}_3$ 与坐标系 $x_3y_3z_3$ 中的 x_3 轴重合。为简化公式的推导,通过图 4-27 所示的喷管偏转规律简化模型,可分别得出第二、三段喷管旋转轴 $\boldsymbol{n}_2$、$\boldsymbol{n}_3$ 在绝对坐标系 xyz 的方向分别为

$$(\boldsymbol{n}_2)_o = \boldsymbol{C}_{oo_0}\boldsymbol{C}_{o_0 o_1}(\boldsymbol{n}_2)_{o_1} \qquad (4-41)$$

$$(\boldsymbol{n}_3)_o = \boldsymbol{C}_{oo_0}\boldsymbol{C}_{o_0 o_1}\boldsymbol{C}_{o_1 o_2}\boldsymbol{C}_{o_2 o_3}(\boldsymbol{n}_3)_{o_3} \qquad (4-42)$$

其中，$\boldsymbol{C}_{oo_0}$、$\boldsymbol{C}_{o_0 o_1}$、$\boldsymbol{C}_{o_1 o_2}$、$\boldsymbol{C}_{o_2 o_3}$ 分别为坐标系 $x_0 y_0 z_0$ 与 xyz、坐标系 $x_1 y_1 z_1$ 与 $x_0 y_0 z_0$、坐标系 $x_2 y_2 z_2$ 与 $x_1 y_1 z_1$ 及坐标系 $x_3 y_3 z_3$ 与 $x_2 y_2 z_2$ 的坐标变换余弦矩阵。

2. 第一段筒体驱动力矩计算模型

以第一段筒体为研究对象，建立第一段筒体的驱动力矩计算模型，如图 4-28 所示。喷管由 0° 偏转至最大偏角的过程中，驱动力矩需克服第一段筒体旋转时的周向摩擦力，第一、二、三段筒体的重力及燃气通过第一、二、三段筒体后对喷管壁面产生的气动力对第一段筒体旋转轴的力矩。以某一瞬时的喷管整体为研究对象，设第一段筒体旋转轴处的力矩和为 $\sum M_1$，由动量矩定理可得

$$\sum M_1 = (J_{1n_1} + J_{2n_1} + J_{3n_1})\frac{\mathrm{d}\omega_1}{\mathrm{d}t} \qquad (4-43)$$

$$\sum M_1 = M_{d_1} + M_{f_1} + M_{G_1 n_1} + M_{G_2 n_1} + M_{G_3 n_1} + M_{j_1 n_1} + M_{j_2 n_1} + M_{j_3 n_1} \qquad (4-44)$$

式 (4-43) 中，ω_1 为第一段筒体旋转角速度的标量；J_{1n_1}、J_{2n_1}、J_{3n_1} 分别为第一、二、三段筒体对第一段筒体旋转轴的转动惯量。式 (4-44) 中，M_{d_1} 为第一段筒体的驱动力矩；M_{f_1} 为轴承旋转时的摩擦力对第一段筒体旋转轴的摩擦力矩；$M_{G_1 n_1}$、$M_{G_2 n_1}$、$M_{G_3 n_1}$ 分别为第一、二、三段筒体的重力对第一段筒体旋转轴的重力矩；$M_{j_1 n_1}$、$M_{j_2 n_1}$、$M_{j_3 n_1}$ 分别为第一、二、三段筒体所受的气动力对第一段筒体旋转轴的气动力矩。

由于第一段筒体旋转轴方向 n_1 始终与坐标系 xyz 中的 x 轴重合，且喷管偏转过程中，第一段筒体旋转方向不变，故仅需对 x 轴求矩。根据假设④，燃气流过各段筒体时，对喷管壁面的气动力作用在俯仰平面内，故三段喷管的壁面所受的气动力对 n_1 轴的矩 $M_{j_1 n_1}$、$M_{j_2 n_1}$、$M_{j_3 n_1}$ 为 0。根据得出的喷管偏转规律，第一段筒体绕其转轴旋转的角速度 ω_1 为常数，将式 (4-44) 代入式 (4-43) 可得

$$M_{d_1} + M_{f_1} + M_{G_1 n_1} + M_{G_2 n_1} + M_{G_3 n_1} = 0 \qquad (4-45)$$

设第一、二、三段筒体所受的重力分别为 $\boldsymbol{G}_1$、$\boldsymbol{G}_2$、$\boldsymbol{G}_3$，重力的作用点分别为点 A、B、C，如图 4-28 所示。三点在所在筒体的固联坐标系中的坐标分别为 $(A)_{o_0} = (x_A, y_A, z_A)$、$(B)_{o_2} = (x_B, y_B, z_B)$、$(C)_{o_4} = (x_C, y_C, z_C)$，通过坐标变换可以得到 A、B、C 三点在绝对坐标系 xyz 中的坐标分别为 $(A)_o = \boldsymbol{C}_{oo_0}(A)_{o_0}$、$(B)_o = \boldsymbol{C}_{oo_0}\boldsymbol{C}_{o_0 o_1}\boldsymbol{C}_{o_1 o_2}(B)_{o_2}$、$(C)_o = \boldsymbol{C}_{oo_0}\boldsymbol{C}_{o_0 o_1}\boldsymbol{C}_{o_1 o_2}\boldsymbol{C}_{o_2 o_3}\boldsymbol{C}_{o_3 o_4}(C)_{o_4}$，$\boldsymbol{G}_1$、$\boldsymbol{G}_2$、$\boldsymbol{G}_3$ 的矢量形式在

绝对坐标系中可分别表示为 $(0, -|G_1|, 0)$、$(0, -|G_2|, 0)$、$(0, -|G_3|, 0)$。第一段筒体的旋转轴线方向 $n_1 = (-1, 0, 0)$，n_1 的起始点坐标与点 O 重合，则 G_1、G_2、G_3 对 n_1 的矩可表示为

$$M_{G_1 n_1} = (OA \times G_1) \cdot n_1 \tag{4-46}$$

$$M_{G_2 n_1} = (OB \times G_2) \cdot n_1 \tag{4-47}$$

$$M_{G_3 n_1} = (OC \times G_3) \cdot n_1 \tag{4-48}$$

另外

$$M_{f_1} = (f_1 \times r_1) \cdot n_1 \tag{4-49}$$

式中，f_1 为轴承旋转时的摩擦力，$f_1 = \mu P$，μ 为摩擦系数，受轴承型式、负荷、转速、润滑方式等的影响，P 为轴承负荷。将式(4-46)~式(4-49)代入式(4-45)，即可得出第一段筒体的驱动力矩 M_{d_1}。

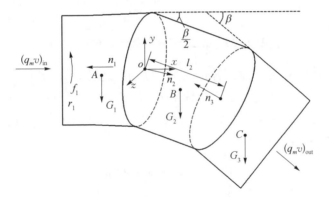

图 4-28　第一段筒体驱动力矩计算模型

3. 第二段筒体驱动力矩计算模型

以第二段筒体为研究对象，建立第二段筒体的力矩计算模型，如图 4-29 所示。喷管由 0° 偏转至最大矢量角的过程中，驱动力矩需克服第二段筒体旋转时的周向摩擦力，第二、三段筒体的重力及燃气通过第二、三段筒体对壁面产生的气动力对第二段筒体旋转轴的力矩。以某一瞬时的第二、三段喷管整体为研究对象，设第二段筒体旋转轴处的力矩和为 $\sum M_2$，由动量矩定理可得

$$\sum M_2 = (J_{2n_2} + J_{3n_2}) \frac{d\omega_2}{dt} \tag{4-50}$$

$$\sum M_2 = M_{d_2} + M_{f_2} + M_{G_2 n_2} + M_{G_3 n_2} + M_{j_2 n_2} + M_{j_3 n_2} \tag{4-51}$$

式中，ω_2 为第二段筒体的旋转角速度标量；J_{2n_2}、J_{3n_2} 分别为第二、三段筒体对第二段筒体旋转轴的转动惯量；M_{d_2} 为第二段筒体的驱动力矩；M_{f_2} 为轴承旋转时的摩擦力对第二段筒体旋转轴的摩擦力矩；$M_{G_2n_2}$、$M_{G_3n_2}$ 分别为第二、三段筒体所受的重力对第二段筒体旋转轴的重力矩；$M_{j_2n_2}$、$M_{j_3n_2}$ 分别为第二、三段筒体所受的气动力对第二段筒体旋转轴的气动力矩。

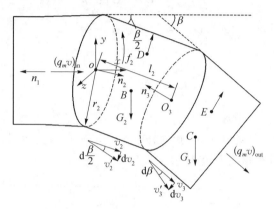

图 4 – 29　第二段筒体驱动力矩计算模型

第二段筒体相对第一段筒体的旋转轴在绝对坐标系的矢量方向为 $(n_2)_o = C_{oo_0} C_{o_0o_1}(n_2)_{o_1}$，设 n_2 的起始点与坐标系 $x_2y_2z_2$ 的坐标原点重合。第三段筒体相对第二段筒体的旋转轴在绝对坐标系的矢量方向为 $(n_3)_o = C_{oo_0} C_{o_0o_1} C_{o_1o_2} C_{o_2o_3}(n_3)_{o_3}$，则可知 G_2、G_3 对 n_2 的矩为

$$M_{G_3n_2} = (O_2E \times G_3) \cdot n_2 \qquad (4-52)$$

$$M_{G_2n_2} = (O_2B \times G_2) \cdot n_2 \qquad (4-53)$$

设第二段筒体的进出口气流速度大小为 v，第二段筒体速度为 u，A_1 为第二段筒体进口截面，A_2 为第二段筒体出口截面，则根据一维雷诺输运定理（王新月，2006）可得

$$\frac{\mathrm{d}\phi_s}{\mathrm{d}t} = \frac{\mathrm{d}\phi_{cv}}{\mathrm{d}t} + \int_{cs} \eta\rho(v-u)\mathrm{d}A_2 - \int_{cs} \eta\rho(v-u)\mathrm{d}A_1 \qquad (4-54)$$

根据假设②，将上式进行简化，则燃气通过喷管的动量方程可表示为

$$\sum F = \frac{\mathrm{d}(mv)_s}{\mathrm{d}t} = \frac{\mathrm{d}(m_2v_2)_{cv}}{\mathrm{d}t} + v_2\rho_2(v_2-u_2)A_2 - v_1\rho_1(v_1-u_1)A_1 \qquad (4-55)$$

式中的控制体可以为运动控制体，$\mathrm{d}(m_2 v_2)_{cv}/\mathrm{d}t$ 为运动控制体内的燃气动量及运

动控制体的空间位置对时间的导数。根据假设③,第二段筒体内的气流质量不随时间变化,设第二段筒体的几何中心为点 N_2,则燃气通过第二段筒体时的动量方程可表示为

$$p_1 A_1 - p_2 A_2 + F_{n2} = m_2 \frac{\partial v_2}{\partial t} + m_2 \frac{\partial N_2(x, y, z, t)}{\partial t} + v_2 \rho_2 (v_2 - u_2) A_2 - v_1 \rho_1 (v_1 - u_1) A_1$$

$$(4-56)$$

式中,p_1、p_2 分别为垂直于第二段筒体进、出口截面,方向指向筒体内部的静压;F_{n2} 为第二段筒体壁面对燃气的表面力,设燃气对筒体的气动力为 $F_{j2} = -F_{n2}$,代入式(4-56)可得

$$F_{j2} = - m_2 \frac{\partial v_2}{\partial t} - m_2 \frac{\partial N_2(x, y, z, t)}{\partial t} - v_2 \rho_2 (v_2 - u_2) A_2 \qquad (4-57)$$

$$+ v_1 \rho_1 (v_1 - u_1) A_1 + p_1 A_1 - p_2 A_2$$

第二段筒体内的燃气流动方向随第二段筒体的运动随时间变化,因此

$$\frac{\partial v_2}{\partial t} = \left(- \frac{|v_2|}{2} \frac{\mathrm{d}\beta}{\mathrm{d}t} \sin \frac{\beta}{2}, - \frac{|v_2|}{2} \frac{\mathrm{d}\beta}{\mathrm{d}t} \cos \frac{\beta}{2}, 0 \right) \qquad (4-58)$$

式中,v_2 为第二段筒体内的燃气速度,在相对坐标系中可表示为 $v_2 = (|v_2|, 0, 0)$,在绝对坐标系中可表示为 $v_2 = (|v_2| \cos(\beta/2), -|v_2| \sin(\beta/2), 0)$。

　　由于 p_1 垂直于第二段筒体的进口截面,第二段筒体的旋转轴也垂直于第二段筒体的进口截面,故 p_1 与转轴平行,对旋转轴的力矩为 0,p_2 垂直于第二段筒体的出口截面,根据文献中喷管流场的数值模拟结果可知,出口截面的静压分布关于俯仰面近似对称,可将 p_2 近似简化在俯仰面内,因此 p_2 对旋转轴的力矩简化为 0。式(4-57)可以简化为

$$F_{j2} = - m_2 \frac{\partial v_2}{\partial t} - m_2 \frac{\partial N_2(x, y, z, t)}{\partial t} - v_2 \rho_2 (v_2 - u_2) A_2 + v_1 \rho_1 (v_1 - u_1) A_1$$

$$(4-59)$$

　　当喷管进、出口边界条件给定后,式中的燃气参数,如喷管内燃气质量 m、喷管截面速度 v 等均可通过 CFD 数值方法得出。

　　设 F_{j2} 对第二段筒体的作用点 D 在与第二段筒体固联的坐标系 $x_2 y_2 z_2$ 中的坐标为 $(D)_{o_2} = (x_D, y_D, z_D)$,在绝对坐标系 xyz 中为 $D = C_{oo_0} C_{o_0 o_1} C_{o_1 o_2} (D)_{o_2}$,设 F_{j3} 对第三段筒体的作用点 E 在与第三段筒体固联的坐标系 $x_4 y_4 z_4$ 中的坐标为 $(E)_{o_4} = (x_E, y_E, z_E)$,在绝对坐标系 xyz 中为 $E = C_{oo_0} C_{o_0 o_1} C_{o_1 o_2} C_{o_2 o_3} C_{o_3 o_4} (E)_{o_4}$,则可知 F_{j2}、

F_{j3} 对 n_2 的矩为

$$M_{j_2 n_2} = (O_2 D \times F_{j2}) \cdot n_2 \qquad (4-60)$$

$$M_{j_3 n_2} = (O_2 E \times F_{j2}) \cdot n_2 \qquad (4-61)$$

另外

$$M_{f_2} = (f_2 \times r_2) \cdot n_2 \qquad (4-62)$$

将式(4-53)、式(4-54)及式(4-60)~式(4-62)代入式(4-52)中可得出第二段筒体的驱动力矩 M_{d_2}。

4. 第三段筒体驱动力矩计算模型

以第三段筒体为研究对象,建立第三段筒体的力矩计算模型,如图 4-30 所示。喷管由 0° 偏转至最大偏角的过程中,设第三段筒体旋转轴处的力矩和为 $\sum M_3$,由动量矩定理可得

$$\sum M_3 = J_{3n_3} \frac{\mathrm{d}\omega_3}{\mathrm{d}t} \qquad (4-63)$$

$$\sum M_3 = M_{d_3} + M_{f_3} + M_{G_3 n_3} + M_{j_3 n_3} \qquad (4-64)$$

式(4-63)中,ω_3 为第三段筒体旋转角速度标量;J_{3n_3} 为第三段筒体对第三段筒体旋转轴的转动惯量;M_{d_3} 为对第三段筒体旋转轴的驱动力矩;M_{f_3} 为轴承旋转时的摩擦力对第三段筒体旋转轴的摩擦力矩;$M_{G_3 n_3}$ 为第三段筒体所受的重力对第三段喷管旋转轴的重力矩;$M_{j_3 n_3}$ 为第三段筒体所受的气动力对第三段喷管旋转轴的气动力矩。

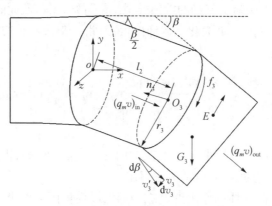

图 4-30 第三段筒体驱动力矩计算模型

第三段筒体相对第二段筒体的旋转轴在绝对坐标系的矢量方向为 $(n_3)_o = C_{o o_0} C_{o_0 o_1} C_{o_1 o_2} C_{o_2 o_3} C_{o_3 o_4} (n_3)_{o_4}$,设 n_3 的起始点与坐标系 $x_3 y_3 z_3$ 的坐标原点 O_3 重合,点

O_3 在绝对坐标系的坐标为 $O_3 = C_{oo_0} C_{o_0o_1} C_{o_1o_2}(l_2\cos\alpha, 0, l_2\sin\alpha)$，则可知 G_3 对 n_3 的矩为

$$M_{G_3n_3} = (O_3E \times G_3) \cdot n_3 \qquad (4-65)$$

设第三段筒体进口燃气速度为 v_2，出口速度为 v_3，由式(4-59)可以得出燃气通过第三段筒体时对壁面的气动力 F_{j3} 为

$$F_{j3} = -m_3 \frac{\partial v_3}{\partial t} - m_3 \frac{\partial N_3(x, y, z, t)}{\partial t} - v_3\rho_3(v_3 - u_3)A_3 + v_2\rho_2(v_2 - u_2)A_2$$

$$\qquad (4-66)$$

由第三段筒体内的燃气流动方向与第三段筒体的运动方向相同且随时间变化可得

$$\frac{\mathrm{d}v_3}{\mathrm{d}t} = \left(-|v_3| \frac{\mathrm{d}\beta}{\mathrm{d}t}\sin\beta, -|v_3| \frac{\mathrm{d}\beta}{\mathrm{d}t}\cos\beta, 0\right) \qquad (4-67)$$

式中，v_3 为第三段筒体内的燃气速度，在相对坐标系中可表示为 $v_3 = (|v_3|, 0, 0)$，在绝对坐标系中可表示为 $v_3 = (|v_3|\cos(\beta/2), -|v_3|\sin(\beta/2), 0)$。

点 E 为 F_{j3} 对第三段筒体的作用点，设点 E 在与第三段筒体固联的坐标系 $x_4y_4z_4$ 中的坐标为 $(E)_{o_4} = (x_E, y_E, z_E)$，在绝对坐标系 xyz 中为 $E = C_{oo_0} C_{o_0o_1} C_{o_1o_2} C_{o_2o_3} C_{o_3o_4}(E)_{o_4}$，则 F_{j3} 对 n_3 的矩为

$$M_{j_3n_3} = (O_4E \times F_{j3}) \cdot n_3 \qquad (4-68)$$

另外

$$M_{f_3} = f_3r_3 \qquad (4-69)$$

将式(4-36)、式(4-68)、式(4-69)代入式(4-64)即可得出第三段筒体的驱动力矩 M_{d_3}。

5. 喷管筒体的驱动力矩分析

由三段筒体的驱动力矩计算模型可知，当摩擦力一定时，摩擦力对筒体旋转轴的力矩为常数。假设各段筒体所受的气动力及重力都作用在各段筒体的几何中心，则第一段筒体的驱动力矩在喷管由 0° 偏转至最大偏角的过程中，仅需克服摩擦力对旋转轴的矩。以本课题组研制的装配某涡喷发动机的三轴承偏转喷管实物模型为例，如图 4-31 所示，计算第二、三段筒体旋转时克服气动力及重力所需的驱动力矩，并分析喷管几何参数对驱动力矩的影响。

由各段筒体的驱动力矩计算模型可以得到第二、三段筒体所受的气动力及重力对第二、三段筒体旋转轴的力矩随喷管偏角的变化规律。喷管可实现的最大偏转角为 95°，各段筒体倾斜截面的倾斜角为 23.75°，第二段筒体中心线长度为

图 4－31　三轴承偏转喷管实物模型

54 mm,第三段筒体中心线长度为 30 mm。喷管在非矢量状态下,第二段筒体进口截面的燃气动量大小为 79.5 kg·m/s²,第二段筒体出口截面的燃气动量大小为 82 kg·m/s²,第三段筒体出口截面的燃气动量大小为 161 kg·m/s²,为简便计算,忽略喷管偏转时各截面燃气的速度变化。第二段喷管重力为 7.13 N,第三段喷管重力为 3.73 N。

　　图 4－32 及图 4－33 分别为气动力及重力对第二、三段筒体旋转轴的力矩随喷管偏角的变化规律。比较两图可以看出,第二段筒体所受的重力及气动力对其旋转轴的力矩随喷管偏角的变化规律与第三段筒体大体相同。重力对喷管旋转轴的力矩随喷管偏角的增加而降低,第二、三段筒体受到的气动力对各自旋转轴的力矩随喷管偏角的增大是先增大后减小,第二、三段筒体受到的气动力对各自旋转轴的最大力矩均出现在喷管偏转至约 70°位置。气动力对筒体旋转轴的力矩作用效果与重力对筒体旋转轴的力矩作用效果相反。当喷管偏转至某一角度时,第三段筒体所受的气动力与重力对旋转轴的合力矩小于第二段筒体所受的气动力与重力对旋转轴的合力矩。

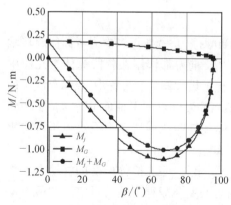
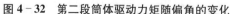
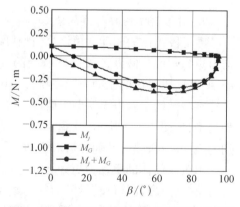

图 4－32　第二段筒体驱动力矩随偏角的变化　　图 4－33　第三段筒体驱动力矩随偏角的变化

　　当喷管可实现的最大偏角变化时,喷管各段筒体倾斜截面的倾斜角也随之变化,喷管几何参数的变化将对第二、三段筒体的驱动力矩产生一定的影响。

　　图 4-34 和图 4-35 分别为喷管可实现的最大偏角为 85°、90° 及 95° 时,第二、三段筒体所受的气动力及重力对旋转轴的力矩随喷管偏角的变化规律。从图 4-34(a)、(b) 及图 4-35(a)、(b) 可以看出,重力及气动力对第二、三段筒体旋转轴的力矩随喷管偏角的变化规律大体相同,且重力矩随喷管最大偏角的增大基本不变。当喷管可实现的最大偏角增大时,气动力对旋转轴的力矩也随之增大,气动力对第二、三段筒体旋转轴的最大力矩随喷管最大偏角的增大而增大,且气动力对旋转轴的最大力矩对应的喷管偏角约为最大偏角的 75%。从图 4-34(c) 及图 4-35(c) 可以看出,气动力与重力对筒体旋转轴的合力矩随喷管偏角的变化规律与气动力对筒体旋转轴力矩的变化规律大体相同。

　　综上所述,忽略轴承的旋转摩擦时,第二段筒体的驱动力矩大于第三段筒体的驱动力矩,且气动力及重力对旋转轴的力矩随偏角的增大是先增大后减小,在工程

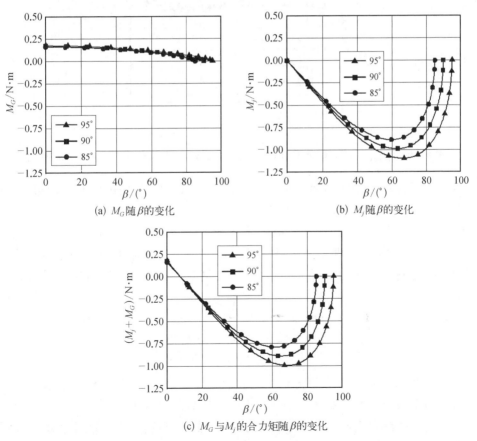

(a) M_G 随 β 的变化　　　(b) M_j 随 β 的变化

(c) M_G 与 M_j 的合力矩随 β 的变化

图 4-34　β_{max} =85°、90°、95° 时第二段筒体受到的 M_j、M_G 及合力矩随 β 的变化

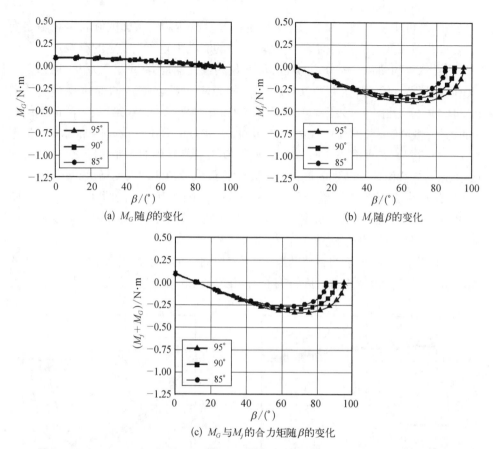

(a) M_G 随 β 的变化　　　　　(b) M_j 随 β 的变化

(c) M_G 与 M_j 的合力矩随 β 的变化

图 4-35　$\boldsymbol{\beta}_{\max}$ = 85°、90° 及 95° 时第三段筒体受到的 $\boldsymbol{M_j}$、$\boldsymbol{M_G}$ 及合力矩随 $\boldsymbol{\beta}$ 的变化

应用三轴承偏转喷管时,应动态调节第二、三段筒体的驱动力矩,合理分配第二、三段筒体驱动力矩的大小。喷管几何参数对第二、三段筒体旋转轴的力矩也有一定的影响,喷管可实现的最大偏角增大时,各段筒体倾斜截面的角度发生变化,导致第二、三段筒体的驱动力矩增大,气动力对筒体旋转轴的最大力矩对应的喷管偏转角度随最大偏角的增大而增大,最大驱动力矩对应的偏角约为最大矢量角的 75%。

4.5　三轴承偏转喷管定常气动特性

　　本节采用三维 CFD 数值方法获得喷管定常状态下的流场特征及气动性能。图 4-36 为数值模拟过程中采用的几何模型,喷管的关键几何尺寸已在图中标出,图中还标注了将在流场特征分析中提到的关键截面,截面 1、2、4 分别为第一、二段筒体的进、出口截面,截面 3 位于截面 2 与截面 4 之间,与喷管的轴线方向垂直,截面 5 位于喷管收缩段的进口位置。

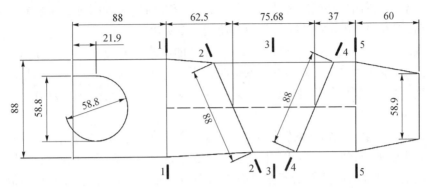

图 4-36 三轴承偏转喷管几何模型(单位: mm)

4.5.1 三轴承偏转喷管流动特征

图 4-37 为喷管在 10°偏角状态下的剖面、1~5 截面及出口截面的总压及流线分布。由喷管剖面的流线及总压分布可以看出,气流经过尾锥后,由于流通面积的扩大,尾锥后产生了回流区,回流区内的气流总压降低,出现了较大的能量损失,尾锥外侧的气流绕过回流区,在回流区后与中心区域气流混合,喷管中心区域的气流总压沿轴向逐渐升高。

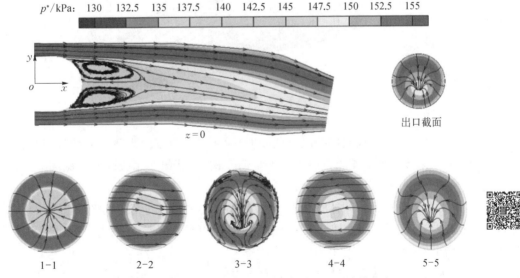

图 4-37 喷管 10°偏角状态下各截面气流的总压及流线分布

截面 1 为第一段筒体的进口截面,由截面 1 的流线及总压分布可以看出,气流在该截面的总压分布梯度较大,这是由于气流绕过回流区后在该截面没有充分混合造成的,截面1的流线方向为气流流动方向在该截面的投影,该截面的流线方向由喷管壁面指向中心位置,这是由于气流沿主流方向流动的同时也向喷管中心区域流动,该流动趋势也可从喷管剖面的流线分布看出。

截面2为第二段筒体的进口截面,截面2的流线方向为气流流动方向在该截面的投影,该截面的流线方向由左侧指向右侧,这是由于截面2与喷管的轴线方向不垂直,存在一定的夹角,该截面的流线方向反映了气流流动方向为沿喷管轴向流动。

截面3与第二段筒体的轴线垂直,由截面3的流线分布可以看出,气流在壁面弯折的作用下受到向心力的作用,喷管上壁面附近的压强高于下壁面附近的压强,气流在上下壁面的压差作用下在截面3的中心区域形成对涡流动,喷管两侧区域气流速度较大,向喷管上壁面流动,喷管中心区域气流速度较小,在内外压差的作用下向下流动。截面3上壁面附近出现了小范围的旋涡,这是由于受到黏性作用的影响,贴近壁面气流的速度和能量较低,在喷管内外压差的作用下沿喷管壁面向下流动,如图4-38所示,贴近壁面向下流动的气流与喷管两侧向上流动的高速气流的流动方向不同,因此截面3上壁面附近出现了小范围的旋涡。

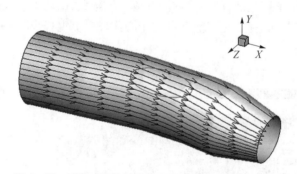

图4-38　喷管10°偏角状态下近壁面气流的流线分布

截面4为第二段筒体的出口截面,截面4的流线方向为气流流动方向在该截面的投影,该截面的流线方向由右侧指向左侧,该截面的流线成因与截面2相同,反映了气流流动方向为沿喷管轴向流动。

截面5为第三段筒体收缩段的进口截面,由截面5的流线趋势可以看出,该截面流线方向与截面1相似,不同的是,截面5的气流交汇点及低压区下移,截面3的对涡及上壁面附近的小范围旋涡消失。

喷管出口截面的流线方向与截面5相似,在向心力的作用下喷管上壁面气流压力较高,气流由喷管进口到出口的流动过程中不断混合,因此喷管出口气流的总压分布更均匀。

综上所述,喷管10°偏角状态下,气流在尾锥后形成了回流区,在向心力的作用下,气流在第二段筒体中心区域形成了对涡流动,气流在对涡流动中混合并伴随能量的耗散,各截面气流的总压逐渐降低并趋于均匀。

图 4-39 为喷管在 20°偏角状态下的剖面、1~5 截面及出口截面的总压及流线分布。从图中可以看出,喷管各截面的流线及总压分布与 10°偏角状态相似。与 10°偏角状态相比,截面 3 中心区域的对涡更明显,这是由于随着喷管偏角的增大,气流受到的向心力增大,喷管两侧区域气流向上壁面流动的分速度增大,从而导致截面 3 中心区域的对涡强度增大。与 10°偏角状态相比,截面 3 上壁面附近的旋涡范围增大,且位置下移,这是由于喷管偏角的增大导致喷管内外压差增大,贴近壁面的气流在内外压差的作用下沿喷管壁面向下流动的速度增大,如图 4-40 所示,因此截面 3 上壁面附近的旋涡范围增大,且位置下移。

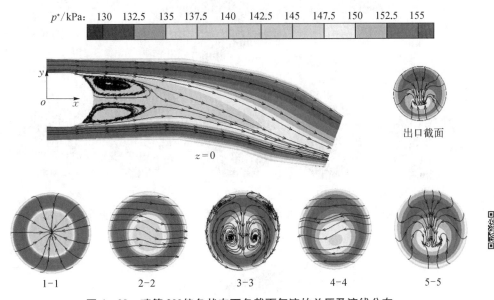

图 4-39　喷管 20°偏角状态下各截面气流的总压及流线分布

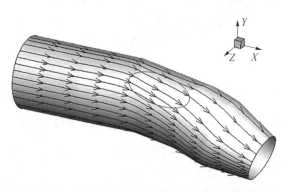

图 4-40　20°偏角状态下近壁面气流的流线分布

　　图 4-41 为喷管在 30°偏角状态下的剖面、1~5 截面及出口截面的总压及流线分布。从图中可以看出,喷管各截面的流线及总压分布与 20°偏角状态相似。与喷管 20°偏角状态相比,截面 3 的中心区域的对涡更明显,上壁面附近的旋涡范围增大,且位置下移,上壁面旋涡的成因及变化与 20°偏角状态相同,都是由贴近壁面的气流沿壁面两侧向下流动造成的(图 4-42)。

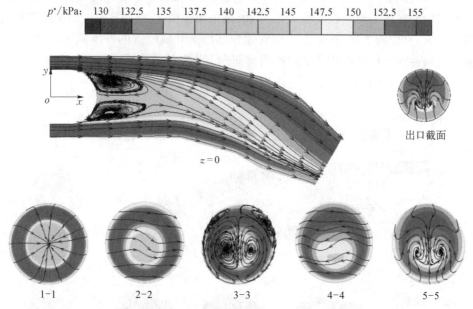

p^*/kPa: 130　132.5　135　137.5　140　142.5　145　147.5　150　152.5　155

出口截面

$z = 0$

1-1　　　2-2　　　3-3　　　4-4　　　5-5

图 4-41　喷管 30°偏角状态下各截面气流的总压及流线分布

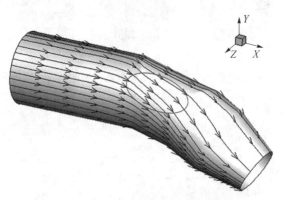

图 4-42　喷管 30°偏角状态下近壁面气流的流线分布

　　图 4-43 为喷管在 60°偏角状态下的剖面、1~5 截面及出口截面的总压及流线分布。由喷管剖面的流线及总压分布可以看出,气流经过第一、二段筒体内壁面的拐点后,与喷管内壁面发生了分离并伴随能量损失,第二、三段筒体内壁面附近的

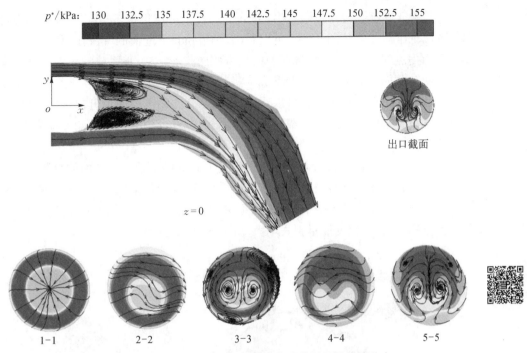

图 4-43　喷管 60°偏角状态下各截面气流的总压及流线分布

气流总压下降。

　　由截面 2 的总压分布可以看出,靠近喷管上壁面位置的气流总压偏低,这是由于截面 2 的上壁面为第一、二段筒体外壁面的拐点,该处气流受壁面弯角的影响产生回流区,气流的能量损失增大,总压降低。

　　图 4-44 为喷管 60°偏角状态下,贴近壁面的流线分布。从图中可以看出,与 30°偏角状态相比,由于压差力的增大,气流向下流动的速度分量增大,从而导致图 4-43 中截面 3 上壁面附近的旋涡向下移动,且范围增大。

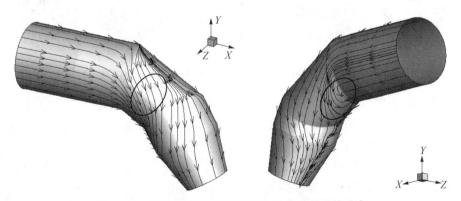

图 4-44　喷管 60°偏角状态下近壁面气流的流线分布

从截面 3 的流线分布可以看出,与 10°、20° 及 30° 偏角状态相比,截面 3 的下壁面附近出现了涡流。从图 4 - 44 可以看出,贴近喷管下壁面的气流在第一、二段筒体内壁面拐点处产生回流,贴近壁面的气流侧向流动,与中心区域的对涡流动方向相反从而在截面 3 的下壁面附近形成旋涡。

由截面 3、4、5 的总压分布可以看出,截面 3、4、5 的下壁面附近出现低压区,这是由于气流受壁面弯折影响与壁面发生分离,气流在分离区内产生能量损失,气流的总压降低。

图 4 - 45 为喷管在 90° 偏角状态下的剖面、1~5 截面及出口截面的总压及流线分布。由喷管剖面的流线及总压分布可以看出,与 60° 偏角状态相比,气流在第一、二段筒体外壁面拐点处形成旋涡,能量损失增大,在第二、三段筒体内壁面形成的分离区范围增大,气流的能量损失增大,分离区气流总压降低。

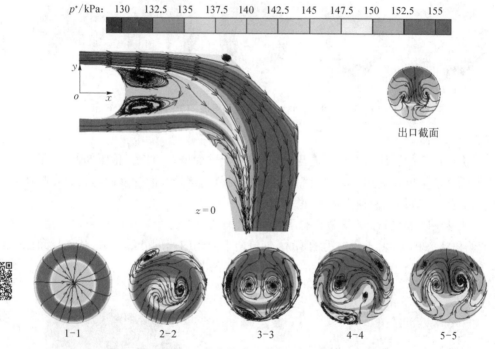

图 4 - 45　喷管 90° 偏角状态下各截面气流的总压及流线分布

截面 2 上壁面偏左位置出现旋涡,这是由于喷管 90° 偏角状态下,气流受到的向心力增大,从剖面流线可以看出,气流在第一段筒体末端已经有向下流动的趋势,因此第一段筒体末端,气流已经受到向心力的作用,第一段筒体末端贴近上壁面的气流在压差的作用下向下流动(图 4 - 46),贴近上壁面的气流与主流之间存在速度方向上的差异从而形成旋涡。在压差的作用下,截面 2 的中心区域还出现小范围的对涡。

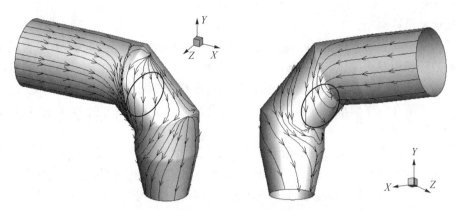

图 4 - 46　喷管 90° 偏角状态下近壁面气流的流线分布

截面 3 的流线趋势与 60° 偏角状态相似,由流线分布可以看出,靠近上壁面的气流沿壁面两侧向下流动,由于气流向下流动的速度分量增大(图 4 - 46),截面 3 靠近壁面两侧的旋涡向下移动,且范围增大。

截面 4 的上壁面偏右位置出现旋涡,该旋涡与截面 2 上壁面偏左位置漩涡的形成机理相同。与 60° 偏角状态相比,截面 4 仍然存在喷管中心区域的对涡及靠近喷管下壁面的旋涡,截面 3、4、5 下壁面附近的压力进一步降低,气流在分离区内的旋涡强度增大,能量损失增大,气流总压降低。

通过分析喷管矢量状态下的流场特征,获得了定常状态下,喷管内气流的能量损失机理。在小矢量角下,气流的流动相对简单,气流在尾锥后产生回流区,壁面偏折对气流的影响较小,气流在向心力的作用下在中心区域形成强度较弱对涡,喷管上壁面两侧,由于贴近壁面气流与主流流动方向的不同形成小范围的旋涡,气流的能量耗散主要发生在尾锥后回流区及中心区域的对涡。在大矢量角下,气流的流动相对复杂,喷管上壁面两侧的旋涡强度增大,气流在两段筒体外壁面相接的拐点处产生回流区,在内壁面拐点处形成分离区,气流的能量耗散主要发生在尾锥后的回流区、中心区域的对涡、靠近壁面两侧的旋涡,外壁面拐点的回流区及内壁面拐点的分离区,且旋涡的强度和能量损失随喷管偏角的增大而增大。

4.5.2　三轴承偏转喷管气动性能

图 4 - 47~图 4 - 50 为采用 CFD 数值方法获得的三轴承偏转喷管在 0°、30°、60°、90° 偏角状态下的气动性能。图 4 - 47 为喷管出口总压恢复系数随偏角及落压比的变化规律,从图中可以看出,相同落压比条件下,总压恢复系数随偏角的增大而减小,该结果与流场特征分析中喷管内气流的流动损失随喷管偏角的增大而增大相对应。当偏角一定时,总压恢复系数随落压比的增大而减小,这是由于喷管内的气流速度随落压比的增大而增大,气流速度的增大使流动损失增大,从而导致

总压恢复系数减小。

图 4-48 为喷管流量系数随偏角及落压比的变化规律,图 4-49 为喷管的推力系数随偏角及落压比的变化规律。从图中可以看出,相同落压比条件下,喷管的流量系数及推力系数随着偏角的增大而减小,由喷管内的流场特征分析可知,喷管偏转使气流在内壁面形成分离,从而导致喷管出口内壁面气流的速度降低,喷管的流量及推力减小。

图 4-50 为喷管推力矢量角随偏角的变化规律,从图中可以看出,推力矢量角与偏角之间呈线性关系且略大于偏角,这是由于随着喷管偏角的增大,喷管内壁面存在一定的气流分离,相比于外壁面附近的气流速度,内壁面附近的气流速度较小,喷管出口的收缩型面导致喷管出口外壁面附近气流的偏角增大,加之外壁面气流速度比内壁面气流速度大,从而导致喷管的推力矢量角略大于实际偏角。

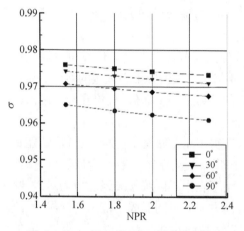

图 4-47 σ 随 β 及 NPR 的变化规律

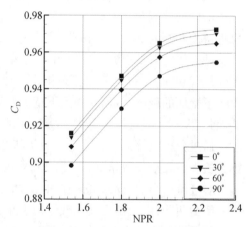

图 4-48 C_D 随 β 及 NPR 的变化规律

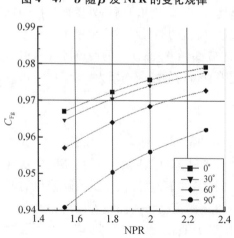

图 4-49 C_{Fg} 随 β 及 NPR 的变化规律

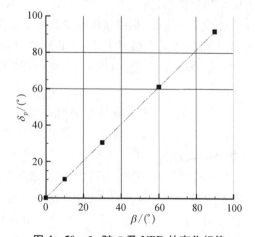

图 4-50 δ_p 随 β 及 NPR 的变化规律

4.6　三轴承偏转喷管地面效应分析

随着推力矢量技术的出现及发动机技术水平的提高,美国、俄国的 S/VTOL 战斗机均采用前升力发动机/升力风扇+升力/巡航发动机的动力布局,该动力布局的主要优势在于可减小推进系统的横截面积有利于飞机实现超声速飞行,且尽可能地减小了飞机在飞行中的死重。采用该种动力布局的推进系统主要通过分布在机身前后位置的动力装置产生的两股高速喷流获得向上的升力,飞机在近地面垂直起降时,推进系统排出的高速喷流与地面发生干涉,喷流的卷吸效应使飞机下表面压力降低从而产生升力损失,此外,发动机的进气道会吸入推进系统排出的高温燃气,从而造成进气道内气流的温度畸变,影响发动机的稳定工作。上述推进系统产生的高温、高速的喷流与地面干涉引起的升力损失及进气道内的温度畸变是 S/VTOL 飞机地面效应中的两个重要的研究方向。本节针对前置升力风扇与后置升力/巡航发动机矢量喷管的动力布局,开展双喷流与地面干涉效应研究,分析气动参数及几何参数对双喷流与地面之间干涉效应的影响。

4.6.1　计算模型及参数定义

采用三维 CFD 数值方法建立双喷流与地面之间干涉效应的数值模型,计算域如图 4-51 所示。计算域中的喷流出口直径为 d,两喷流之间的中心距为 s,平板距地面的高度为 h,来流速度为 u,冷流落压比为 NPR,速度为 v,冷、热喷流的动量比为 R,计算域中还包括外场环境、平板及地面等模型。当来流速度 $u \neq 0$ 时,计算域进口(A)及上表面(B)采用远场边界条件,当来流速度 $u=0$ 时,计算域进口(A)及上表面(B)采用压力出口边界条件,计算域出口(D)及侧表面(C)也同样采用压力出口边界条件,计算域中的地面(E)及平板的上、下表面采用壁面边界条件,由于模型相对于 xz 平面对称,xz 平面采用对称面边界条件。分别在地面、平板的上、下壁面附近进行网格加密、保证网格的 y^+ 值不超过 5。

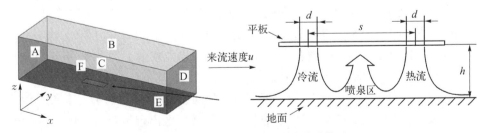

图 4-51　双喷流与地面干涉效应计算域

A. 远场进(出)口;B. 远场(出口)边界;C. 出口边界;D. 出口边界;E. 壁面;F. 对称面

从图 4-51 可以看出,平板下方的冷、热喷流在平板与地面之间形成了喷泉区,喷泉区气流对平板产生向上的升力,同时,由单喷流地面干涉模型可知,环境气流在喷流的卷吸作用下在平板下表面形成低压区,对平板产生向下的吸力,因此双喷流近地面条件下的升力损失是喷泉效应与下吸效应共同作用的结果。根据平板下表面的受力情况,定义双喷流的升力损失系数为

$$C_f = \frac{\left| \int_{A_t} p_t dA + \int_{A_u} p_u dA \right|}{F_{j1} + F_{j2}} \qquad (4-70)$$

式中,F_{j1} 为前喷管产生的升力;F_{j2} 为后喷管产生的升力;$\int_{A_t} p_t dA$ 为平板上表面所受到的合力;$\int_{A_u} p_u dA$ 为平板下表面所受到的合力。

定义喷泉区气流产生的升力为 F_f,卷吸区气流产生的下吸力为 F_i,平板下表面所受到的合力可表示为

$$\int_{A_u} p_u dA = F_f + F_i \qquad (4-71)$$

由于平板上表面的压力变化较小,故仅通过平板下表面压力的变化分析双喷流与地面干涉引起的升力损失机理。当来流存在一定的速度时,来流可能对喷泉效应及下吸效应产生一定的影响,除此之外,喷流落压比、前后喷流动量比、平板距地高度、喷流间距等参数都将影响双喷流与地面的干涉效应。因此本书建立双喷流与地面之间的干涉效应的数值模型,研究各几何参数(喷管间距 s、平板高度 h)及气动参数(来流速度 u、冷流压比 NPR、冷热喷流动量比 R)对双喷流与地面干涉效应的影响,为使研究结果具有一定的普遍意义,分别将喷流间距、平板高度及来流速度无量纲处理为:$S = s/d$,$H = h/d$,$U = u/v_j$。

4.6.2 平板高度对升力损失的影响分析

表 4-6 为 $H=3$ 及 $H=11$ 时平板下表面的受力情况。从表中可以看出,平板下表面所受的喷泉力小于下吸力,平板所受合力方向与下吸力方向相同,当 H 由 3 增大到 11 时,喷泉力与下吸力均有所减小,其中喷泉力减小了 71.8%、下吸力减小了 86.8%,平板下表面所受的合力减小,升力损失系数减小。

图 4-52 为 $H=3$ 及 $H=11$ 时平板下表面的静压分布。从图中可以看出,两高度下平板下表面的高压区均出现在两喷流之间,低压区出现在喷流周围,比较 $H=3$ 与 $H=11$ 时平板下表面的静压分布可以看出,当 H 增加时,高压区压力减小,喷泉力减小,喷流附近的低压区压力升高,下吸力减小。

表 4-6　$H=3$ 及 $H=11$ 时平板下表面的受力情况
（$S=7.5$，NPR$=2.25$，$R=1$，$U=0$）

	$H=3$	$H=11$
F_f/N	147.8	41.63
F_i/N	−561.5	−73.9
F_f+F_i/N	−413.7	−32.27
C_f	0.2356	0.0184

p/kPa:　98.5　99.2　99.9　100.6　101.3　102　102.7　103.4　104.1　104.8　105.5

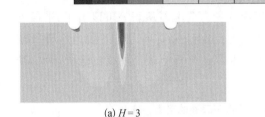
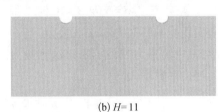

(a) $H=3$　　　　　　　　　　　　　　(b) $H=11$

图 4-52　$H=3$ 及 $H=11$ 时平板下表面的静压分布（$S=7.5$，NPR$=2.25$，$R=1$，$U=0$）

图 4-53 为对称面上的马赫数及流线分布，从图中可以看出，平板高度增加时，喷流在地面附近的速度随平板高度的增加而不断衰减，两股气流交汇形成的喷

Ma:　0.1　0.2　0.3　0.4　0.5　0.6　0.7　0.8　0.9　1.0　1.1

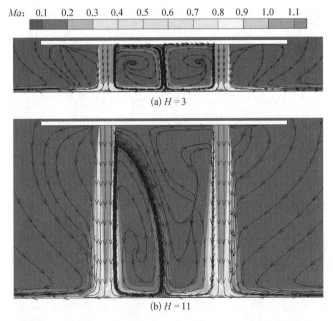
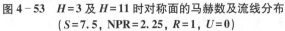

(a) $H=3$

(b) $H=11$

图 4-53　$H=3$ 及 $H=11$ 时对称面的马赫数及流线分布
（$S=7.5$，NPR$=2.25$，$R=1$，$U=0$）

泉区气流速度减小,喷泉区气流的动量随之减小,喷泉区气流向上流动时,速度随高度的升高而逐渐减小,气流动量随高度的升高逐渐衰减,因此喷泉力随平板高度的增加而减小。从图中的流线分布可以看出,当 H 较小时,喷泉区气流与地面之间的倾斜角较小,平板下表面附近的喷泉区气流沿平板下表面向两侧喷流方向流动,喷泉区气流在喷流附近受到喷流的卷吸作用在喷流与喷泉区之间形成低压区。当 H 较大时,喷泉区气流与地面之间的倾斜角较大,这是由于热喷流周围的环境气流受热后压力增大导致喷泉区气流向冷流方向倾斜。

4.6.3　喷流间距对升力损失的影响分析

表 4-7 为 $S=5$ 及 $S=10$ 时平板下表面的受力情况。从表中可以看出,平板下表面所受的喷泉力小于下吸力,当 S 由 5 增大到 10 时,喷泉力与下吸力均有所减小,其中喷泉力减小了 8.5%、下吸力减小了 1.8%,平板下表面所受的合力增大,升力损失系数增大。

表 4-7　$S=5$ 及 $S=10$ 时平板下表面的受力情况
（$H=7$, NPR$=2.25$, $R=1$, $U=0$）

	$S=5$	$S=10$
F_f/N	108.49	99.27
F_i/N	-167	-164
F_f+F_i/N	-58.51	-64.73
C_f	0.033	0.037

图 4-54 为 $S=5$ 及 $S=10$ 时平板下表面的静压分布。比较 $S=5$ 与 $S=10$ 的平板下表面的静压分布可以看出,当 S 较大时,喷泉区的压力及范围减小,喷泉力减小,前喷流附近的低压区出现在喷流与喷泉区之间的区域,当 S 较小时,喷泉区的压力及范围增大,喷泉力增大,前喷流附近的低压区出现在喷流外侧区域,这是由于当 S 较小时,平板下表面的喷泉区位置靠近前喷流,由于喷流间距

p/kPa: 99.5　99.9　100.3　100.7　101.1　101.5　101.9　102.3　102.7　103.1　103.5

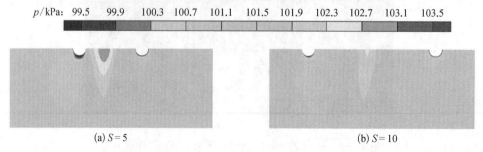

(a) $S=5$　　　　　　　　　　　　　　　(b) $S=10$

图 4-54　$S=5$ 及 $S=10$ 时平板下表面的静压分布（$H=7$, NPR$=2.25$, $R=1$, $U=0$）

较小,喷泉区气流在两喷流间没有足够的空间形成喷流卷吸作用下的低压区,因此喷泉区气流在平板下表面绕过前喷流在喷流外侧形成喷流卷吸作用下的低压区,当 S 较大时,两喷流间的空间充足,喷泉区气流在两喷流之间的区域形成喷流卷吸作用下的低压区。通过比较 $S=5$ 与 $S=10$ 的平板下表面的静压分布可以得出,平板下表面的喷泉区气流与喷流之间发生干涉,喷泉区气流在喷流的卷吸作用下在喷流周围形成低压区,降低了喷流周围的压力,使下吸力的值增大。

图 4 - 55 为对称面上的马赫数分布,从图中可以看出,当喷流间距较小时,喷泉区气流速度较大,喷泉区气流动量也随之增大,平板下表面受到的喷泉力增大,反之,喷流间距的增大减弱了喷泉区气流的速度及动量,使喷泉力减小。由平板下表面的压力分布及受力情况可以看出,S 对双喷流地面干涉效应的影响主要体现在喷泉力的变化,S 增大时,喷泉力减小,平板下表面所受向下的合力增大,升力损失增大。

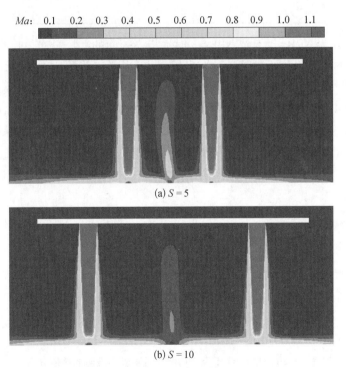

(a) $S=5$

(b) $S=10$

图 4 - 55　$S=5$ 及 $S=10$ 时对称面的马赫数分布
($H=7$, NPR$=2.25$, $R=1$, $U=0$)

4.6.4　喷流落压比对升力损失的影响分析

表 4 - 8 为 NPR$=1.5$ 及 NPR$=3$ 时平板下表面的受力情况。从表中可以看

出,平板下表面所受的合力与下吸力方向相同,当 NPR 由 1.5 增大到 3 时,喷泉力与下吸力均有所增大,其中喷泉力增大约 3.13 倍、下吸力增大约 2.4 倍,平板下表面所受的合力增大,由于平板下表面以喷泉力的增大为主,且由单喷流与地面干涉效应可知,单喷流的升力损失系数随 NPR 的增大而减小,因此,在喷泉力与下吸力的共同作用下,双喷流条件下的升力损失系数随喷流落压比的增大而减小。

表 4-8　NPR=1.5 及 NPR=3 时平板下表面的受力情况
(H=7, S=7.5, R=1, U=0)

	NPR=1.5	NPR=3
F_f/N	41.04	169.64
F_i/N	-79.92	-271.88
F_f+F_i/N	-38.88	-102.24
C_f	0.047	0.041

图 4-56 为 NPR=1.5 及 NPR=3 时平板下表面的静压分布。比较 NPR=1.5 与 NPR=3 的平板下表面的静压分布可以看出,当喷流落压比增大时,喷泉区压力增大,喷泉力增大,同时,喷流周围的低压区范围增大,下吸力增大。喷泉力增大的原因可由图 4-57 中对称面上的马赫数分布看出,喷流落压比增大时,喷泉区气流速度随喷流速度的增大而增大,从而导致喷泉力增大,下吸力增大的原因一方面是由喷流速度的增大造成的,另一方面是由高速的喷泉区气流与喷流之间的干涉造成的。

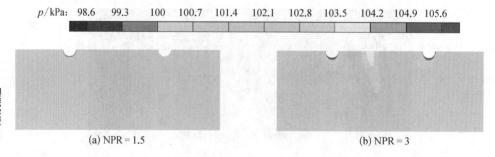

p/kPa:　98.6　99.3　100　100.7　101.4　102.1　102.8　103.5　104.2　104.9　105.6

(a) NPR=1.5　　　　　　　　　　　(b) NPR=3

图 4-56　NPR=1.5 及 NPR=3 时平板下表面的静压分布
(H=7, S=7.5, R=1, U=0)

综上所述,喷泉力受喷流落压比的影响较大,当喷流落压比增大时,平板下表面的受力以喷泉力的增大为主,因此,当喷流落压比增大时,升力损失系数主要受到喷泉力的影响,随喷流落压比的增大而减小。

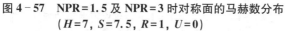

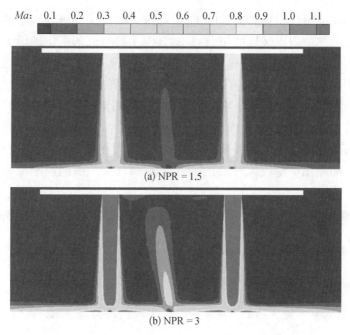

(a) NPR = 1.5

(b) NPR = 3

图 4 - 57　**NPR = 1.5 及 NPR = 3 时对称面的马赫数分布**
（$H = 7$，$S = 7.5$，$R = 1$，$U = 0$）

4.6.5　喷流动量比对升力损失的影响分析

表 4 - 9 为 $R = 0.7$ 及 $R = 1.3$ 时平板下表面的受力情况。从表中可以看出，平板下表面所受的喷泉力小于下吸力，当 R 由 0.7 增大到 1.3 时，喷泉力与下吸力均有所减小，其中喷泉力减小了 17.42%、下吸力减小了 26.46%，平板下表面所受的合力减小，升力损失系数减小。

表 4 - 9　$R = 0.7$ 及 $R = 1.3$ 时平板下表面的受力情况
（$H = 7$，$S = 7.5$，$NPR = 2.25$，$U = 0$）

	$R = 0.7$	$R = 1.3$
F_f / N	106.63	88.05
F_i / N	-200.82	-147.69
$F_f + F_i / N$	-94.19	-59.64
C_f	0.044	0.039

图 4 - 58 为 $R = 0.7$ 及 $R = 1.3$ 时平板下表面的静压分布。从图中可以看出，当后喷流动量较大时，喷泉流形成的高压区靠近前喷流位置，前喷流周围区域气流在喷流的卷吸作用下形成低压区，该低压区受到喷泉区位置的影响移动到前喷流

外侧区域,由于喷泉区位置靠近前喷流,前喷流与喷泉区气流发生干涉,前喷流的卷吸程度增强,喷流周围区域的压力减小,且由于后喷流落压比的增大,后喷流周围的低压区范围增大。当后喷流动量较小时,喷泉流形成的高压区靠近后喷流位置,后喷流周围区域形成喷流卷吸作用下的低压区,该低压区受到喷泉区位置的影响移动到后喷流外侧区域,由于喷泉区位置靠近后喷流,后喷流与喷泉区气流发生干涉,后喷流的卷吸程度增强,喷流周围区域的压力减小,且由于后喷流落压比的减小,后喷流周围的低压区范围减小。图 4-59 为对称面上的马赫数分布,从图中可以看出,当后喷流动量较大时,前后喷流在地面的交汇点向前喷流方向移动,对

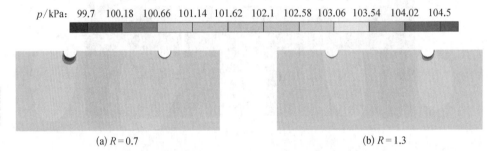

(a) $R = 0.7$ (b) $R = 1.3$

图 4-58　$R=0.7$ 及 $R=1.3$ 时平板下表面的静压分布
($H=7$, $S=7.5$, NPR$=2.25$, $U=0$)

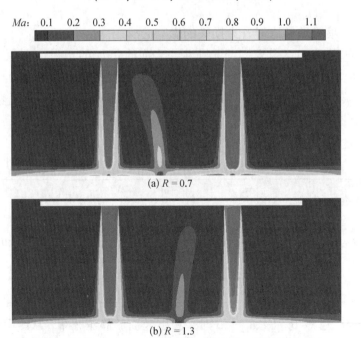

(a) $R = 0.7$

(b) $R = 1.3$

图 4-59　$R=0.7$ 及 $R=1.3$ 时对称面的马赫数分布
($H=7$, $S=7.5$, NPR$=2.25$, $U=0$)

称面的喷泉区气流也向前喷流方向倾斜,当后喷流动量较小时,前后喷流在地面的交汇点向后喷流方向移动,对称面的喷泉区气流向后喷流方向倾斜。

由平板下表面的受力情况及对称面的马赫数分布可以看出,当前后喷流的动量比减小时,后喷流落压比增大,喷泉区气流向冷流方向的倾斜角增大,导致平板下表面受到的喷泉力相对减小,升力损失相对增大,因此两喷流之间的动量比对双喷流升力损失的影响主要体现在平板下表面受到的喷泉力的变化。

4.6.6　来流速度对升力损失的影响分析

表 4-10 为 $U=0$ 及 $U=0.03$ 时平板下表面的受力情况。从表中可以看出,平板下表面所受的喷泉力小于下吸力,平板所受的合力方向向下,当 U 由 0 增大到 0.03 时,喷泉力与下吸力均有所减小,其中喷泉力减小至 0、下吸力减小了 27.37%,平板下表面所受的合力增大,升力损失系数增大。

表 4-10　$U=0$ 及 $U=0.03$ 时平板下表面的受力情况
($H=3$, $S=10$, $R=1$, NPR=2.25)

	$U=0$	$U=0.03$
F_f/N	108.49	0
F_i/N	-167	-121.29
F_f+F_i/N	-58.51	-121.29
C_f	0.037	0.066 5

图 4-60 为 $U=0$ 及 $U=0.03$ 时,平板下表面的静压分布图。从图中可以看出,当 $U=0$ 时,喷泉区气流在平板下表面形成的高压区出现在两喷流之间的区域,前喷流卷吸作用形成的低压区出现在前喷流外侧,当 $U=0.03$ 时,来流在平板下表面前端发生分离形成低压区,平板下表面由喷泉流形成的高压区消失,喷泉力变为 0,喷流附近的低压区的压力增大,下吸力的值减小,图 4-61 为对称面上的马赫数

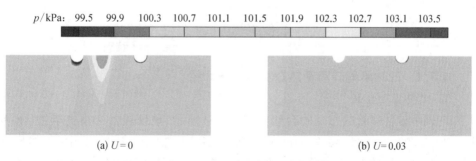

p/kPa:　99.5　99.9　100.3　100.7　101.1　101.5　101.9　102.3　102.7　103.1　103.5

(a) $U=0$　　　　　　　　　　　　　(b) $U=0.03$

图 4-60　$U=0$ 及 $U=0.03$ 时平板下表面的静压分布
($H=3$, $S=10$, $R=1$, NPR=2.25)

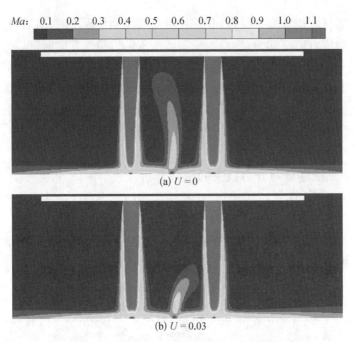

图 4-61　U=0 及 U=0.03 时对称面的马赫数分布
（H=3，S=10，R=1，NPR=2.25）

分布，从图中可以看出，当来流速度为 0 时，喷泉区气流向冷流方向倾斜，当 U=
0.03 时，两股喷流形成的喷泉区气流随来流向后倾斜，由于来流速度较大，来流与
喷泉区气流发生干涉，喷泉区的高速气流在来流的影响下没有流动到平板的下表
面，平板下表面的喷泉流与喷流之间的干涉效应消失，因此由喷泉区的高速气流引
起的下吸力消失，下吸力的值减小。

　　由来流对平板下表面压力分布的影响可以看出，一方面，来流可以减弱喷泉流
与喷流之间的干涉使下吸力的值减小；另一方面，来流过大时，喷泉力消失，平板主
要受到下吸力的作用，升力损失增大。

4.7　三轴承偏转喷管热态模型试验

4.7.1　三轴承偏转喷管热态实验设备介绍

1. 热态实验台架

　　三轴承偏转喷管热态试验台架如图 4-62 所示，该试验台架由上卡箍、下卡
箍、主台架组成。主台架由发动机支撑架及喷管支撑架构成，喷管采用吊挂的形式
固定在喷管支撑架上，主要通过两种方式完成。一个是通过卡箍与发动机连接段
的焊接来吊挂，另一个是通过发动机连接段上伸出的吊挂杆与主台架通过螺栓连

接来完成吊挂。发动机与三轴承偏转喷管在试验台架上的三维安装模型如图
4-63 所示。

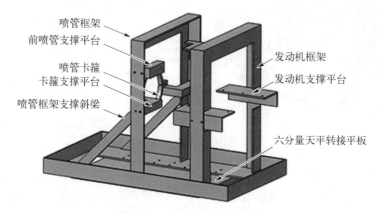

图 4-62　试验台架三维模型

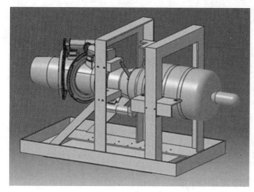

**图 4-63　三轴承偏转喷管热态试验
台架安装模型**

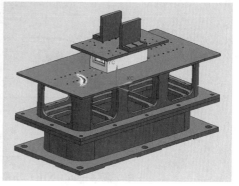

**图 4-64　六分量天平本体、
支撑座及转接板**

2. 六分量天平测试平台

六分量天平测试平台主要用于推力、升力和侧向力以及俯仰力矩、偏航力矩和
滚转力矩六个分量的测量,测量精度为 0.5%。该测试平台主要包括天平本体(图
4-64)、天平支撑座、转接板、直流电源、信号采集、数值处理系统。其中,六分量天
平本体长度为 300 mm,宽度为 130 mm,高度为 80 mm,主要性能指标如推力 F_x:
1 000 N;升力 F_y: 1 000 N;侧向力 F_z: 1 000 N;俯仰力矩 M_z: 3 000 N·m;滚转力矩
M_x: 1 000 N·m;偏航力矩 M_y: 2 000 N·m。

数据采集系统型号为 Keithley2700,配备 7700 控制测量模块,如图 4-65 所
示。该测量识别将精密测量、程控开关和控制功能集成在一个紧凑的机箱内,可安
装在机架上或台面上使用。

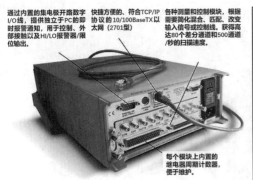

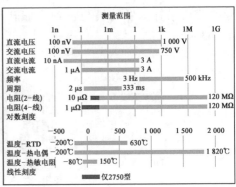

图 4 - 65　Keithley 测控系统及测量范围

3. AWT 涡轮喷气发动机

热态实验采用的小型涡喷发动机为 AMT NIKE 涡喷发动机,其轮廓尺寸如图 4 - 66 所示。

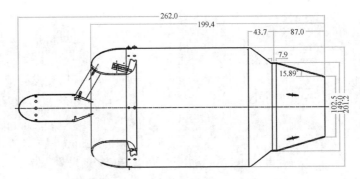

图 4 - 66　NIKE 小型涡喷发动机(单位: mm)

根据发动机工作手册提供的关键部件的设计点参数及推力性能,如图 4 - 67 所示,优化获得了发动机各部件的设计点参数,如表 4 - 11 所示。将该设计点参数代入发动机总体性能计算模型中,得到了该设计参数下的发动机性能,并将该性能与试验数据进行了对比,如表 4 - 12 所示,从计算结果与试验数据的对比中可以看出,该发动机总体性能计算模型可靠。

表 4 - 11　发动机部件设计点参数

部件设计参数	值
发动机进口空气流量/(kg/s)	1.394
压气机增压比	4
压气机效率	0.753
涡轮效率	0.725

续　表

部件设计参数	值
燃烧室出口温度/K	1 278
燃烧室效率	0.99
燃烧室总压恢复系数	0.95
转轴机械效率	0.99
涡轮出口涵道总压恢复系数	0.95
喷管推力系数	0.98
喷管流量系数	0.905
喷管出口面积/m²	0.007 86

表 4-12　发动机设计点性能

发动机设计点性能参数	计算值	试验值	误　差
推力/N	787	797	1.25%
单位燃油消耗率/[g/(kN·s)]	39.14	38.35	2.06%
燃油流量/(kg/s)	0.030 8	0.030 67	0.4%
喷管出口气流速度/(m/s)	563.74	558	1%

说明书	
发动机直径	0.201 m
发动机长度	0.524 m
发动机质量	9.15 kg
机载系统质量	11.3 kg
最大转速推力	784 N
最大转速	61.5 r/min
空转推力	40 N
最大转速压比	4:1
流量	1.25 kg/s
正常排气温度	1 073 K
最大排气温度	1 148 K
耗油量	30.67 g/s
耗油率	40.36 g/(kN·s)
起动方式	直接煤油起动系统

图 4-67　发动机性能能参数

4.7.2 三轴承偏转喷管热态实验结果

为了比较三轴承偏转喷管对发动机推力性能的影响,在给出三轴承偏转喷管热态实验结果之前,首先给出带原装喷管的发动机热态实验结果。

1. 原装喷管热态实验结果

如图 4-68 所示,将带原装喷管的发动机安装在转接架上,测量了多个转速状态点的推力参数,并基于实测大气温度和大气压力将发动机转速和推力修正至海平面标准大气压力条件(SLS)下,修正关系如下:修正推力=实测推力×海平面标准大气压力/环境压力;修正转速=实测转速×(海平面标准大气温度/环境温度)$^{0.5}$。

(a) 侧面视图　　　　　　　　　　　　　(b) 侧后视图

图 4-68　原装喷管试车

如图 4-69 所示,实验结果与 AMT NIKE 发动机的出厂数据进行对比,由图 4-69 可以看出,本实验过程中所获得的各推力点均落在生产商提供的推力曲线

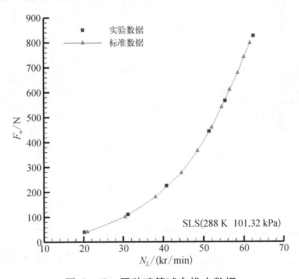

图 4-69　原装喷管试车推力数据

上,这能够说明本次实验结果的准确性与可靠性。另外可以看出,在物理最大转速上,本实验数据测得推力大于生产商给定推力,主要因为本次实验中,获得的最大折合转速(62.43 kPa)大于生产商的最大转速(61.5 kPa),根据推力与转速平方近似呈正比关系的规律,可以判定,本实验中获得数据可信。

2. 三轴承偏转喷管 30°矢量角下热态实验结果

三轴承偏转喷管 30°矢量角时,在六分量天平测量台架上进行了发动机的节流特性测试,如图 4-70 所示,图中分别给出了不同视角下的图片,此时为了保证推力矢量角的稳定,需要接通驱动电机电源,以使得喷管的各段筒体保持静止。

(a) 侧面视图　　　　　　　　　　　(b) 侧后视图

图 4-70　三轴承偏转喷管 0°矢量角下节流特性测试

表 4-13 和图 4-71 分别给出了,三轴承偏转喷管 30°矢量角时,发动机的推力随着转速的变化。其中表 4-13 还给出了发动机修正转速和修正推力。

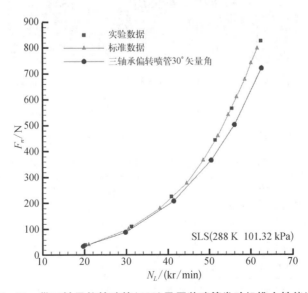

图 4-71　带三轴承偏转喷管(30°)及原装喷管发动机推力性能比较

表4-13　AMT NIKE 发动机带三轴承偏转喷管(30°)试车数据

物理转速 /(kr/min)	修正转速 /(kr/min)	推力/N	修正推力/N	试车环境 大气温度/K	试车环境 大气压力/kPa
19.5	19.67	32.60	34.12	—	—
29.5	29.75	84.57	88.52	—	—
41.0	41.35	198.25	207.51	283.1	96.8
50.0	50.43	348.94	365.23	—	—
55.5	55.98	480.73	503.18	—	—
62.0	62.53	689.13	721.31	—	—

3. 三轴承偏转喷管 60°矢量角下热态实验结果

三轴承偏转喷管 60°矢量角时,在六分量天平测量台架上进行了发动机的节流特性测试,如图 4-72 所示,图中给出了实验的侧视图,此时为了保证推力矢量角的稳定,需要接通驱动电机电源,以使得喷管的各段筒体保持静止。

图4-72　三轴承偏转喷管 60°矢量角下节流特性测试

表 4-14 和图 4-73 分别给出了,三轴承偏转喷管 90°矢量角时,发动机的推力随着转速的变化。其中表 4-14 还给出了发动机修正转速和修正推力。

表4-14　AMT NIKE 发动机带三轴承偏转喷管(60°)试车数据

物理转速 /(kr/min)	修正转速 /(kr/min)	推力/N	修正推力/N	试车环境 大气温度/K	试车环境 大气压力/kPa
19.5	19.67	30.29	31.71	—	—
29.5	29.75	80.65	84.42	283.1	96.8
40.0	40.34	178.49	186.82	—	—
50.0	50.43	352.40	368.86	—	—

续　表

物理转速 /(kr/min)	修正转速 /(kr/min)	推力/N	修正推力/N	试车环境 大气温度/K	试车环境 大气压力/kPa
55.0	55.47	471.74	493.77	—	—
62.0	62.53	700.97	733.70	—	—

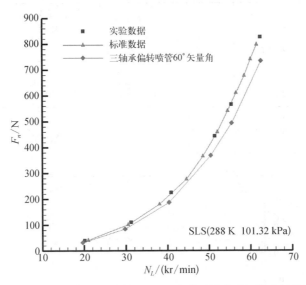

图 4‑73　带三轴承偏转喷管(60°)及原装喷管发动机推力性能比较

4. 三轴承偏转喷管 90°矢量角下热态实验结果

三轴承偏转喷管 90°矢量角时,在六分量天平测量台架上进行了发动机的节流特性测试,如图 4‑74 所示,分别给出了三轴承偏转喷管的不同视角下的实物图,此时为了保证推力矢量角的稳定,需要接通驱动电机电源,以使得喷管的各段筒体保持静止。

(a) 侧面视图　　　　　　　　　　(b) 侧后视图

图 4‑74　三轴承偏转喷管 90°矢量角下节流特性测试

　　表4-15和图4-75分别给出三轴承偏转喷管90°矢量角时,发动机的推力随着转速的变化。其中表4-15还给出了发动机修正转速和修正推力。通过对比最大工况下带三轴承偏转喷管(90°矢量角)与原装喷管的发动机推力能够发现,推力损失约为14%。

表4-15　AMT NIKE 发动机带三轴承偏转喷管(90°)试车数据

物理转速 /(kr/min)	修正转速 /(kr/min)	推力/N	修正推力/N	试车环境 大气温度/K	试车环境 大气压力/kPa
19.5	19.67	31.64	33.12	—	—
31.5	31.77	94.41	98.82	—	—
40.5	40.85	182.72	191.25	283.1	96.8
50.0	50.43	335.03	350.67	—	—
54.5	54.97	450.88	471.93	—	—
62.0	62.53	686.74	718.81	—	—

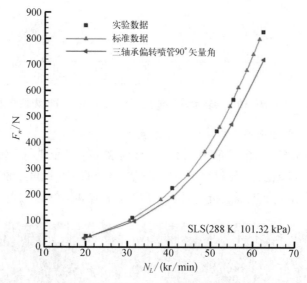

图4-75　带三轴承偏转喷管(90°)及原装喷管发动机推力性能比较

　　5. 三轴承偏转喷管大工况多次往返90°偏转动态试车实验结果

　　为了进一步验证三轴承偏转喷管结构的可靠性,进行了长时间的、最大工况下的反复偏转验证试验。其流程如下:① 在三轴承偏转喷管0°时,将发动机的油门杆推至最大;② 发出三轴承偏转喷管90°偏转指令,喷管角度稳定后,停留1分钟;③ 发出三轴承偏转喷管0°偏转指令,短暂停留;④ 再重复第②和第③步骤三次;⑤ 发出三轴承偏转喷管90°偏转指令,喷管角度稳定后,停留4分钟;⑥ 发出三轴承偏转喷管 0°偏转指令,发动机减速,停车。

图 4-76 给出了往返偏转过程中的 y 方向推力变化情况,可以发现经过标准大气转换后,其推力损失最大约为 15%。另外,能够看出除了在该工况下产生推力波动之外,在第四个平台处 F_y 值略有下降,这是因为长时间的高温、高压工作,造成了三轴承偏转喷管第一段轴承内挡圈有一定程度的变形,加厚了内挡圈;另一方面说明,在追求材料(钛合金)轻质的同时,必须考虑其耐高温性,因此建议在采用本喷管进行后续实验时,应尽量控制大角度、高温工作的时间。

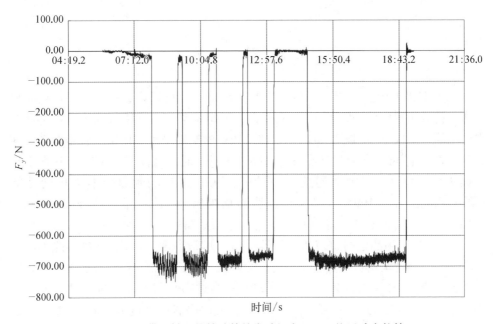

图 4-76 带三轴承偏转喷管的发动机大工况下往返动态偏转

第5章
单膨胀斜面喷管设计方法与应用

5.1 引　　言

　　高超声速飞行器是指飞行马赫数大于5、能在大气层内或跨大气层持续高超声速飞行的飞行器(流火,2004)。它被誉为继螺旋桨飞机和喷气式飞机后世界航空史上的第三次革命,是21世纪航空航天领域的发展趋势。而尾喷管是发动机推力的主要产生部件,研究发现在飞行马赫数 $Ma=6$ 时,喷管产生的推力可达发动机总推力的70%左右,因此尾喷管设计的优劣直接影响到整个发动机的性能(Grarnland et al.,1995)。其中单膨胀斜面喷管(single expansion ramp nozzle, SERN)利于动力系统与飞行器的一体化设计,是目前高超声速飞行器理想的排气装置。SERN采用的是高超声速飞行器后体和喷管高度一体化的构型,这种设计虽然在高超声速马赫数时具有良好的推力系数,但是其在跨声速阶段,由于喷管的压力比下降,喷管气流将会处于过膨胀状态,当过膨胀程度严重时,SERN的上壁面不仅不会产生推力,还有可能会产生阻力,此时喷管的性能显著恶化,推力系数大幅降低。如何改善低马赫数下SERN的性能成为高超声速推进系统一体化设计中的一个重要的亟待解决的科学问题(Christopher et al.,1991)。基于此,本章开展串联式和并联式TBCC发动机用SERN型面设计和流动机理研究,探索基于高压二次流喷射的主动流动控制方法以及基于无源腔结构的被动流动控制方法对SERN过膨胀工作状态下的性能提升效果,研究主动流动控制和被动流动控制结构关键参数对SERN性能及流动特征的影响规律。

5.2　单膨胀斜面喷管设计方法

　　高超声速飞行器后体设计应满足如下要求:产生足够的推力,不同的后体构型会影响燃气的膨胀,因此会影响在后体壁面上的压力分布,因此要设计合适的后体构型以产生飞行器所需的推力;要避免后体燃气尾焰对水平尾翼的影响;要尽可能减小后体下壁面与侧壁面所引起结构质量的增加(Deere et al.,1996)。本节采用特征线法设计 SERN 上膨胀斜面,并完成 SERN 型面设计,数值模拟了 SERN 在不同飞行条件下的流场及性能。

5.2.1　特征线法在 SERN 型面设计中的应用

用于高超声速飞行器的非对称大膨胀比 SERN 型面设计的主要方法是基于特征线理论。从物理观点来看,特征曲线(为简单起见称为特征线)定义为一个物理扰动的传播轨迹。沿着特征线,因变量不能任意地制定,它们必须满足相容性方程。

特征线法的一般理论给出一种用于分析定常二维、平面的与轴对称的无旋超声速流场的数值方法。应用特征线理论,流动控制方程可以由偏微分方程转化为特征方程和相容方程。应用特征线法求解二维无旋超声速流动问题,并利用所得结果设计喷管扩张段型线。

研究理想气体的二维定常无旋无黏流动的气体动力学方程、无旋性条件和声速关系式如下:

$$(u^2 - a^2)u_x + (v^2 - a^2)v_y + 2uvu_y - \delta a^2 v/y = 0 \qquad (5-1)$$

$$u_y - v_x = 0 \qquad (5-2)$$

$$a^2 = a_0^2 - (\gamma - 1)V^2/2 \qquad (5-3)$$

式中, u 为 x 方向速度分量; v 为 y 方向速度分量; a 为当地声速; a_0 为滞止声速; γ 为比热比; V 为速度值; $\delta = 0$ 表示平面流动, $\delta = 1$ 表示轴对称流动。

应用特征线理论,流动控制方程可以由偏微分方程转化为特征线方程和相容方程。二维定常无旋超声速流动的特征线方程和相容性方程如下:

$$(dy/dx)_{\pm} = \lambda_{\pm} = \tan(\theta \pm \alpha)(\text{马赫线}) \qquad (5-4)$$

$$(u^2 - a^2)du_{\pm} + [2uv - (u^2 - a^2)\lambda_{\pm}]dv_{\pm} - (\delta a^2 v/y)dx_{\pm} = 0(\text{沿马赫线}) \qquad (5-5)$$

式中, θ 为流动角; α 为马赫角; λ 为特征线斜率; x、 y 为二维坐标,分别相应于方程(5-4)中的+号和-号的 C_+ 和 C_- 特征线是流动的马赫线,它们被表示在图 5-1 中,方程 5-5 中的下标±表示微分 du 、 dv 和 dx 是分别沿着 C_+ 和 C_- 特征线来

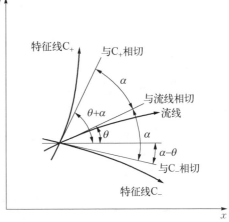

图 5-1　定常二维无旋超声速流动特征线(即马赫线)示意图

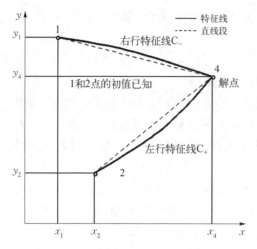

图 5-2　把特征线法用于定常二维无旋超声速流动有限差分网格

确定的。

把改进的欧拉预估-校正法应用于图 5-2 中的有限差分网格,图中实线为特征线,虚线为连接两个点的直线段,计算中使用直线段代替特征线。从而把特征线方程(5-4)和相容性方程(5-5)变成了有限差分形式,如下式所示。

$$\Delta y_{\pm} = \lambda_{\pm} \Delta x_{\pm} \qquad (5-6)$$

$$Q_{\pm} \Delta u_{\pm} + R_{\pm} \Delta v_{\pm} - S_{\pm} \Delta x_{\pm} = 0 \qquad (5-7)$$

$$\lambda_{\pm} = \tan(\theta \pm \alpha) \qquad (5-8)$$

$$Q_{\pm} = u_{\pm}^2 - a_{\pm}^2 \qquad (5-9)$$

$$R_{\pm} = 2u_{\pm} v_{\pm} - (u_{\pm}^2 - a_{\pm}^2)\lambda_{\pm} \qquad (5-10)$$

$$S_{\pm} = \delta a_{\pm}^2 v_{\pm} / y_{\pm} \qquad (5-11)$$

式中,下标+或-分别表示 C_+ 或 C_- 特征线。

以图 5-2 所示的特征线法的有限差分网格(内点)给出了求内点的计算方法,基于用平均参数法来确定有限差分系数的计算方程如下所示。知道内点的计算过程后,可用类似的方法处理壁面点。

$$y_4 - \lambda_+ x_4 = y_2 - \lambda_+ x_2 \qquad (5-12)$$

$$y_4 - \lambda_- x_4 = y_1 - \lambda_- x_1 \qquad (5-13)$$

$$Q_+ u_4 + R_+ v_4 = T_+ \qquad (5-14)$$

$$Q_- u_4 + R_- v_4 = T_- \qquad (5-15)$$

$$T_+ = S_+ (x_4 - x_2) + Q_+ u_2 + R_+ v_2 \qquad (5-16)$$

$$T_- = S_- (x_4 - x_1) + Q_- u_2 + R_- v_1 \qquad (5-17)$$

$$V_{\pm} = \sqrt{u_{\pm}^2 + v_{\pm}^2} \qquad (5-18)$$

$$\theta_{\pm} = \tan^{-1}(v_{\pm} / u_{\pm}) \qquad (5-19)$$

$$a_{\pm} = a(V_{\pm}) \qquad (5-20)$$

$$M_{\pm} = V_{\pm} / a_{\pm} \qquad (5-21)$$

$$\alpha_{\pm} = \sin(1/M_{\pm}) \tag{5-22}$$

$$u_+ = u_2,\ u_- = u_1,\ v_+ = v_2,\ v_- = v_1,\ y_+ = y_2,\ y_- = y_1(预估法) \tag{5-23}$$

$$u_+ = \frac{u_2 + u_4}{2},\ u_- = \frac{u_1 + u_4}{2},\ v_+ = \frac{v_2 + v_4}{2},\ v_- = \frac{v_1 + v_4}{2},$$

$$y_+ = \frac{y_2 + y_4}{2},\ y_- = \frac{y_1 + y_4}{2}(校正法) \tag{5-24}$$

图5-3~图5-5分别给出了在使用特征线法时遇到的三种不同类型的单元过程,这三种单元过程的求法与内点的求法类似。可根据内点的确定过程,用类似方法处理壁面点,壁面点包括直接壁面点和逆置壁面点。

图5-3为一个典型的直接壁面点处的流动情况,由于左行特征线C₊是直接从一个已知的内点(点2)发出的,并直到它与壁面相交(点4)。因为1点处在流场的外面,在物理上是不存在的,连接点1和点4的C₋特征线用虚线表示。为了确定直接壁面点(点4)的位置和流动参数,只有一条特征线和一个相容方程可用。但在壁面上有:$y = y(x)$,$dy/dx = \tan\theta = v/u$,这就提供了两个附加的用于确定点4的位置和流动参数的条件,联立方程(5-12)和方程(5-14)进行求解。

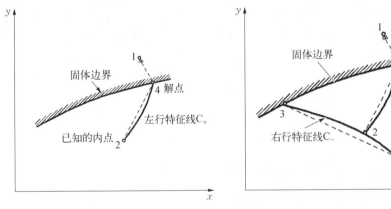

图5-3　对称轴线点单元过程

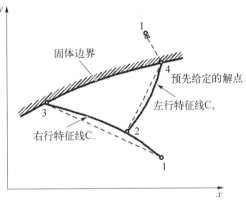

图5-4　逆置壁面点的单元过程

但在流场中参数变化梯度较大的区域中,如喉道区域中,流动参数变化梯度较大,若采用直接壁面点法求解,会导致沿壁面所得解点的间隔太大而不满足所要求的精度。此时可采用逆置壁面点法,它是沿着壁面预先确定解点位置,采用特征线法来确定这些解点上的流动参数。如图5-4所示,初值点1和点3是由早先的计算得到的,点4是预定的解点,点2是通过点4的后伸左行C₊特征线与右行特征线13的交点。由于点4的位置(x_4, y_4)是预定的,所以在点4处只有流动参数需要用特征线法去确定。假如点2的位置和流动参数已知,相容性方程(5-14)加上方程:$dy/dx =$

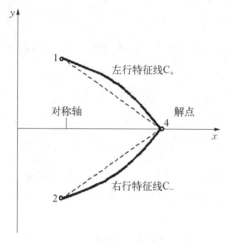

图 5-5 对称轴线点单元过程

$\tan \theta = v/u$ 就可以用来计算 u_4 和 v_4。

对于二维轴对称流动,x 轴是一条对称轴。图 5-5 示意了位于对称轴线上的一个典型的轴线点点 4。假如点 1 是通过点 4 的 C_- 特征线上的一个点,如图所示,可以在对称轴线下确定一个点 2,它是点 1 的镜像点。则点 4 与图 5-2 中的内点相类似。在这种情况下,$y_4 = v_4 = \theta_4 = 0$,这些条件简化了对称轴线点的单元过程。只需要用右行特征线 14 和条件 $y_4 = v_4 = \theta_4 = 0$ 去联立求解方程(5-13)和方程(5-15)来确定 x_4 和 u_4。

5.2.2 串联式 TBCC 发动机用 SERN 型面设计方法

在确定喷管扩张部分(简称扩张段)流场的参数时,误差的主要来源是确定喷管喉道附近(即喉道区)流场的参数时所用的近似。喉道区的几何形状示意如图 5-6 所示。在几种用于分析二维喷管喉道区流场的方法中,索尔(Sauer)的方法是最简单的。为了开始用特征线法来解二维超声速流场,需要一条线,沿着它在整个喉道 $Ma>1$,如图 5-6 中的 OT 线。用特征线法来确定扩张段的超声速流场时,流体的所有气动参数都可以沿一条适于开始进行数值解的线来加以确定(左克罗等,1984)。

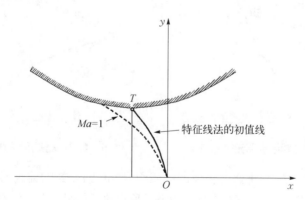

图 5-6 用于特征线法的初值线

根据喉道区域的流场情况建立了初值线以后,特征线法的各种单元过程就可以用于这条初值线下游的流场。图 5-7 中的曲线 TC 为喉道下游处上壁面的型线,选取为一段圆弧,称为上壁面初始膨胀段。在喉道区域中,流动参数的梯度较大,上膨胀斜面初始膨胀段 TC 上的流动参数可用逆置壁面点法求出。沿轴线 x 的

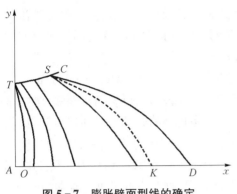

图 5-7　膨胀壁面型线的确定

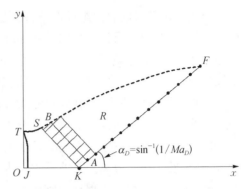

图 5-8　喷管设计的初始膨胀区示意图

流动参数由 TC 上各点发出的右行特征线与水平下壁面确定。在轴线 x 上达到了设计马赫数 Ma_D,产生 Ma_D 的右行特征线用 SK 表示。此时型线 AK 即为下壁面。

要求喷管出口流场是平行均匀的,其 $Ma = Ma_D$ 和 $\theta = 0$。因而,在这个区域中所有的特征线必须是角度 $\alpha_D = \sin^{-1}(1/Ma_D)$ 的直线,如图 5-8 所示。于是一条与 x 轴成 α_D 角的直的特征线由 K 点伸入到下游流场,直到 F 点,通过 KF 线的质量流量等于通过初值线 TJ 的抑制的质量流量。

剩下的问题就是确定变向区域 R 内的流场以及用 SF 表示的那段弯曲壁面型线的形状。这个问题是个在两条不同族的特征线上给定了数据的初值问题,即哥赛特问题(Gourast problem)。图 5-8 表明了如何在区域 R 中沿着 KF 线开始应用内点的单元过程去确定变向区域 R 内的超声速流场。根据沿着从 KF 线上的初始点出发的相应的特征线的质量平衡,就确定了每一个新的壁面点。对 KF 线上各后续的点重复进行这个过程,直到整个弯曲型线 SF 被确定。

一般情况下,产生平行均匀出口流动的喷管非常长,喷管下游型线有很大一部分具有一个接近圆柱形的横截面。在这样长的喷管中就不能忽略附面层的增长问题。因此就必须确定附面层的位移厚度。把弯曲型线 SF 移动一个等于附面层厚度的量就得到了实际的喷管壁面。经过附面层厚度修正后就满足了型线 SF 是一条无黏流线的要求。

文中采用经验公式对喷管型面进行附面层修正(Alaa et al.,2005),确定喷管喉部附面层厚度 $\varphi_{喉部} = 0$,假设喷管扩张段上的附面层厚度随着轴向位置 x 的增加呈线性关系,即 $d\varphi/dx = \tan\varepsilon$,其中 ε 为修正角度,其选取值见表 5-1,Ma 为喷管出口马赫数。

表 5-1　ε 与喷管出口马赫数关系

Ma	2	4	6	8	10
$\varepsilon/(°)$	0.5	0.5	0.7	1.5	2.0

收缩段是喷管的重要组成部分,根据超声速喷管设计的要求,到达喉部的流动应尽可能均匀。只有设计保证收缩段进口截面产生的横向压力梯度和径向分速度逐渐减小,并在喉部截面上趋于0,才能获得均匀的喉部流场。它的结构形式和加工质量对保证扩张段气流均匀度、控制流场湍流度和边界层厚度起着至关重要的作用。根据国内外喷管型面的研究经验,常用的收缩段型面可采用双圆弧、维托辛斯基曲线、双三次曲线或五次曲线等设计方法。考虑到喷管的重量和造价问题,收缩段的长度不宜过长;但收缩段的长度也不能过短,否则会出现气流的不均匀流动现象,甚至发生气流分离。收缩段的性能主要取决于收缩比 $n = D_0/D_t$(D_t 为喉部的直径)和收缩曲线。在保证收缩段性能的前提下,收缩段的长度 l 通常为 $0.5 \sim 1.0D_0$,其中 D_0 为收缩段的入口直径。

收缩段选取维托辛斯基曲线进行设计,维托辛斯基公式是在理想不可压轴对称流的情况下推导出来的,可由下式表示:

$$r = \frac{r_e}{\sqrt{1 - \left[1 - \left(\frac{r_e}{r_0}\right)^2\right]\dfrac{\left(1 - \dfrac{x^2}{l^2}\right)^2}{\left(1 + \dfrac{x^2}{3l^2}\right)^3}}} \tag{5-25}$$

式中各参数的定义见第4章中的图4-3,在给定长度 l 和进出口尺寸(r_0 和 r_e)后,采用维托辛斯基曲线的收缩段型线基本确定。

假定设计点飞行高度 ALTP = 27.5 km,飞行马赫数 $Ma = 4.5$。SERN 由稳定段、矩形收缩段、矩形扩张段和单膨胀斜面延伸段构成。喷管进口参数由发动机总体计算提供,喷管宽度根据发动机燃烧室出口直径确定。

SERN 几何和气动参数:根据设计点发动机出口流量、总温、总压(m_{g8} = 331.23 kg/s,$T_8^* = 2\,000$ K,$p_8^* = 303\,435$ Pa)确定 SERN 喉道面积 $A_t = 1.208\,4$ m^2,由 SERN 宽度 $W_n = 2.366$ m,得到喷管喉道高度 $H_t = 0.511$ m,喉部宽高比为 4.63。根据环境参数得到 27.5 km 高度处自由流压力为 1\,712.4 Pa,可知喷管设计点落压比 NPR = 177。

按照以上计算得到 SERN 关键截面的参数,进行喷管设计得到 SERN 的二维型面,如图 5-9 所示,考虑到外流的影响,在喷管内部型面的基础上加入了上下两部分外部型面。SERN 的结构参数如下:内膨胀比 $A_l/A_t = 1.79$,外膨胀比 $A_e/A_t = 7.32$(其中:A_l 为喷管下斜面出口处的面积,A_e 为喷管上膨胀斜面出口处的面积,A_r 为喷管上膨胀斜面延伸段面积);上膨胀斜面延伸段长度 L_r 与喉部高度 H_t 的比值为 36.32,下膨胀面长度 L_e 与喉部高度 H_t 的比值为 1.98。

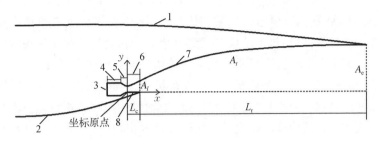

图 5－9　SERN 二维几何结构

1. 喷管上部外壁面；2. 喷管下部外壁面；3. 喷管进口；4. 稳定段；5. 矩形收缩段；6. 上膨胀斜面初始膨胀段；7. 上膨胀斜面延伸段；8. 下膨胀面段

5.2.3　并联式 TBCC 发动机用尾喷管设计方法

并联式 TBCC 发动机用尾喷管采用的 SERN 外型面可与高超声速飞行器下表面较好地融合，不仅使 SERN 实现非常高的落压比，而且还能在宽广飞行包线内能获得较好的推力性能。在飞行马赫数 $Ma=3$ 时，涡轮发动机关闭，冲压发动机开始单独工作，随着飞行马赫数的持续升高，飞行器对冲压喷管落压比的需求也逐渐增大，因此冲压发动机尾喷管的尺寸及型面制约着整个并联式 TBCC 发动机用尾喷管，所以首先需要以冲压发动机尾喷管的设计点参数来确定冲压发动机的 SERN 型面，如图 5－10 所示。

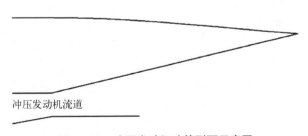

图 5－10　冲压发动机喷管型面示意图

涡轮发动机喷管落压比小于冲压发动机喷管，因此冲压发动机喷管的型面确定后，只需将涡轮发动机尾喷管安置在冲压发动机 SERN 的上膨胀斜面上即可，如图 5－11 所示，其关键是如何确定涡轮发动机喷管和冲压发动机喷管的相对位置。

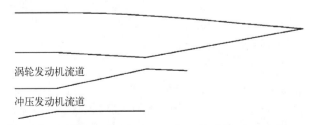

图 5－11　并联式 TBCC 发动机用尾喷管示意图

为使并联式 TBCC 发动机模态转换顺利进行,尾喷管在转级点必须具有良好的推力性能,以此作为依据,通过数值模拟找到一个最佳涡轮喷管和冲压喷管的相对位置,使并联式 TBCC 发动机用尾喷管在模态转换时推力性能达到最优。

在宽广的飞行包线内,并联式 TBCC 发动机用尾喷管要获得良好的推力性能,其喉部及出口面积必须可调。并联式 TBCC 发动机用尾喷管由涡轮发动机喷管和冲压发动机喷管构成,因此涡轮发动机喷管喉部及出口面积,冲压发动机喷管喉部及出口面积均必须可调。对于冲压发动机,喷管喉部面积的调节非常重要,这严重影响冲压发动机的性能,出口面积则可由 SERN 的自适应补偿性自动调节,因此不需要单独的调节机构;对于涡轮发动机,喷管上膨胀面与冲压发动机喷管上膨胀面融为一体,因此其喷管构型也是非对称结构。为保证涡轮发动机喷管在高飞行马赫数下的性能,给涡轮发动机尾喷管下壁面适取一个长度 L,并设定两个可调机构,使涡轮发动机尾喷管喉部与出口面积均可调(张留欢等,2012),故并联式 TBCC 发动机用尾喷管的调节方案如图 5-12 所示。

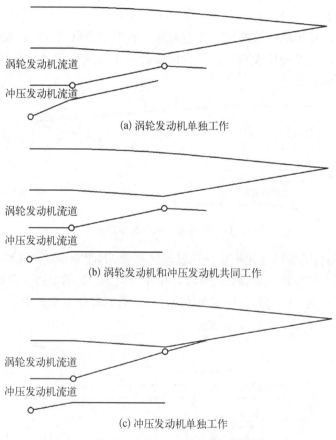

(a) 涡轮发动机单独工作

(b) 涡轮发动机和冲压发动机共同工作

(c) 冲压发动机单独工作

图 5-12 并联式 TBCC 发动机用尾喷管调节方案

　　涡轮发动机喷管落压比小于冲压发动机喷管,因此将涡轮发动机尾喷管安置在冲压发动机 SERN 的上膨胀斜面上即可完成并联式 TBCC 发动机用尾喷管的设计。如图 5-13 所示,冲压发动机尾喷管上膨胀面的长度 $L = 1\,189.5$ mm,喷管喉部高度 $H_t = 60$ mm,宽度 $W_n = 296.4$ mm;给涡轮喷管下壁面适取一个长度 $L_r = 197$ mm,涡轮发动机的宽度与冲压发动机宽度 $W_n = 296.4$ mm 保持一致,故涡轮喷管喉部高度为 20.26 mm。接下来合理安排涡轮发动机尾喷管和冲压发动机尾喷管的相对位置,假设涡轮喷管的出口在冲压发动机尾喷管上膨胀面的 P 点,P 点至冲压发动机上膨胀面末端的距离为 L_P,以 $(L - L_P)/L$ 的值作为涡轮喷管和冲压发动机尾喷管相对位置的衡量标准。

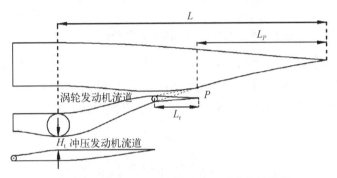

图 5-13　并联式 TBCC 发动机用尾喷管结构图

　　通过数值模拟找到一个最佳的 P 点位置,使并联式 TBCC 发动机用尾喷管的推力性能在模态转换时达到最优。如图 5-14 和图 5-15 所示,涡轮喷管在 $(L - L_P)/L = 0.62$ 时性能达到最优和冲压发动机尾喷管在 $(L - L_P)/L = 0.42$ 时的推力性能达到最优。图 5-16 给出了不同相对位置处的并联式 TBCC 发动机用尾喷管

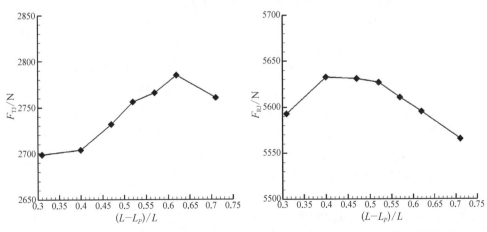

图 5-14　不同相对位置处涡轮喷管轴向推力　图 5-15　不同相对位置处冲压喷管轴向推力

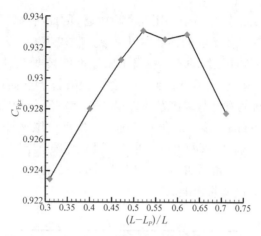

图 5-16　不同相对位置处的尾喷管轴向推力系数

的轴向推力系数,由于涡轮喷管和冲压喷管的推力性能最优位置不同,如图 5-14 和图 5-15 所示,并联式 TBCC 发动机用尾喷管的轴向推力系数出现两个峰值。由图 5-16 可知,当 $(L-L_p)/L = 0.52$ 时,尾喷管推力性能最优,因此并联式 TBCC 发动机用尾喷管取 $(L-L_p)/L = 0.52$。

5.3　单膨胀斜面喷管流动机理

在得到 SERN 喷管型面后,本节基于 CFD 技术数值模拟了设计状态及非设计状态下串联及并联式单膨胀斜面喷管的流场,对所设计 SERN 在设计与非设计工况下的性能特性与流动特征进行了详细的研究分析。

5.3.1　串联式 TBCC 发动机用 SERN 流场特性

对所设计的 SERN 在设计点进行数值模拟。原型 SERN 的设计点: $NPR_D = 177$, $Ma = 4.5$,喷管进口总温 $T^* = 2\,000$ K,飞行高度为 27.5 km,此高度下环境静温 $T = 222.4$ K,总温 $T^* = 1\,131.20$ K,静压 $p_\infty = 1\,712.4$ Pa。SERN 在设计点处马赫数分布和流线分布如图 5-17 所示,喷管出口速度方向与轴向方向平行,喷管实际出口压力 p 与环境压力 p_∞ 的比值在 $0.965 \sim 0.998$ 的范围内变化,可近似认为喷管达到完全膨胀状态。结果表明所设计的 SERN 膨胀斜面型线是合理的。从喷管下斜面尾缘处的局部流线可见,如图 5-18 所示,由于喷管下外壁面的斜率较大,当高速外流与喷管内流在下斜面尾缘处相遇时产生了一个回流区域,可见喷管内外流的相互作是明显的。在高超声速飞行器排气系统设计过程中,排气系统与飞行器的一体化设计是需考虑的问题。

喷管上膨胀斜面压力分布如图 5-19 所示,图中纵坐标为 p/p^*,横轴坐标为

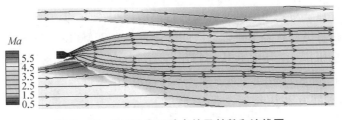

图 5 - 17　SERN 在设计点的马赫数和流线图

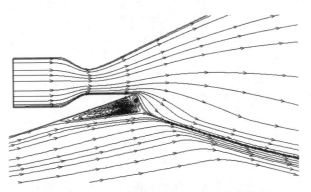

图 5 - 18　SERN 下斜面尾缘附近局部流线图

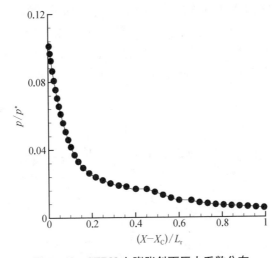

图 5 - 19　SERN 上膨胀斜面压力系数分布

$(X - X_C)/L_r$，其中 X 为上膨胀斜面延伸段上各点横坐标，X_C 为上膨胀斜面延伸段起始坐标，L_r 为上膨胀斜面延伸段轴向长度，以下斜面段尾缘点为横坐标起点，用上膨胀斜面延伸段轴向长度 L_r 进行无量纲化。在喷管设计点，气流在喷管内自由膨胀，上膨胀斜面压力逐渐降低，达到完全膨胀状态。在设计点处，喷管上膨胀斜面压力分布较好，喷管性能较好。

在非设计点下对 SERN 内外流场进行数值模拟,进一步了解所设计的 SERN。假定飞行器在各飞行状态下喷管进口的气体总温为 2 000 K 不变,由发动机总体计算喷管进口总压 p^*,由环境压力 p_∞ 得出各飞行状态下的喷管落压比 p^*/p_∞。在其他飞行状态下,各飞行状态下的参数:飞行高度 H、飞行马赫数 Ma、落压比 NPR、进口总压 p^* 和环境压力 p_∞ 如表 5-2 所示。

表 5-2 各飞行状态下喷管气动参数

飞行状态	1	2	3	4
H/m	18 300	20 700	24 700	25 900
Ma	2.5	3.0	3.5	4.0
p^*/Pa	99 258	139 306	144 873	221 635
p_0/Pa	7 140.9	4 905.1	2 629.3	2 185.7
NPR	13.9	28.4	55.1	101.4

SERN 在飞行马赫数 Ma 分别为 2.5、3.0、3.5 和 4.0 条件下,喷管内外流的马赫数分布如图 5-20 所示,随着飞行马赫数的逐渐降低,喷管落压比逐渐降低并远离设计落压比,喷管进入过膨胀状态。如图 5-20(a) 所示,此时喷管落压比与设计落压比相差最大,SERN 下斜面尾缘处发出一道斜激波,激波通过喷管内流场作用于上膨胀斜面,此时激波强度较弱,不足以使上膨胀斜面处气流发生分离。可看出,随着飞行马赫数的降低,喷管外流与下斜面尾缘处的流动的相互作用减弱分离区域减小,喷管内部流动与外流的剪切层向上偏转。

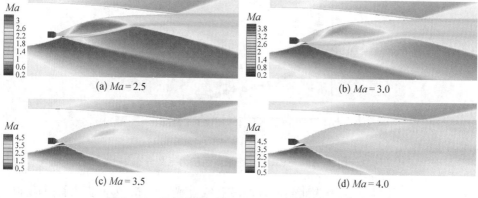

(a) $Ma = 2.5$

(b) $Ma = 3.0$

(c) $Ma = 3.5$

(d) $Ma = 4.0$

图 5-20 不同飞行马赫数条件下 SERN 马赫数分布

不同飞行马赫数条件下,SERN 上膨胀斜面的压力分布如图 5-21 所示,横坐标无量纲化定义见图 5-19。当飞行马赫数接近设计点如 $Ma = 4.0$ 时,喷管内流沿着上膨胀斜面逐渐膨胀,压力逐渐降低。当飞行马赫数逐渐远离设计点时,由于喷

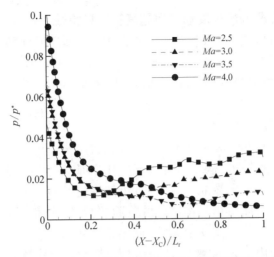

图 5-21　不同飞行马赫数条件下喷管上膨胀斜面压力分布

管下斜面尾缘发出的斜激波作用于上膨胀斜面,使喷管上膨胀斜面压力出现先降低后增高的变化,且随着飞行马赫数的逐渐降低,上膨胀斜面的压力上升点位置向喷管上游移动。

图 5-22 和图 5-23 分别显示了在不同飞行马赫数条件下,喷管流量系数和轴向推力系数的变化。可以看出在不同飞行马赫数条件下,喷管的流量系数基本保持不变。随着飞行马赫数的降低,喷管的轴向推力系数急剧下降,在飞行马赫数为 2.5 条件下喷管轴向推力系数为 0.723 3。因为随着飞行状态远离设计状态,喷管落压比降低,内部气流处于过膨胀状态,使得喷管上膨胀斜面上的压力积分值降低,上膨胀斜面上的压力积分值是影响喷管轴向推力系数的重要因素,从而使得喷管轴向推力系数下降。

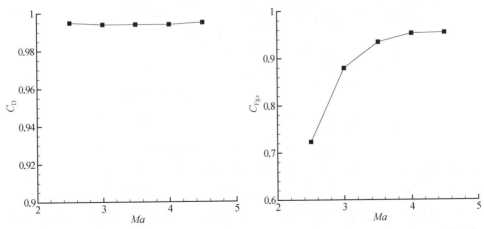

图 5-22　不同飞行马赫数条件下 C_D 的变化　图 5-23　不同飞行马赫数条件下 C_{Fgx} 的变化

5.3.2 并联式 TBCC 发动机用尾喷管流场特性

本节分别对并联式 TBCC 发动机工作在 $Ma=0.5$（冲压喷管逐渐打开）、$Ma=0.9$（冲压发动机开始点火）、$Ma=1.3$、$Ma=2$ 和 $Ma=3$（TBCC 尾喷管转级点）这几个典型飞行状态时的尾喷管进行数值模拟，并分析在不同飞行状态下的尾喷管流动特征。

1) 飞行马赫数 $Ma=0.5$

图 5-24(a) 为飞行马赫数 $Ma=0.5$ 时，并联式 TBCC 发动机用尾喷管马赫数流场图，在此状态下，涡轮喷管的落压比 $NPR_T=6.08$，涡轮喷管处于过膨胀工作状态，其下壁面尾缘处产生激波，激波穿过流场与涡轮喷管上膨胀面相交，并与上膨胀面附面层相互作用导致附面层分离，分离区前端又诱导产生分离激波，激波的存在使气流发生偏转，如图 5-24(b) 所示。从图 5-24(a) 可以看出，涡轮喷管内会出现激波串的结构，这是由于气流处于严重过膨胀状态，经过激波压缩后继续膨胀，紧接着再压缩再膨胀，这样往复过程形成激波串。与此同时，冲压发动机并未点火，为减小阻力，冲压喷管处于打开状态，此时冲压喷管的落压比 $NPR_R=1.09<1.893$，但由于涡轮喷管气流的引射作用，导致冲压喷管内出现了超声速流动现象。由图 5-24(b) 可以看出，冲压喷管出口的扩张角过大，使喷管上膨胀面出现较大面积的分离区，但是涡轮喷管的引射作用使冲压喷管内气流迅速与涡轮喷管内气流汇合流向后方（蒋旭旭，2006；Knight et al，2003）。

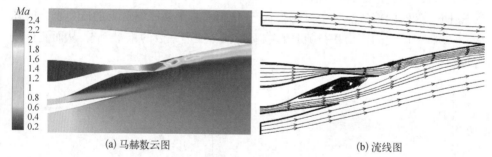

(a) 马赫数云图　　　　　　　　　　　　　　(b) 流线图

图 5-24　飞行马赫数 $Ma=0.5$ 时尾喷管的流场图

2) 飞行马赫数 $Ma=0.9$

图 5-25(a) 为飞行马赫数 $Ma=0.9$ 时，并联式 TBCC 发动机用尾喷管马赫数流场图，在此状态下，涡轮喷管的落压比 $NPR_T=8.36$，相对于 $Ma=0.5$ 状态而言，由于落压比的增加，涡轮喷管内气流的过膨胀程度减小，激波角变小，分离区和分离激波也逐渐远离喉部。与此同时，冲压喷管完全打开，为冲压发动机的点火做准备，相对于 $Ma=0.5$ 状态，此时的落压比改变不大，$NPR_R=1.43$，但由于冲压喷管

完全打开,喷管出口的扩张角进一步增大,上膨胀面的分离区扩大[图 5 - 25(b)],导致涡轮喷管气流和冲压喷管气流很难汇合。

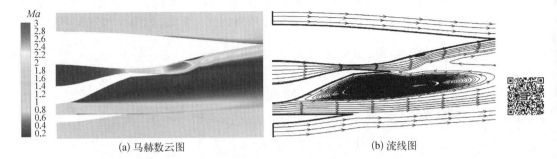

(a) 马赫数云图　　　　　　　　　　　　　　(b) 流线图

图 5 - 25　飞行马赫数 $Ma=0.9$ 时尾喷管的流场图

3) 飞行马赫数 $Ma=1.3$

图 5 - 26(a)为飞行马赫数 $Ma=1.3$ 时,并联式 TBCC 发动机用尾喷管马赫数流场图,随着飞行马赫数的继续增加,涡轮喷管的落压比(NPR$_T$ = 13.74)增加,喷管内气流的过膨胀程度进一步减小,过膨胀产生的激波的角度变小,激波与喷管上膨胀面上相交并反射到下游,分离区基本消失,喷管内由于不断膨胀压缩出现的激波串结构也消失。与此同时,冲压发动机已经点火,冲压喷管落压比 NPR$_R$ = 2.28,相对于 $Ma=0.9$ 状态,由于落压比的增加,冲压喷管内气流的过膨胀程度减小,冲压喷管上膨胀斜面的分离区明显减小。在冲压喷管内,过膨胀产生的激波与分离激波相交,使喷管内气流汇集,如图 5 - 26(b)所示,且由于涡轮喷管的引射作用,冲压喷管气流流出后迅速与涡轮喷管气流汇合。

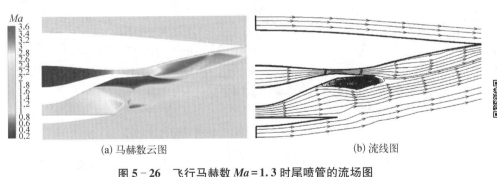

(a) 马赫数云图　　　　　　　　　　　　　　(b) 流线图

图 5 - 26　飞行马赫数 $Ma=1.3$ 时尾喷管的流场图

4) 飞行马赫数 $Ma=2$

图 5 - 27(a)为飞行马赫数 $Ma=2$ 时,并联式 TBCC 发动机用尾喷管马赫数流场图,随着飞行马赫数的继续增加,涡轮喷管的落压比(NPR$_T$ = 23.71)增加,喷管内气流的过膨胀程度进一步减小,与图 5 - 26(a)基本相似,只是激波位置更靠后。

与此同时,冲压发动机处于工作状态,冲压喷管的落压比 $NPR_R = 5.81$,相对于 $Ma = 1.3$ 状态,由于落压比的增加,冲压喷管内气流的过膨胀程度减小,冲压喷管上膨胀斜面的分离区基本消失。冲压喷管下壁面由于过膨胀产生的激波,与上壁面由于型面突变产生的激波相交,使冲压喷管内气流汇集,如图 5 – 27(b) 所示。

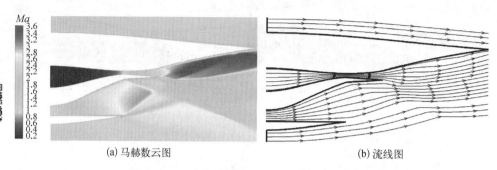

| (a) 马赫数云图 | (b) 流线图 |

图 5 – 27　飞行马赫数 $Ma = 2$ 时尾喷管的流场图

5) 飞行马赫数 $Ma = 3$

图 5 – 28(a) 为飞行马赫数 $Ma = 3$ 时,并联式 TBCC 发动机用尾喷管马赫数流场图,随着飞行马赫数的继续增加,涡轮喷管的落压比($NPR_T = 30.30$)增加,喷管内气流几乎完全膨胀。与此同时,冲压发动机处于工作状态,冲压喷管的落压比 $NPR_R = 20.82$,冲压喷管内只存在由于型面突变产生的激波,如图 5 – 28 所示,整个流场无明显的激波和分离区。

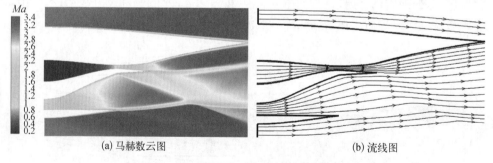

| (a) 马赫数云图 | (b) 流线图 |

图 5 – 28　飞行马赫数 $Ma = 3$ 时尾喷管的流场图

图 5 – 29 和图 5 – 30 分别给出了不同飞行状态下涡轮发动机喷管上膨胀面和冲压发动机喷管上膨胀面的压力分布,其中横坐标分别为涡轮喷管上壁面和冲压喷管上壁面各点到冲压发动机喉部的轴向距离,纵坐标分别为涡轮喷管上壁面的无量纲压力(涡轮喷管上壁面静压与涡轮喷管进口总压之比)和冲压喷管上壁面的无量纲压力(冲压喷管上壁面静压与冲压喷管进口总压之比)。对于涡轮喷管,随着飞行马赫数的增加,喷管的落压比增大,喷管内气流的过膨胀程度减小,过膨

胀产生的激波逐渐被推出喷管外,压力突升的位置向后移动,直至 $Ma=3$ 时,喷管内气流几乎完全膨胀,没有出现压力突升的现象。由图 5-29 可以看出,在 $Ma=0.5$ 和 $Ma=0.9$ 的飞行状态下,涡轮喷管上膨胀面压力出现多次突升的现象,这就是由激波串所致,随着过膨胀程度的减弱,这种压力多次突升的现象在 $Ma=1.3$ 以后消失。对于冲压喷管,随着飞行马赫数的增加,喷管的落压比增大,喷管内气流的过膨胀程度减小,过膨胀产生的激波逐渐向后移动,压力突升的位置向后移动。从图 5-30 可以看出,$Ma=2$ 和 $Ma=3$ 的压力分布几乎重合,这主要是由于过膨胀程度的减小,激波被推送至冲压喷管外,$Ma=2$ 和 $Ma=3$ 的压力突升均是由型面突变产生激波所致。

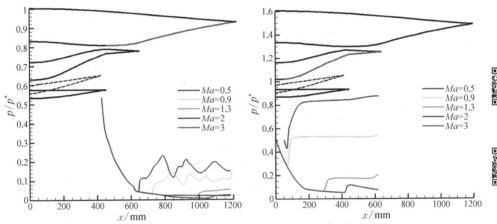

图 5-29 涡轮喷管上膨胀面压力分布　　图 5-30 冲压喷管上膨胀面压力分布

不同飞行状态下并联式 TBCC 发动机用尾喷管的流量系数 C_D、轴向推力系数 C_{Fgx} 和推力矢量角 δ_p 的变化如图 5-31 所示。从图中可以看出,随着飞行马赫数增加,尾喷管的流量系数基本保持在 0.98 以上,轴向推力系数和推力矢量角均先减小后增大。结合马赫数云图和流线图可知,飞行马赫数 Ma 由 0.5 增加至 0.9 时,冲压喷管逐渐打开,冲压喷管上膨胀面的分离区逐渐增大,故使得喷管轴向推力系数由 0.808 降至 0.668,推力矢量角由 $-18.57°$ 变为 $-46.85°$;当飞行马赫数 Ma 增加至 1.3 时,虽然喷管内分离区明显减小,但外流马赫数的增大,使喷管的阻力大幅度上升,进而影响喷管的总体性能;飞行马赫数 Ma 由 1.3 增加至 3 时,喷管的落压比增加,喷管的过膨胀程度逐渐减小,分离区消失,喷管的性能逐渐递增,喷管轴向推力系数由 0.589 增加至 0.934,推力矢量角由 $-58.82°$ 变为 $-7.79°$。

通过上述分析可知,并联式 TBCC 发动机用尾喷管在亚声速和跨声速飞行状态下性能急剧恶化,因此其性能急需进一步提升。

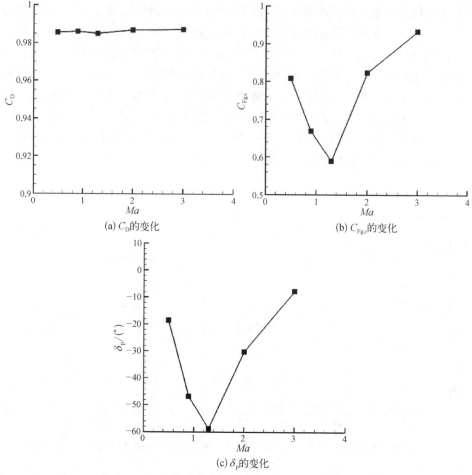

(a) C_D的变化

(b) C_{Fgx}的变化

(c) δ_p的变化

图 5-31 不同飞行状态下 C_D、C_{Fgx} 和 δ_p 的变化

5.4 基于主动流动控制方法的串联式 TBCC 发动机用 SERN 性能改善

近年来国内外学者针对串联式 TBCC 发动机用 SERN 跨声速性能恶化问题,先后开展了一些探索研究,并提出了相对应的机械调节法,即利用机械结构,通过调节喷管的喉部位置及面积比,以提高喷管在不同工况下的性能。机械法虽然能实现喷管性能的改善,但是由于吸气式高超声速飞行技术多应用于新一代运载器和高超声速运输机,使得 SERN 的尺寸巨大,并且其冷却和可靠性还存在较多的问题。因此各国研究人员充分利用流体力学的流动控制理论,希望以流动控制技术,改善 SERN 的跨声速性能。在气动法中,目前主要有主动控制和被动控制两大类,其中被动控制有通风引射法(张少丽等,2012)和无源腔控制法(Jurgen et al.,1998);主动控制有外部燃烧法(Yungster et al.,1994)和二次流喷射法(Eric et al.,2004)。本节研究了基于二次流喷射的主动流动控制对 SERN 过膨胀工作状态下性能提升的流动机理,并讨论了二次流喷射几何参数和气动参数对喷管性能的影响。

5.4.1　带二次流喷射的串联式 TBCC 发动机用 SERN 流动机理

1. 几何模型和尺寸

本节所研究的喷管选自 Langley 研究中心的风洞试验喷管(Capone et al.,1992),该喷管外面积比为 2.32,设计点外落压比为 13.77,该喷管内面积比为1.47,设计点内落压比为 6.00,喷管长度与喉部高度之比 L_n/H_t 为 15.03,上膨胀斜面(ramp)长度与喉部高度之比 L_r/H_t 为 6.06,下斜板(cowl)长度与喉部高度之比 L_c/H_t 为 1.21。为了研究二次流喷射对 SERN 性能的影响,下斜板开设收敛形二次流喷口,SERN 形状见图 5-32,在图中对下斜板尾缘进行了局部放大。

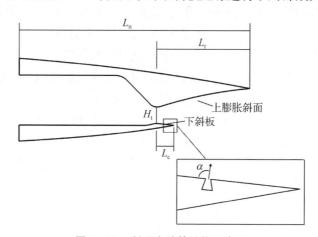

图 5-32　所研究喷管结构示意图

二次流喷射的主要控制参数:二次流喷口相对位置(以 X_L 表示,定义为二次流喷射位置与涡轮喷管下壁面长度之比)、二次流喷射角度(以 α 表示,定义为二次流喷射方向与二次流喷口上游壁面的夹角)、二次流喷射流量比(以 W 表示,定义为二次流流量与涡轮喷管主流流量之比)和二次流喷射压比(以 SPR 表示,定义为二次流进口总压与涡轮喷管进口总压之比)等。

2. 带二次流喷射的 SERN 流场计算结果及分析

当 SERN 进入过膨胀状态,喷管的性能与分离区的大小以及分离区的位置有很大关系,图 5-33 给出了所研究喷管原型过膨胀状态下的马赫数和压力分布图。可以看出,在低的落压比下喷管内部气流明显处于过膨胀状态,下斜板尾缘会产生斜激波,上膨胀斜面处出现大面积的分离区,喷管性能急剧下降。

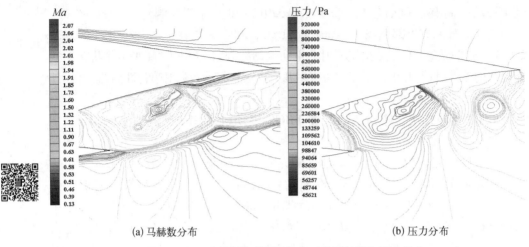

(a) 马赫数分布　　　　　　　　　　　(b) 压力分布

图 5 - 33　原型喷管过膨胀状态下的马赫数和压力分布

采用喷射二次流的方法改善喷管性能,图 5 - 34 给出了二次流喷射状态下喷管的马赫数和压力分布图,图 5 - 35 给出了喷射孔附近的流场放大图。可以看出,当二次流喷入主流,喷射的压力大于周围气流的压力,在喷射孔附近会形成一系列的膨胀波,射流经过膨胀波系快速膨胀,过膨胀的射流又会被周围的筒形激波和马赫盘再压缩,气流经过马赫盘后继续膨胀,并被主流吹向下游。由于二次流的喷射,主流流动在二次流喷口上游受到阻碍,在二次流喷口上游形成一道弓形激波,这使得二次流喷口前的压强增加,扰动通过壁面边界层向上游传播,在二次流喷口上游壁面附近产生一个类似楔形的分离区域,而分离区又会阻碍来流,形成分离激波,两道激波相交形成了"λ 波"。

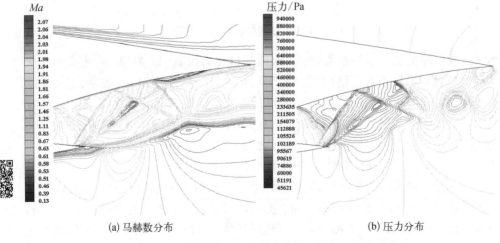

(a) 马赫数分布　　　　　　　　　　　(b) 压力分布

图 5 - 34　二次流喷射状态下喷管的马赫数和压力分布

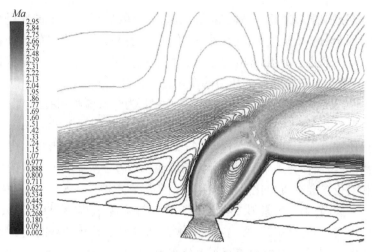

图 5 - 35　射流喷射孔附近的流场结构

结合文献资料及本节计算结果,对激波与边界层相互作用导致边界层分离的机理进行分析。当激波与壁面边界层相交时,沿壁面法向激波强度不同,激波前后的压力变化不同,边界层内法向压强梯度不再为零,这种压强不平衡,使得激波前后边界层的厚度增加,这为边界层的分离提供了条件。在边界层的亚声速区内,激波后压强的升高向上游传递,这使得亚声速区的气流向上游回流;但在边界层外层的超声速气流中,下游参数的变化不传递到上游,气流仍然向下游流动,此时边界层中的气流速度沿壁面法向由负到正分布,这就造成了气流旋涡与分离。分离点在激波上游的某一点,越靠近波面,边界层越厚。

图 5 - 36 给出了二次流喷射前后上膨胀斜面压力的变化,对应图 5 - 34 可以

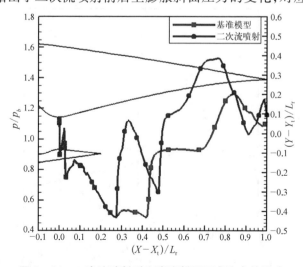

图 5 - 36　二次流喷射对上膨胀斜面压力分布的影响

看出,在下斜板喷射二次流,于喷射位置上游引入激波,激波与上膨胀壁面附面层相互干涉,使得该区域压力升高;此外,二次流喷射还使得上膨胀斜面下游区域内的压力变大。上膨胀壁面压力增大是喷管性能提高的原因,是本节研究的一个重点,在后面两节会对上膨胀壁面压力的变化进行更详细的论述。

图 5-37 给出了二次流喷射孔附近的流线图,为二次流喷射孔距离下斜板尾缘较远时的情况。此时,二次流无法附着到壁面上,但在喷射孔下游的某一位置处,二次流受主流压缩再附着到壁面上,这导致了二次流下游分离区的形成。可以看出,在下游的分离区内,仅存在一个顺时针旋转的漩涡。随着二次流喷射参数的变化,漩涡的大小和相对位置会有所变化。在二次流上游边界层发生分离,分离区内包含两个旋向相反的分离涡,第一个紧邻二次流喷口,逆时针旋转,影响区域非常小;第二个位于第一个的上游,顺时针旋转,影响区域非常大,是上游分离区流场的主要特征。

图 5-38 给出了下斜板的壁面压力分布,其中图 5-38 与图 5-37 相对应。可

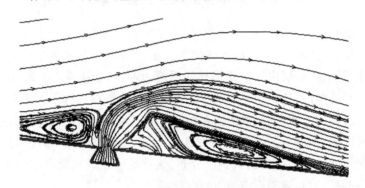

图 5-37 二次流喷射孔附近的流线图

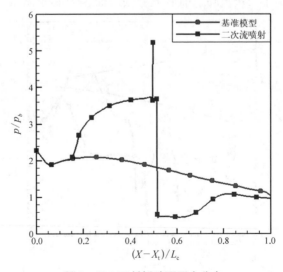

图 5-38 下斜板壁面压力分布

以看出,由于边界层与激波的相互干扰,在喷口上游形成一个高压区;由于气体强烈膨胀和喷流引射作用,在喷口下游存在一个低压区,低压区内压力几乎不变,但随着气流继续向下游发展,压力开始上升,低压区结束。高压区和低压区的综合作用就是二次流附近压力分布的特征。

5.4.2　几何参数对串联式 TBCC 发动机用 SERN 性能影响

1. 二次流喷射角度对 SERN 流场和性能的影响

在喷管下斜板喷射二次流,喷射时保持喷射流量比 $W=1.93\%$、喷射总压比 $SPR=1$、喷射位置 $X_L=0.868$、外流马赫数 $Ma=0.6$ 不变;分别在 NPR 等于 3.97 和 7.00 的条件下,调整二次流喷口使喷射角度 α 等于 30°、45°、75°、90°、105°、135°,研究二次流喷射角度对 SERN 性能的影响。

图 5-39 和图 5-40 给出了不同喷射角度下喷管马赫数分布,图 5-41 给出了不同喷射角度下上膨胀斜面的压力分布,可以看出,NPR=3.97 的条件下,随着喷射角度口由 135°减小为 45°,二次流所引起的激波前移,激波变强,激波角增大,在下斜板处激波与附面层作用产生的分离区扩大。上膨胀斜面处激波与边界层的干涉区扩大,并向上游移动,上游干涉区的变化影响了上膨胀斜面压力的变化,使得上游高压区的峰值变大并向上游移动;上膨胀斜面下游分离区随着上游分离区的扩大略有减小,下游的压力分布略有增大。

在 NPR=7.00 的条件下,随着喷射角度口由 135°减小为 45°,二次流所产生的激波以及上膨胀斜面上游的干涉区和压力分布的变化与以上两种 NPR 的情况相似;在上膨胀斜面下游分离区和压力分布方面,当 α 从 135°减小到 45°时,尾缘处的分离区受影响较小,该区域内的压力几乎不变。

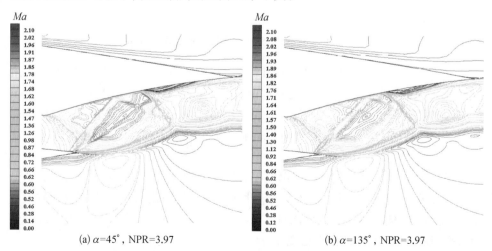

(a) $\alpha=45°$, NPR=3.97　　　　　(b) $\alpha=135°$, NPR=3.97

图 5-39　NPR=3.97 时不同喷射角度下马赫数分布

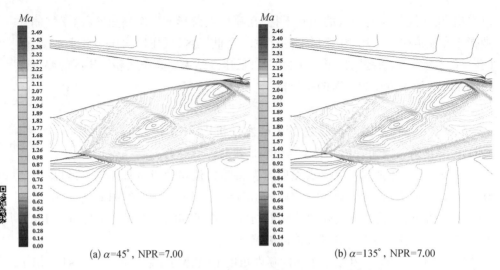

(a) $\alpha=45°$, NPR=7.00　　　　　　(b) $\alpha=135°$, NPR=7.00

图 5-40　NPR=7.00 时不同喷射角度下马赫数分布

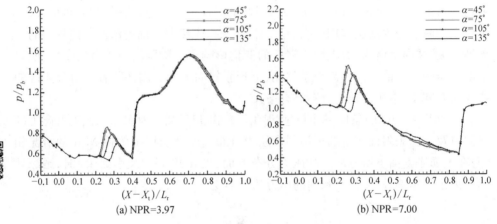

(a) NPR=3.97　　　　　　　　　(b) NPR=7.00

图 5-41　不同喷射角度下上膨胀壁面压力分布

　　图 5-42 给出了喷射角度对喷管性能的影响,在 NPR=3.97 时,随着 α 由 135°减小为 45°,喷管的轴向推力系数由 0.939 6 增大为 0.958 1,同时推力矢量角由 -10.79°增大为 -4.1°,方向向下的非轴向力减小,偏转力矩减小,喷管性能改善,当 $\alpha=45°$ 时喷管性能达到最佳,当 α 继续减小为 30°时,喷管性能又开始下降。

　　在 NPR=7.00 时,随着 α 的变化,喷管性能的变化规律不是很明显,性能的变化与上膨胀斜面尾缘的分离区的变化有很大关系。喷管的轴向推力系数的最大值 0.960 8 和最小值 0.954 1 分别出现在 $\alpha=45°$ 和 $\alpha=90°$ 时,推力矢量角的最大值 -11.05°和最小值 -13.9°分别出现在 $\alpha=105°$ 和 $\alpha=75°$ 时。

　　综合考虑喷管性能在不同 NPR 下随喷射角度的变化,得出以下结论:在三个

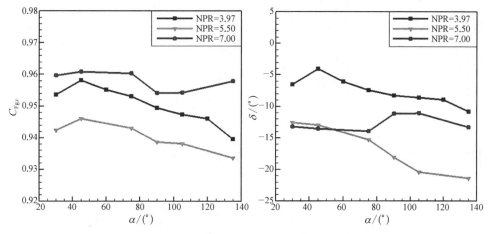

图 5 - 42　二次流喷射角度变化对喷管性能的影响

NPR 下,喷管的轴向推力系数的最大值都出现在 $\alpha = 45°$ 时;在 NPR = 3.97 的条件下,喷管的推力矢量角的最大值出现在 $\alpha = 45°$ 时;在 NPR = 5.50 的条件下,喷管在 $\alpha = 45°$ 时的推力矢量角与最大值非常接近。可以认为,喷管在 $\alpha = 45°$ 时性能达到最优。

2. 二次流喷射位置对 SERN 流场和性能的影响

在喷管下斜板喷射二次流,喷射时保持喷射流量比 $W = 3.93\%$、喷射总压比 SPR = 2、喷射角度 $\alpha = 90°$、外流马赫数 $Ma = 0.6$ 不变;分别在 NPR 等于 3.97 和 7.00 的条件下,调整二次流喷口使喷射位置 X_L 等于 0.934、0.868、0.769、0.636、0.504 和 0.339,研究二次流喷射位置对 SERN 性能的影响。

图 5 - 43 和图 5 - 44 给出了不同喷射位置下喷管马赫数分布,图 5 - 45 给出了不同喷射位置下上膨胀斜面的压力分布,可以看出,在 NPR = 3.97 的条件下,随着

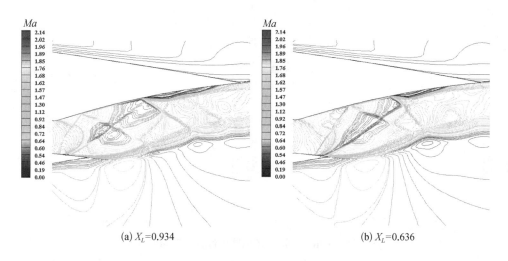

(a) X_L=0.934　　　　　　　　　　　　(b) X_L=0.636

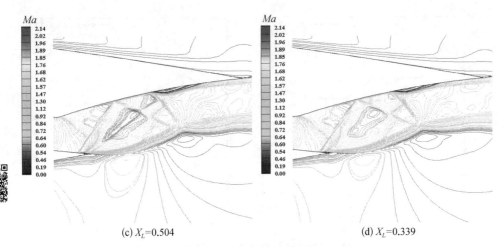

(c) X_L=0.504   (d) X_L=0.339

图 5 - 43   NPR = 3. 97 时不同喷射位置下马赫数分布

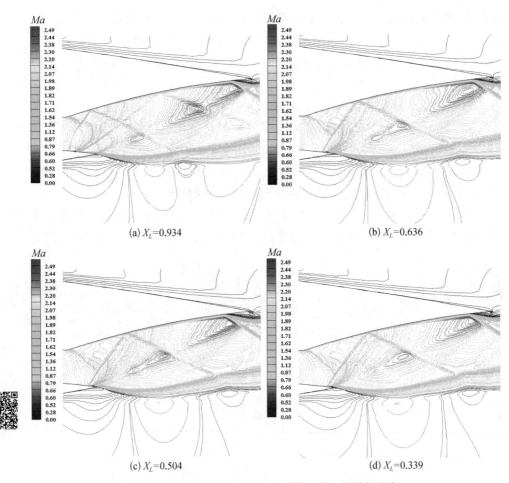

(a) X_L=0.934   (b) X_L=0.636

(c) X_L=0.504   (d) X_L=0.339

图 5 - 44   NPR = 7. 00 时不同喷射位置下马赫数分布

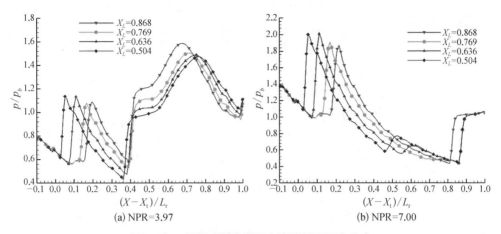

(a) NPR=3.97　　　　　(b) NPR=7.00

图 5－45　不同喷射位置下上膨胀壁面压力分布

二次流喷射位置向上游移动，X_L 由 0.934 逐渐变为 0.504，二次流喷射所产生的激波向上游移动，上膨胀斜面处激波诱导所产生的干涉区向上游移动，干涉区的变化影响了上膨胀斜面压力的变化，使得上游高压区的峰值变大并向上游移动；在 X_L 由 0.934 变化到 0.769 的范围内，上膨胀斜面下游分离区和压力的分布变化很小，但是当 X_L 变化到 0.636 时，上膨胀斜面下游分离区突然扩大，下游区域内压力大幅度下降；当 X_L 减小到 0.339 时，二次流喷射开始影响喷管喉部的流动，喷射孔上游的激波强度也相对较弱，这在三个 NPR 下所得流场结构基本相同，这种情况与本节研究的流场结构有很大差别，不作详细讨论。

在 NPR＝7.00 的条件下，随着二次流喷射位置向上游移动，射流所产生的激波以及上膨胀斜面上游的干涉区和压力分布的变化与以上两种 NPR 的情况相似；在上膨胀斜面下游分离区和压力分布方面，当 X_L 等于 0.868 时，在尾缘出现了较大的分离区，该区域内的高压区范围增大。

图 5－46 给出了二次流喷射位置对喷管性能的影响，在 NPR＝3.97 时，随着二次流喷射位置 X_L 由 0.934 减小到 0.769，喷管的轴向推力系数和推力矢量角变化较小，当 X_L 变化到 0.636，喷管的轴向推力系数和推力矢量角大幅度下降，上膨胀斜面下游出现大面积分离区以及下游区域内压力的降低是喷管性能下降的原因。

在 NPR 等于 5.50 和 7.00 时，可以认为喷管性能在 X_L＝0.934 时达到最优，随着喷射孔向上游移动，喷管的性能有所下降。在 NPR 等于 5.50 时，轴向推力系数 C_{Fgx} 下降的最大值为 0.015 8，推力矢量角 δ 下降的最大值为 8.53°；在 NPR 等于 7.00 时，轴向推力系数 C_{Fgx} 下降的最大值为 0.010 4，推力矢量角 δ 下降的最大值为 2.05°。

综合考虑喷管性能在不同 NPR 下随喷射位置的变化，可以得出以下结论：当喷射位置接近下斜板尾缘时，喷管性能较高；无法在下斜板尾缘处开设喷射孔时，可以适当地将喷射孔向上游方向移动，这在一定范围内不会造成性能的大幅度下降。

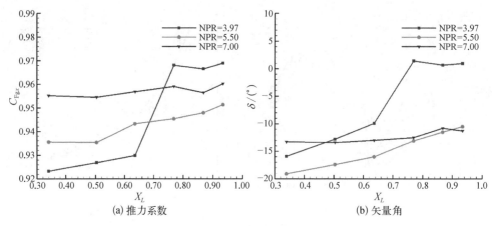

(a) 推力系数　　　　　　　　　　　　　(b) 矢量角

图 5‑46　二次流喷射位置变化对喷管性能的影响

5.4.3　气动参数对串联式 TBCC 发动机用 SERN 性能影响

1. 二次流喷射流量对 SERN 流场和性能的影响

在喷管下斜板喷射二次流,喷射时保持喷射总压比,SPR＝1、喷射角度 $\alpha=90°$、喷射位置 $X_L=0.868$、外流马赫数 $Ma=0.6$ 不变;分别在 NPR 等于 3.97 和 9.00 的条件下,调整二次流喷口使流量比 W 等于 1.93%、3.86%、4.70%、6.21% 和 7.53%,研究二次流喷射流量对 SERN 性能的影响。

图 5‑47 和图 5‑48 给出了不同流量下喷管马赫数分布,图 5‑49 给出了不同流量下上膨胀斜面的压力分布。可以看出,在 NPR＝3.97 的条件下,随着二次流流量比由 1.93% 增加到 7.53%,下斜板处二次流喷射所产生的激波向上游移动,强度变强,激波角增大。上膨胀斜面处激波诱导所产生的干涉区开始出现流动分离

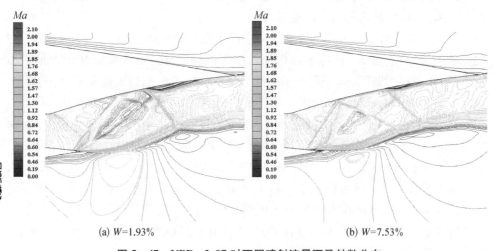

(a) $W=1.93\%$　　　　　　　　　　　　(b) $W=7.53\%$

图 5‑47　NPR＝3.97 时不同喷射流量下马赫数分布

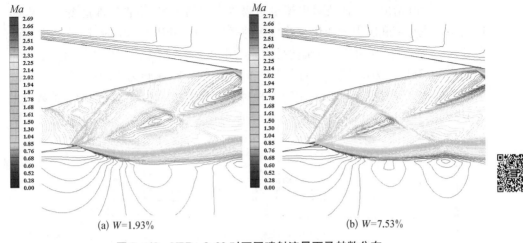

(a) W=1.93%　　　　　　　　　　(b) W=7.53%

图 5-48　NPR=9.00 时不同喷射流量下马赫数分布

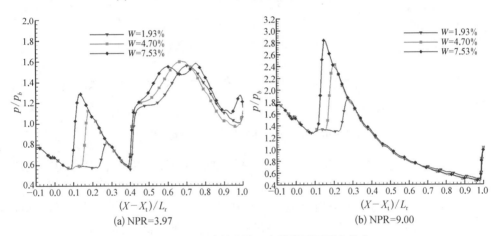

(a) NPR=3.97　　　　　　　　　　(b) NPR=9.00

图 5-49　不同喷射流量下上膨胀壁面压力分布

现象,并向上游移动,分离区面积增大,上游分离区的变化影响了上膨胀斜面压力的变化,使得上游高压区的面积和峰值同时快速变大。随着二次流流量的增加,上膨胀斜面下游分离区面积减小。上膨胀斜面下游压力随着二次流流量的增加开始增大,在 $W=4.70\%$ 时达到最大,随着二次流流量的继续增加,下游压力又有所下降。

在其他 NPR 下,二次流喷射所产生的激波以及上膨胀斜面上游的分离区和高压区随着二次流流量的变化规律与 NPR=3.97 时的变化规律基本相同,并且上游高压区的峰值随着 NPR 的增加而增加。但在不同 NPR 下,二次流流量对上膨胀斜面下游压力分布的影响有很大不同,随着 NPR 的增加,二次流喷射所引起的下游压力的增加逐渐变小,在 NPR=9.00 时下游的压力分布几乎没有变化,这与不同 NPR 下喷管自身的气流分离情况有关,随着 NPR 的增加,喷管的气流分离程度逐渐减小并消失,二次流喷射对上膨胀斜面下游气流分离的影响减小。

图 5-50 给出了二次流喷射流量对喷管性能的影响,喷管的性能变化与上膨胀斜面气流分离和压力的变化有着直接的联系。在 NPR=3.97 时,随着二次流流量比由 1.93% 增加到 4.70%,轴向推力系数由 0.949 4 增大为 0.970 1,同时推力矢量角由-8.3°增大为 1.38°,方向向下的非轴向力减小,偏转力矩减小,喷管性能改善,当 W=4.70% 时喷管性能达到最佳,相对未喷射二次流时,喷管轴向推力系数增大 0.040 3,推力矢量角增大 16.09°。当 W 增加到 6.21% 和 7.53% 时,喷管性能又开始下降,上膨胀斜面下游压力相对于 W=4.70% 时的降低可能是性能下降的原因。

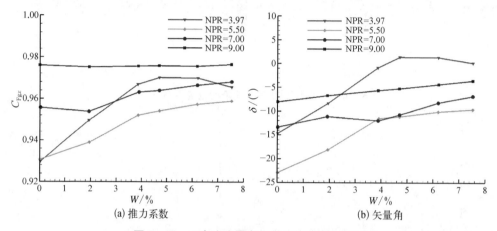

图 5-50　二次流流量变化对喷管性能的影响

表 5-3 给出了不同 NPR 下喷管性能提高的最大值,可以看出,随着 NPR 的增加,二次流喷射对喷管性能的改善逐渐减弱,在 NPR=9.00 时喷管的 C_{Fgx} 值甚至略有下降,在以后的其他喷射参数的讨论中不再涉及 NPR=9.00 时的情况。此外,随着 NPR 的提高,喷管达到性能最优时所对应的 W 提高,为达到最优性能所需要的二次流喷射流量增加。

表 5-3　不同 NPR 下喷管性能的提高

落压比	性　　能		
	性能最优时 C_{Fgx} 的提高值	性能最优时 δ 的提高值	性能最优时所对应的 W
NPR=3.97	0.040 3	16.09°	4.70%
NPR=5.50	0.028 3	13.31°	7.53%
NPR=7.00	0.012 5	6.53°	7.53%
NPR=9.00	-0.000 2	4.34°	7.53%

2. 二次流喷射总压对 SERN 流场和性能的影响

在喷管下斜板喷射二次流,喷射时保持喷射角度 α=90°、喷射位置 X_L=0.868、外流马赫数 Ma=0.6 不变;在 NPR=3.97 和 7.00 的条件下,保持流量比 W=

1.93%不变,调整二次流使得喷射总压比 SPR 等于 0.8、1.0、1.3、1.7 和 2.0。为了保持二次流流量不变,在增大二次流总压比的同时,减小了二次流喷射孔面积。通过以上方法研究不同 NPR 下二次流喷射总压对 SERN 性能的影响。

图 5-51 和图 5-52 给出了不同总压下喷管马赫数分布,图 5-53 给出了不同总压下上膨胀斜面的压力分布。在喷射总压不同的条件下,喷射孔附近的马赫数分布和压力分布有很大不同,但整个喷管流场的变化很小,激波的强度和位置以及上膨胀斜面分离区的大小和位置几乎没有变化;总压的变化所引起的上膨胀斜面压力的变化同样很小,高压区的大小、位置以及峰值几乎不变,只有在特殊工况下出现小幅度变化。

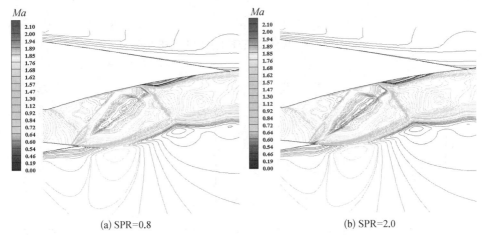

(a) SPR=0.8 　　　　　　　　　(b) SPR=2.0

图 5-51　NPR=3.97 时不同喷射总压下马赫数分布

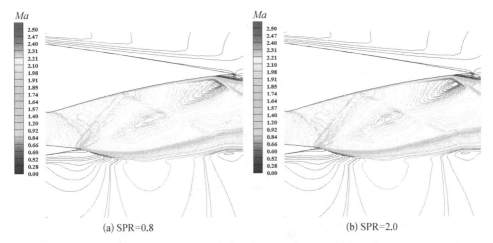

(a) SPR=0.8 　　　　　　　　　(b) SPR=2.0

图 5-52　NPR=7.00 时不同喷射总压下马赫数分布

图 5-54 给出了二次流喷射总压对喷管性能的影响,由于喷射总压的变化对喷管流场的影响很小,相应的喷管性能变化也很小。由表 5-4 可知,在各个 NPR

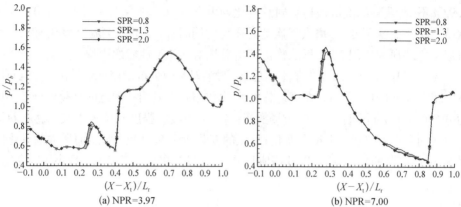

(a) NPR=3.97

(b) NPR=7.00

图 5-53　不同喷射总压下上膨胀壁面压力分布

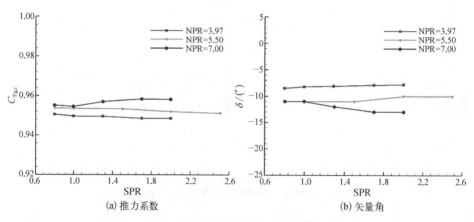

(a) 推力系数

(b) 矢量角

图 5-54　二次流喷射总压变化对喷管性能的影响

下喷管的轴向推力系数 C_{Fgx} 和推力矢量角 δ 的变化都很小,两个性能参数的变化在 NPR=7.00 的情况下相对较大。在以往研究射流扰流的文献中,对于喷射总压影响的研究往往是与喷射流量联系在一起的,各文献基本上认为喷射总压是一个影响流场和性能的重要参数,本节将喷射总压的研究与喷射流量以及其他参数分离开,单独讨论喷射总压的影响,发现在提高 SERN 性能的应用上二次流喷射总压对喷管流场和性能影响较小,喷射总压的选择只需保证二次流以声速喷入主流即可。

表 5-4　喷射总压变化对喷管性能的影响

落　压　比	性　　能	
	总压变化引起的 C_{Fgx} 的最大变化值	总压变化引起的 δ 的最大变化值
NPR=3.97	0.002 1	0.77°
NPR=5.50	0.003 1	0.96°
NPR=7.00	0.003 9	1.67°

5.5　基于主动流动控制方法的并联式 TBCC 发动机用尾喷管性能改善

并联式 TBCC 发动机用尾喷管在亚声速和跨声速阶段的性能恶化明显,如何提升 TBCC 尾喷管在工况下的性能是广受关注的问题。采用基于二次流喷射的主动流动控制方法,即尾喷管中间隔板处(涡轮喷管下壁面)喷射二次流,以改善流场品质提升喷管性能,研究二次流喷射与喷管超声速主流相互干扰机理,分析二次流喷射对喷管内流场性能的影响及其适应的飞行状态,明确二次流喷射几何参数及气动参数的变化对并联式 TBCC 发动机用尾喷管推力及推力矢量性能的影响。

5.5.1　带二次流喷射的并联式 TBCC 发动机用尾喷管流动机理

本节重点计算分析带二次流喷射的并联式 TBCC 发动机用尾喷管的流场和性能,分析二次流的引入对并联式 TBCC 发动机用尾喷管内外流场的影响,并探究二次流的流动控制机理;研究二次流喷射适用的飞行状态,并讨论二次流喷射的几何参数及气动参数变化对并联式 TBCC 发动机用尾喷管推力及推力矢量性能的影响。

1. 带二次流喷射并联式 TBCC 发动机用尾喷管几何模型

在亚声速和跨声速飞行阶段,并联式 TBCC 发动机的推力主要由涡轮发动机提供,此飞行工况下涡轮喷管处于过膨胀工作状态,喷管内产生激波和分离区等复杂结构,喷管的性能急剧下降。通过在尾喷管中间隔板处(涡轮喷管下壁面)引入二次流来改善喷管的性能,图 5 - 55 即为带二次流喷射孔的并联式 TBCC 发动机用尾喷管几何模型,图中喷射孔为收敛性喷孔,以确保二次流以相同的马赫数($Ma=1$)喷入主流,具体参数定义与取值详见 5.2.3 节。

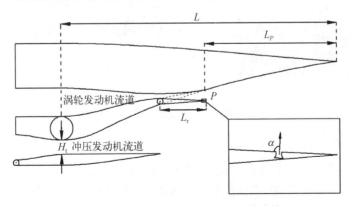

图 5 - 55　带二次流喷射的 TBCC 尾喷管

2. 带二次流喷射的并联式 TBCC 发动机用尾喷管流场特性

在跨声速状态下,如图 5－56(a)所示(Ma＝0.9),涡轮喷管处于过膨胀状态,上壁面有明显的气流分离,冲压喷管由于壁面的扩张角过大,其上壁面出现大面积的分离区,喷管性能急剧下降。

采用二次流喷射的方法以改善喷管性能,图 5－56(b)给出了飞行马赫数 Ma＝0.9 时二次流喷射状态下喷管的马赫数分布云图。从图中可以发现,由于二次流的阻碍作用,在涡轮喷管内二次流喷射孔上游的超声速流场中形成一道弓形激波,激波与涡轮喷管下壁面的附面层相互作用,引起附面层分离,分离区之前诱导产生分离激波,两道激波相交形成了图 5－57(b)所示的"λ"激波。弓形激波穿过流场与涡轮喷管上膨胀面相交,并引起上膨胀面附面层发生局部分离、主流中形成分离激波。对比图 5－56(a),可以发现,涡轮喷管上膨胀面下游由于过膨胀产生的分离区几乎消失,而冲压喷管内流场变化不明显。

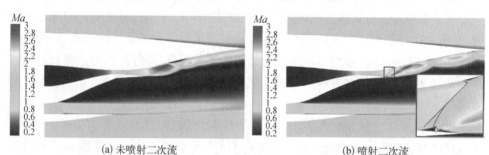

(a) 未喷射二次流　　　　　　　　　　　　　(b) 喷射二次流

图 5－56　并联式 TBCC 发动机用尾喷管马赫数分布云图

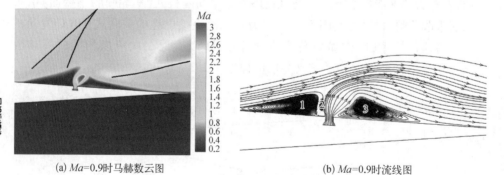

(a) Ma＝0.9时马赫数云图　　　　　　　　　　(b) Ma＝0.9时流线图

图 5－57　二次流喷射孔处的流场图

图 5－57(a)和图 5－57(b)是在飞行马赫数 Ma＝0.9 时二次流喷射孔处的马赫数云图和流线图,欠膨胀的二次流喷入主流后迅速膨胀,并在其周围形成压缩波,上方形成马赫盘,过膨胀的射流经过马赫盘再压缩后随主流转向下游流动。由于二次流的阻碍作用,主流中产生一道弓形激波,主流经过弓形激波后静压骤升形

成一定强度的逆压力梯度,使近壁面产生顺时针的分离涡[图 5 - 57(b)红色 1 位置]。分离涡与二次流喷射口之间,由于二次流的引射作用,产生逆时针的诱导涡[图 5 - 57(b)红色 2 位置]。二次流喷入主流,在主流中实现一定的射流深度后,随主流继续向下游流动,由于受到壁面的限制,气流会被压缩形成压缩波,并产生顺时针的闭式分离区[图 5 - 57(b)红色位置 3]。

　　图 5 - 58 给出了二次流喷射前后涡轮喷管上、下壁面和冲压喷管上膨胀面压力的变化,其中横坐标 X 为上膨胀面各点到冲压发动机喉部的轴向距离,纵坐标分别为涡轮喷管上、下壁面的无量纲压力(涡轮喷管上、下壁面静压与涡轮喷管进口总压之比)和冲压喷管上壁面的无量纲压力(冲压喷管上壁面静压与冲压喷管进口总压之比)。二次流喷射产生的“λ”激波使二次流喷射口上游形成高压区,二次流的引射作用使二次流喷射口下游形成低压区,如图 5 - 58(b)所示。二次流喷射

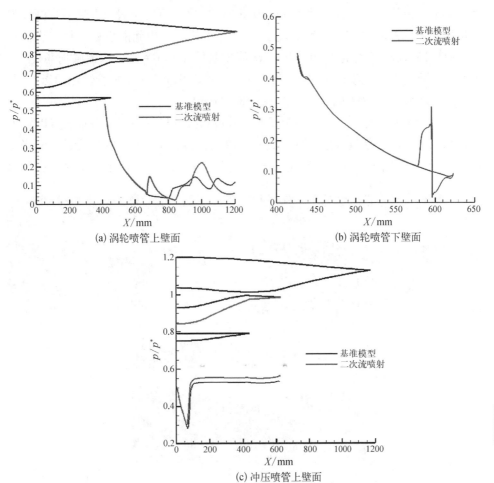

(a) 涡轮喷管上壁面

(b) 涡轮喷管下壁面

(c) 冲压喷管上壁面

图 5 - 58　二次流喷射前后壁面压力分布

产生的弓形激波与涡轮喷管上膨胀壁面附面层作用产生新的分离区,并在主流中形成分离激波,分离激波与弓形激波相交又产生反射激波,在复杂波系的影响下,涡轮喷管上壁面静压局部突升,如图 5-58(a)所示,压力的升高减弱了喷管内气体的过膨胀程度,改善了下游的分离区,提高了涡轮喷管下游的压力。涡轮喷管下游压力的提升改善了冲压通道由于气流引射所致的低压环境,使冲压喷管上膨胀面的压力分布整体提升,如图 5-58(c)所示。二次流喷射后涡轮喷管和冲压喷管上膨胀面压力的增大是喷管性能提高的主要原因。计算可知带有二次流喷射的喷管轴向推力系数由 0.668 提升至 0.717,推力矢量角由-46.85°改善至-34.09°。

5.5.2   几何参数对并联式 TBCC 发动机用尾喷管性能影响

1. 二次流喷口相对位置对尾喷管流场及性能的影响

本节主要研究在飞行马赫数 $Ma=0.5$ 时,二次流喷射位置对并联式 TBCC 发动机用尾喷管性能的影响。在各飞行状态下,由尾喷管中间隔板处进行二次流喷射,保持二次流喷射流量 $W=4.8\%$、二次流喷射压比 $SPR=1$、二次流喷射角度 $\alpha=90°$不变,研究二次流喷射位置 X_L 对并联式 TBCC 发动机用尾喷管性能的影响,其中 $X_L=0.5912$、0.7866、0.8591、0.9184、0.9521。

图 5-59 是飞行马赫数 $Ma=0.5$ 时,不同二次流喷射位置下并联式 TBCC 发动机用尾喷管的马赫数云图,可以发现,未喷射二次流时,涡轮喷管处于过膨胀工作状态,下壁面尾缘处发出的激波与喷管上膨胀面相互作用产生分离区。由于涡

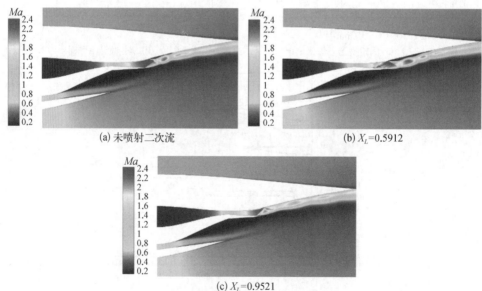

(a) 未喷射二次流   (b) X_L=0.5912

(c) X_L=0.9521

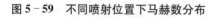

图 5-59   不同喷射位置下马赫数分布

轮喷管的引射作用,冲压喷管内出现超声速流动,冲压喷管出口的扩张角过大,上膨胀面出现大面积的分离区。由图 5 - 59(b)所示,在涡轮喷管下壁面 $X_L=0.5912$ 位置处进行二次流喷射,涡轮喷管下壁面发生闭式分离,涡轮喷管上壁面的分离区增大。随着二次流喷射位置的后移,涡轮喷管下壁面发生开式分离,涡轮喷管的过膨胀程度明显减小,下游的分离区逐渐消失,冲压喷管内流场无明显变化。

图 5 - 60 分别给出不同喷射位置下涡轮发动机喷管上膨胀面和喷管下壁面压力分布,其中横坐标为喷管壁面各点到冲压发动机喉部的轴向距离,纵坐标分别为涡轮喷管上、下壁面的无量纲压力(涡轮喷管上、下壁面静压与涡轮喷管进口总压之比)和冲压喷管上壁面的无量纲压力(冲压喷管上壁面静压与冲压喷管进口总压之比)。从图 5 - 60(a)和图 5 - 60(b)中可以发现随着二次流喷射位置的后移,二次流喷射所产生的弓形激波以及分离区诱导产生的分离激波向后移动。从图 5 - 60(a)中可以看出二次流喷射对涡轮发动机上膨胀面压力有较大的改善。图 5 - 60(b)中的 L 表示在二次流喷射位置为 $X_L=0.5912$ 时二次流喷射口上游所产生的楔形分离区[图 5 - 57(b)的 1、2 区域]的长度,随着二次流喷射位置的后移,楔形分离区域逐渐增大。从图中还可以发现,当喷射位置 $X_L=0.5912$ 时,二次流喷射口下游出现两次压力突升;当 $X_L=0.7866\sim0.9521$ 时,二次流喷射口下游压力均保持恒定不变。随着二次流喷射位置的后移,二次流喷射口附近的主流马赫数增大、静压减小,一方面二次流喷入主流后造成喷口附近附面层承受的压力梯度增加,使附面层分离更早发生,故二次流喷射口前楔形分离区加长、增大,激波强度增加;另一方面,在过膨胀状态下,二次流喷入主流,在主流中实现一定的射流深度后,随主流继续向下游流动,由于受到壁面的限制,气流会被压缩形成压缩波,并产生一闭式分离区。喷管处于过膨胀工作状态,喷管下壁面接近尾缘处会产生一道

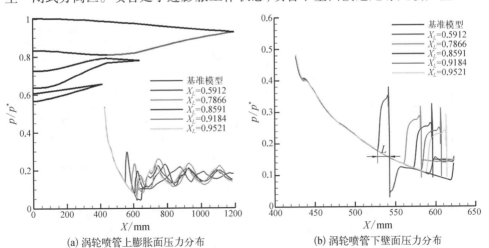

(a) 涡轮喷管上膨胀面压力分布　　　　(b) 涡轮喷管下壁面压力分布

图 5 - 60　不同二次流喷射位置下各壁面压力分布

激波,故当 $X_L = 0.5912$ 时,二次流喷口下游会出现两次压力突升。当 $X_L > 0.7866$ 时,主流在二次流喷射口附近已基本膨胀至大气压,气流的加速性不明显,主流对二次流的冲击作用减弱,故二次流喷口下游由之前的闭式分离转变为开式分离,如图 5-61 所示。涡轮喷管的引射作用,使冲压喷管内产生超声速气流,冲压喷管处于严重过膨胀状态,喷管喉道附近产生一道激波使喷管上壁面压力突升。

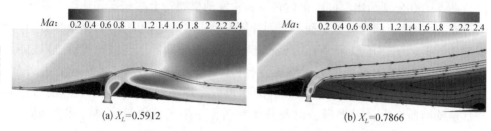

(a) $X_L = 0.5912$　　　　　　　　　　(b) $X_L = 0.7866$

图 5-61　不同二次流喷射位置下二次流喷射口的局部放大图

图 5-62 给出了并联式 TBCC 发动机用尾喷管的轴向推力系数和推力矢量角随二次流喷射位置的变化,可以发现,喷管的推力系数和推力矢量角均是呈先上升后下降的趋势。当 $X_L = 0.5912$ 时,二次流喷射口下游发生闭式分离,涡轮喷管上膨胀面出现大面积分离,严重影响喷管的性能;随着二次流喷射口位置的后移,射流位置处的主流马赫数升高,主流静压降低,相当于射流的反压降低,进而导致马赫盘和弓形激波的变大、增强,提高了涡喷喷管下游的压力,减小了由于过膨胀导致的分离区,减小了喷管的阻力,进而提高了喷管的性能。如图 5-62 所示,当 $X_L = 0.8591$ 时喷管推力性能最优,相比于基准喷管,带有二次流喷射的喷管轴向推力系数提升 3.69%,推力矢量角由 -17.73° 改善至 -15.32°(当 $X_L = 0.7866$ 时,

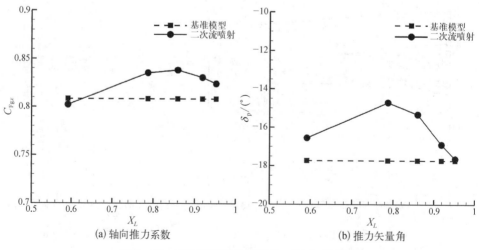

(a) 轴向推力系数　　　　　　　　　　(b) 推力矢量角

图 5-62　二次流喷射位置对 C_{Fgx} 和 δ_p 的影响

推力矢量角为-14.70°)。但是随着二次流喷射口位置继续向后移动,激波持续增强,激波与附面层作用产生的分离区过大,且气流经过激波的损失较为严重,进而导致喷管性能有所下降。

2. 二次流喷射角度对尾喷管流场及其性能的影响

本节主要研究在飞行马赫数 $Ma=0.5$ 时,二次流喷射角度对并联式 TBCC 发动机用尾喷管性能的影响。在各飞行状态下,由尾喷管中间隔板处进行二次流喷射,保持二次流喷射位置 $X_L=0.859\ 1$、二次流喷射流量 $W=4.8\%$ 和二次流喷射落压比 SPR$=1$ 不变,研究二次流喷射角度 α(二次流喷射方向与二次流喷口上游壁面的夹角)对并联式 TBCC 发动机用尾喷管性能的影响,其中 $\alpha=30°$、$45°$、$70°$、$90°$、$110°$、$135°$、$150°$。

图 5-63 是在飞行马赫数 $Ma=0.5$ 时,不同二次流喷射角度下并联式 TBCC 发动机用尾喷管的马赫数云图。随着二次流喷射角度的增大,二次流在垂直主流方向和主流方向的动量均发生变化,直接影响二次流的射流轨迹、射流深度以及二次流诱导产生激波强弱及分离区大小。如图 5-63 所示,随着 α 的增加,上膨胀面上游由于激波与附面层作用产生的分离区和二次流喷口上游的楔形分离区逐渐变小,涡轮喷管上膨胀面下游的分离区逐渐变小,且当 $\alpha>90°$ 时,下游的分离区基本消失,冲压喷管内流场无明显变化。

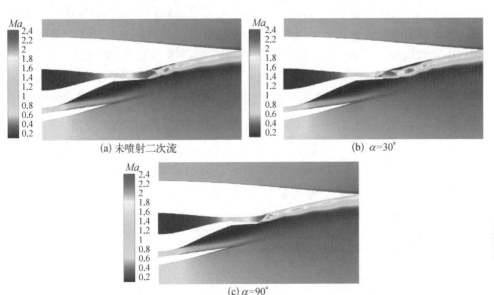

(a) 未喷射二次流　　　　　　　　　(b) $\alpha=30°$

(c) $\alpha=90°$

图 5-63　不同喷射角度下马赫数分布

图 5-64 分别给出不同喷射角度下涡轮发动机喷管上膨胀面和喷管下壁面压力分布,其中横坐标为喷管壁面各点到冲压发动机喉部的轴向距离,纵坐标分别为

各壁面点的无量纲压力。从图5-64(a)和图5-64(b)中可以看出,随着二次喷射角度的增加,二次流在垂直主流方向和主流方向的动量均发生变化,二次流诱导产生的弓形激波变弱且向下游移动,二次流喷射口上游的楔形分离区逐渐变小,二次流喷射口下游一直表现为开式分离。

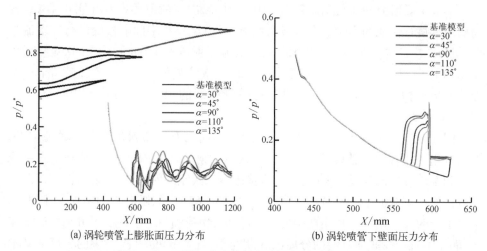

(a) 涡轮喷管上膨胀面压力分布

(b) 涡轮喷管下壁面压力分布

图5-64 不同二次流喷射角度下各壁面压力分布

图5-65给出了并联式TBCC发动机用尾喷管的轴向推力系数和推力矢量角随二次流喷射角度的变化。可以发现,喷管的推力系数和推力矢量角均是呈先上升后下降的趋势。当 $\alpha = 30°$ 时,二次流诱导产生的激波较强,分离区较大,如图5-64(a)和(b)所示,此工况下,二次流带来的压力增益效果大部分被分离区带来的总能量减损效果所抵消,故总的推力性能改善较小。随着二次流喷射角度的增

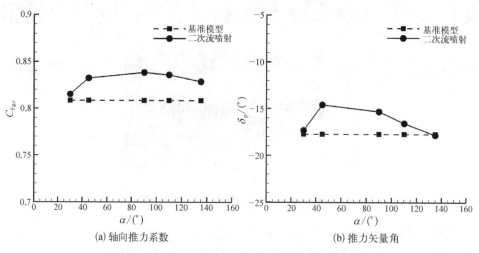

(a) 轴向推力系数

(b) 推力矢量角

图5-65 二次流喷射角度对 C_{Fgx} 和 δ_p 的影响

大,二次流诱导产生的激波逐渐减弱,分离区逐渐减小,激波带来压力增益效果与分离区带来总能量减损效果的差值逐渐增加,故推力及推力系数逐渐增大,且当 $\alpha=90°$ 时,推力性能最优,轴向推力系数提升 3.69%,推力矢量角由 $-17.73°$ 改善至 $-15.32°$(当 $\alpha=45°$ 时,推力矢量角达到峰值 $-14.60°$)。但是随着二次流喷射角度继续增大,激波强度的持续减弱,激波对主流静压的提升减小,二次流对涡轮喷管的过膨胀程度的改善减弱,激波带来压力增益效果与分离区带来总能量减损效果的差值逐渐减小,进而导致喷管性能有所下降。

5.5.3　气动参数对并联式 TBCC 发动机用尾喷管性能影响

1. 二次流喷射流量比对尾喷管流场及其性能的影响

本节主要研究在飞行马赫数 $Ma=0.5$ 时,二次流喷射流量对并联式 TBCC 发动机用尾喷管性能的影响。在各飞行状态下,由尾喷管中间隔板处进行二次流喷射,保持二次流喷射位置 $X_L=0.8591$、二次流喷射压比 SPR = 1、二次流喷射角度 $\alpha=90°$ 不变,研究二次流喷射流量 W 对并联式 TBCC 发动机用尾喷管性能的影响,其中 $W=0.94\%$、2.90%、4.80%、6.79%、8.74%(通过改变喷射孔大小来改变喷射流量)。

图 5-66 是在飞行马赫数 $Ma=0.5$ 时,不同二次流喷射流量下并联式 TBCC 发动机用尾喷管的马赫数云图。可以发现,未喷射二次流时,涡轮喷管处于过膨胀工作状态,下壁面尾缘处发出的激波与喷管上膨胀面相互作用产生分离区。由于涡轮喷管的引射作用,冲压喷管内出现超声速流动,冲压喷管出口的扩张角过大,上膨胀面出现大面积的分离区。如图 5-66(b)所示,当 $W=0.94\%$ 时,二次流与主流的动量比较小,二次流的扰动影响范围较小,故此时二次流诱导产生的弓形激波与涡轮喷管上膨胀面并未相交。随着二次流喷射流量的增加,弓形激波与涡轮喷管上游上壁面作用产生的分离区逐渐增大,涡轮喷管下游由于过膨胀产生的分离区逐渐消失。当 $W>2.90\%$ 时,二次流喷射口下游表现为开式分离。这主要是由于随着二次流喷射流量的增加,二次流与主流动量比增加,二次流的射流深度明显增大,弓形激波增强,一方面使涡轮喷管上游上壁面分离区增大;另一方面,使主流的静压上升,减小了喷管的过膨胀状态,减小了下游的分离区。冲压喷管内流场无明显变化。

图 5-67 分别给出不同喷射流量下涡轮发动机喷管上膨胀面和喷管下壁面压力分布,其中横坐标为喷管壁面各点到冲压发动机喉部的轴向距离,纵坐标分别为各壁面点的无量纲压力。从图 5-67(a)和图 5-67(b)中可以看出,随着二次流流量的增加,弓形激波变强且向上游移动,二次流喷射口上游的楔形分离区逐渐增大。当 $W=0.94\%$ 时,二次流喷射口下游压力两次突升,当 $W=2.90\%\sim8.74\%$ 时,二次流喷射口下游压力均保持恒定不变。由图 5-67(c)可以发现,在飞行马赫数 $Ma=$

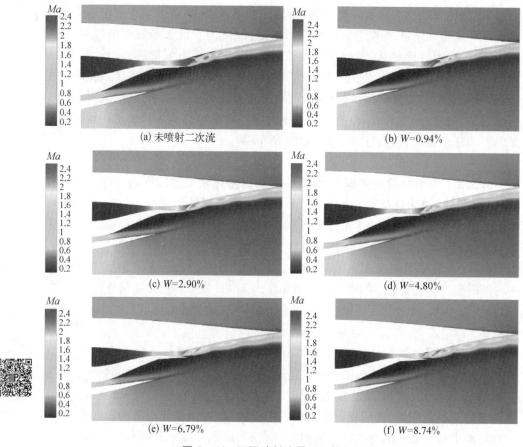

(a) 未喷射二次流

(b) W=0.94%

(c) W=2.90%

(d) W=4.80%

(e) W=6.79%

(f) W=8.74%

图 5-66　不同喷射流量下马赫数分布

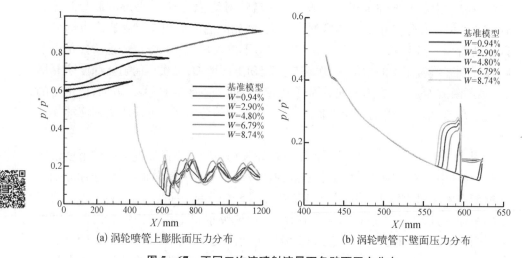

(a) 涡轮喷管上膨胀面压力分布

(b) 涡轮喷管下壁面压力分布

图 5-67　不同二次流喷射流量下各壁面压力分布

0.5 时,中间隔板处的二次流喷射对冲压喷管上壁面的压力分布影响很小。

随着二次流喷射流量的增加,二次流与主流的动量比增加,二次流穿透深度加强,二次流对主流扰动更加剧烈,弓形激波加强,弓形激波与喷管上下壁面作用产生的分离区增大,分离区前诱导产生的分离激波增强,进而使压力突升的幅度增加,如图 5 - 67(a)所示。当 $W > 2.90\%$ 时,二次流对主流的冲击作用加强,使二次流喷射口下游表现为开式分离,在开式分离区压力基本恒定,如图 5 - 67(b)所示。涡轮喷管的引射作用,使冲压喷管内产生超声速气流,冲压喷管处于严重过膨胀状态,喷管喉道附近产生一道激波使喷管上壁面压力突升。涡轮喷管下游压力的提升使冲压喷管上膨胀面压力分布稍有提升。

图 5 - 68 给出了并联式 TBCC 发动机用尾喷管的轴向推力系数和推力矢量角随二次流喷射流量的变化。可以发现,喷管的推力系数呈先上升后下降的趋势,而推力矢量角呈先下降后上升的趋势。随着二次流喷射流量的增加,二次流诱导产生的激波增强,提高了涡喷喷管下游的压力,减小了由于过膨胀导致的分离区,减小了喷管的阻力,进而提高了喷管的性能。如图 5 - 68(a)所示,当 $W = 6.79\%$ 时喷管推力性能最优,相比于基准喷管,带有二次流喷射的喷管轴向推力系数提升 4.14%。但是随着二次流喷射流量继续增加,激波持续增强,激波与附面层作用产生的分离区过大,且气流经过激波的损失较为严重,进而导致喷管性能有所下降。当 $W = 2.90\%$ 时,由图 5 - 67(b)的压力分布可知,二次流喷射口下游的闭式分离转化为开式分离,涡轮出口气流向上大幅度偏转,故在此流量下,喷管推力矢量角稍有下降,如图 5 - 68(b)所示。随着二次流喷射流量的增大,激波引起气流静压上升增益的加强,喷管推力矢量逐渐上升,当 $W = 8.74\%$,推力矢量角由 $-17.73°$ 改善至 $-11.93°$。

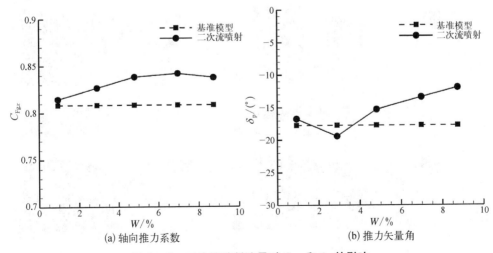

(a) 轴向推力系数　　　　　　　　　(b) 推力矢量角

图 5 - 68　二次流喷射流量对 C_{Fgx} 和 δ_p 的影响

2. 二次流喷射压比对尾喷管流场及其性能的影响

本节主要研究在飞行马赫数 $Ma=0.5$ 时，二次流喷射压比对并联式 TBCC 发动机用尾喷管性能的影响。在各飞行状态下，由尾喷管中间隔板处进行二次流喷射，保持二次流喷射流量 $W=4.80\%$（通过改变孔的大小）、二次流喷射位置 $X_L=0.8591$、二次流喷射角度 $\alpha=90°$ 不变，研究二次流喷射落压比 SPR 对并联式 TBCC 发动机用尾喷管性能的影响，其中 SPR = 0.5、0.8、1、1.5、2。

图 5-69 是在飞行马赫数 $Ma=0.5$ 时，不同二次流喷射压力下（通过改变孔的大小保持流量不变）并联式 TBCC 发动机用尾喷管的马赫数云图，从图中可以发现，在这种飞行状态下进行二次流喷射，喷管下游由于过膨胀产生的分离区消失，但冲压喷管流场基本不变。在保持二次流流量恒定的情况下，增大二次流落压比，二次流的做功能力增加，但二次流与主流的动量比不变，二次流的穿透深度恒定，因此二次流诱导产生的激波强度恒定，喷管内的过膨胀程度改善基本一致，故两种不同飞行状态下的流场均保持恒定不变。

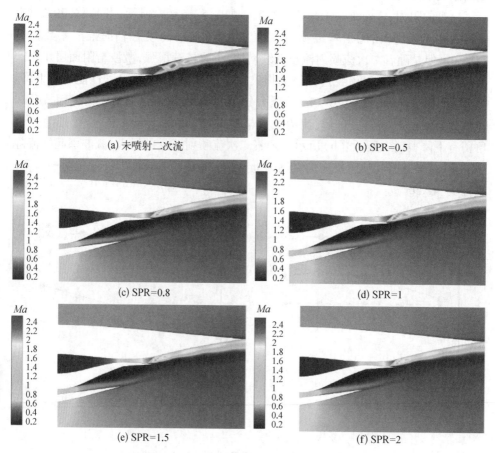

(a) 未喷射二次流　　　　(b) SPR=0.5

(c) SPR=0.8　　　　(d) SPR=1

(e) SPR=1.5　　　　(f) SPR=2

图 5-69　不同喷射压力下马赫数分布（$Ma=0.5$）

图 5-70 给出在飞行马赫数 $Ma=0.5$ 时不同二次流喷射压力下涡轮发动机喷管上膨胀面、喷管下壁面和冲压喷管上壁面的压力分布,其中横坐标为喷管壁面各点到冲压发动机喉部的轴向距离,纵坐标分别为各壁面点的无量纲压力。在保持二次流喷射流量恒定的情况下,虽然二次流压比增大,但二次流出口速度仍恒定为 $Ma=1$(收敛性喷口),故二次流的动量比与主流的动量比不变,二次流射流深度恒定,二次流诱导产生的弓形激波强度不变,激波诱导产生的分离区大小基本一致,如图 5-70(a)所示。在飞行马赫数 $Ma=0.5$ 的状态下,涡轮喷管处于严重过膨胀工作状态,受到喷管下壁面尾缘处激波的影响,二次流喷口下游表现为开式分离,如图 5-70(b)所示。由图 5-70(b)还可以发现,在二次流喷口边缘存在较高峰值点,这主要是由于随着二次流压比的增加,二次流在出口处压力较大,进而使压力出口边沿出现较高的压力峰值。

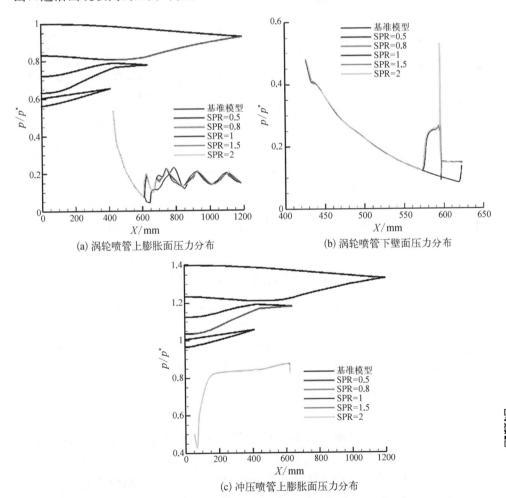

(a) 涡轮喷管上膨胀面压力分布

(b) 涡轮喷管下壁面压力分布

(c) 冲压喷管上膨胀面压力分布

图 5-70 不同二次流喷射压力下各壁面压力分布($Ma=0.5$)

图5-71 给出了在飞行马赫数 $Ma = 0.5$ 状态下,并联式 TBCC 发动机用尾喷管的轴向推力系数和推力矢量角随二次流喷射压力的变化情况。从图中可以发现,随着二次流喷射压力的增加,喷管的轴向推力系数稍有下降。虽然二次流喷射压力增大,但是由于二次流与主流的动量比恒定不变,二次流对喷管性能的改善效果基本一致,因此喷管的实际推力基本相同。依据喷管推力系数的定义(实际推力与理想推力之比),二次流压力的增大,势必会增大理想推力,故推力系数稍有下降,如图5-71(a)所示。由于二次流喷射压力的改变对涡轮喷管压力以及冲压喷管压力改变很小,实际轴向推力与垂向升力改变不大,故推力矢量角基本不变,如图5-71(b)所示。

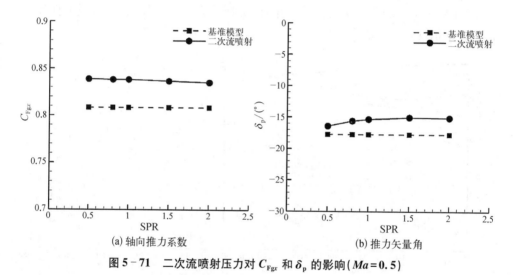

(a) 轴向推力系数　　　　　　　　　(b) 推力矢量角

图5-71　二次流喷射压力对 C_{Fgx} 和 δ_p 的影响($Ma = 0.5$)

5.6　基于被动流动控制方法的串联式 TBCC 发动机用 SERN 性能改善

为了改善 SERN 在过膨胀状态下的性能,基于无源腔的被动流动控制方法,在喷管上膨胀斜面加入无源腔结构,研究其对喷管流场和性能的影响及其适用范围,并分析无源腔相关结构参数变化对喷管轴向推力系数的影响规律。

5.6.1　无源腔改善串联式 TBCC 发动机用 SERN 性能的流动机理研究

本节重点计算分析带无源腔结构 SERN 的流场和性能,分析无源腔结构的引入对 SERN 内外流场的影响及其流动控制机理。同时研究无源腔的适应性,即其适用落压比范围,并讨论无源腔结构的几何参数变化对流动控制的影响。

1. 带无源腔 SERN 几何模型

带无源腔的大膨胀比 SERN 如图 5-72 所示,在大膨胀比原型 SERN 的基础上,对喷管上壁面进行改动,将上壁面拆分成基体、无源腔体和孔板三个部分,其中,无源腔体和孔板组合成无源腔结构体,如图 5-73 所示,该结构体与喷管基体组合成 SERN 的上膨胀斜面。无源腔的主要几个参数包括:孔板开孔率、孔径和腔深。无源腔体主要研究无源腔的腔深变化,孔板则研究开孔率和孔径变化。

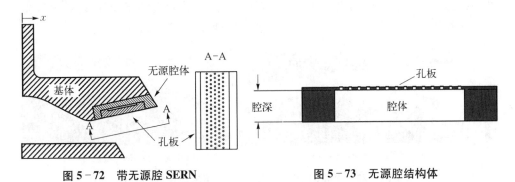

图 5-72　带无源腔 SERN　　　　　图 5-73　无源腔结构体

将无源腔结构体加入原型 SERN 的上膨胀斜面中。根据在严重过膨胀状态下 SERN 内部流动情况,所设计的带无源腔 SERN 如图 5-74 所示,无源腔结构前后缘点在上膨胀斜面上的设计位置分别为: $X_f/L_r = 0.081\ 1$, $X_b/L_r = 0.162\ 2$,其中 X_f 和 X_b 分别为无源腔前后缘点坐标,L_r 为喷管上膨胀斜面延伸段轴向长度。

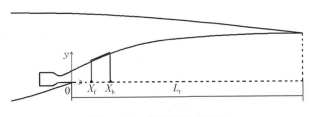

图 5-74　带无源腔 SERN

2. 带无源腔 SERN 与原型 SERN 的比较

对原型 SERN 和带无源腔 SERN 的流动特征及性能进行比较,其中带无源腔 SERN 孔板开孔率为 4.93%(孔板开孔率定义为开孔的面积占孔板总面积的比例),孔径为 20 mm,腔深为 100 mm,计算工况选择低马赫数($Ma = 0.5$)条件下的飞行器爬升阶段,此时 SERN 落压比(NPR = 8)远低于设计落压比,喷管处于严重的过膨胀状态。

当 SERN 进入过膨胀状态,喷管的性能与分离区以及分离区的位置有很大关系。原型 SERN 马赫数分布如图 5-75(a)所示,处于过膨胀状态的喷管在下斜板的尾缘处产生一道斜激波,该激波穿过喷流,与 SERN 上膨胀斜面相交产生入射激波与附面层相互干扰,使得上膨胀斜面发生流动分离,并产生诱导激波,上膨胀斜面处出现大面积的分离区,喷管性能急剧下降。如图 5-75(b)所示,在原型 SERN基础上增加无源腔,无源腔连通了诱导激波上、下游压力,使得上膨胀斜面诱导激波附近流动形态发生改变。激波后低速附面层气流在激波前后压差压力作用下流入无源腔中,通过激波前的气孔被吹出腔外,与激波前附面层相互作用改变了原始激波根部的流动形态与压力分布,将诱导激波前推至无源腔的第一个孔处,此时激波后的分离区域也相应增大。如图 5-76 所示,无源腔附近的流线分布图,可以得出无源腔的引入有增强流动分离的作用,并形成稳定回流区域。

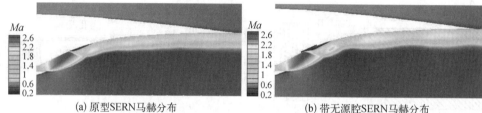

(a) 原型SERN马赫分布　　　　　　　　　(b) 带无源腔SERN马赫分布

图 5-75　原型 SERN 和带无源腔 SERN 马赫数分布图

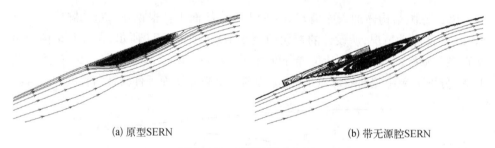

(a) 原型SERN　　　　　　　　　　(b) 带无源腔SERN

图 5-76　局部流线分布图

图 5-77 给出了原型 SERN 与带无源腔 SERN 上膨胀斜面的压力系数分布。SERN 下壁面出口斜激波与上膨胀斜面附面层相互干扰并诱导分离激波,使得壁面压力突高,分离点下游形成的封闭分离泡内压力基本保持不变,分离泡之后,气流偏向膨胀面形成再附激波使压力进一步升高,由于喷管处于过膨胀状态而产生受限激波分离,喷管内存在激波串结构,上壁面产生多次激波反射,导致压力出现多次突升。与原型 SERN 相比,带无源腔 SERN 激波位置前移、分离范围扩大,分离区后第二个压力峰值明显增大,此后激波串数目减少,从本质上减小了气流总压损失,因此基于无源腔被动流动控制的 SERN 推力性能有所提升。

表 5-5 中可看出,与原型 SERN 相比,采用无源腔(开孔率为 4.93%,孔径为20 mm,腔深为 100 mm)被动流动控制技术(Dusa,1987),使得轴向推力系数提高1.75%,同时不会带来低头力矩的恶化。1.75%从数值上看很小,但对于 SERN 轴

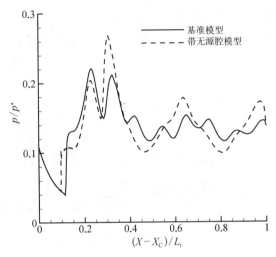

**图 5 - 77　原型喷管和带无源腔喷管上
膨胀斜面的压力分布**

向推力系数来说是巨大的。因此具有带一定构型的无源腔 SERN 在过膨胀状态下
可以提高喷管的性能。

表 5 - 5　原型 SERN 与带无源腔 SERN 性能参数表

	轴向推力系数 C_{Fgx}	推力矢量角 $\delta/(°)$
原型 SERN	0.760 5	0.48
带无源腔 SERN	0.773 8	0.54

　　由于无源腔结构设计在喷管扩张段上,对喷管喉部及喉部上游流场影响较小,
无源腔结构的存在对喷管流量系数几乎没有影响。由于无源腔结构的加入,对喷
管上、下外壁面上及喷管内外流混合处的流动影响较小,原型 SERN 和无源腔
SERN 的尾部阻力值 X_b 之间差值小于 0.1%。

　　尾部阻力的计算公式为

$$X_b = -\int_M^9 (p - p_0)\,\mathrm{d}A + X_f \tag{5-26}$$

式中,9、M 分别表示尾喷管出口截面及最大截面;X_f 为摩擦阻力。

　　在低飞行马赫数和低落压比条件下引入了无源腔结构,由上文可知无源腔结
构的存在确实能提高 SERN 在非设计点的严重过膨胀状态下的性能,那么当 SERN
在设计点时,无源腔结构对 SERN 的性能是何种影响,计算带无源腔 SERN 在设计
点时的流场及特性分析。带无源腔 SERN 马赫数分布如图 5 - 78 所示,除无源腔
内的低速回流外,其余流场与原型 SERN 基本相同。喷管上膨胀斜面压力分布如

图 5-79 所示。无源腔结构的存在,使无源腔处附近的压力分布变化,出现一些压力较高的点,从而影响喷管推力系数。原型 SERN 与带无源腔 SERN 的性能如表5-6 所示,在设计点,无源腔结构的存在不会降低 SERN 的轴向推力系数,且不会带来低头力矩的影响。

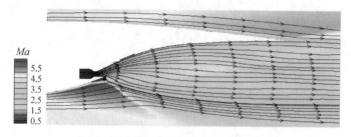

图 5-78　带无源腔 SERN 马赫数分布

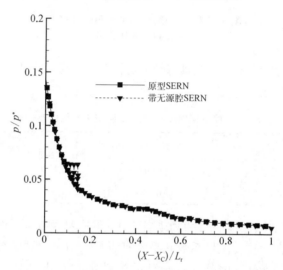

图 5-79　带无源腔 SERN 上膨胀斜面压力分布

表 5-6　原型 SERN 与带无源腔 SERN 性能参数表

	轴向推力系数 C_{Fgx}	推力矢量角 $\delta/(°)$
原型 SERN	0.954 5	0.41
带无源腔 SERN	0.960 3	0.40

5.6.2　无源腔改善串联式 TBCC 发动机用 SERN 的适应工作范围

为了得到无源腔被动流动控制方法的适用落压比范围,此节针对 5.6.1 节设计的带无源腔结构 SERN。在飞行马赫数 $Ma=0.5$ 时,计算了 NPR=3~13 变化时,带无源腔 SERN 的流动特性及性能参数,分析了大膨胀比 SERN 在不同落压比的过膨胀状态下,无源腔流动控制方法对喷管流场和推力性能的影响效果。

选取孔板开孔率为 4.93%,孔径为 20 mm,腔深为 100 mm 的无源腔结构,在喷管上膨胀斜面位置为 $X_f/L_r = 0.0811$, $X_b/L_r = 0.1622$。外流马赫数为 0.5,在不同落压比条件下,带无源腔 SERN 马赫数分布如图 5-80 所示,由图可见,在计算落压比下,下斜板尾缘都发出了穿过喷管流场的自由激波,自由激波打到上膨胀面边界层上,导致了边界层的分离,并在边界层分离区前形成了一道分离激波,使气流方向向内发生偏转。随着落压比的增大,从下斜板发出的自由激波逐渐被推出喷管,激波角变小,分离激波也逐渐远离喉道,喷管上膨胀斜面的分离区逐渐向后移动,分离区域变大。在这些落压比范围内,无源腔结构的存在均影响着喷管上膨胀斜面压力的分布,对喷管推力系数会产生影响。

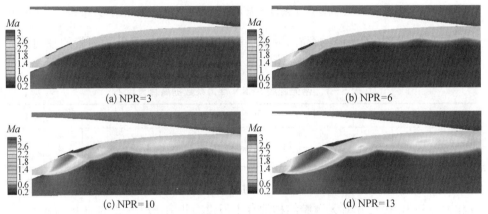

图 5-80　不同落压比条件下无源腔 SERN 马赫数分布

不同落压比条件下,带无源腔 SERN 上膨胀斜面压力分布如图 5-81 所示。在较低落压比时,如 NPR=3 和 NPR=4 下,由于喷管落压比较低,喷管处于过膨胀状态,且在上膨胀斜面产生的分离在无源腔结构之前,由压力分布可以看出,此时无源腔结构的存在对喷管上膨胀斜面压力分布影响较小。随落压比增加,如在落压比范围 NPR=5~12,此时上膨胀斜面的分离区域在无源腔所包含的区域内,无源腔的存在影响着上膨胀斜面压力的分布,在第一个回流区后出现了第二个较小的分离区,压力出现突升,且升高值比原型 SERN 的高。随落压比增加,如在 NPR=13,上膨胀斜面分离区域基本处于无源腔结构之外,此时无源腔结构对喷管上膨胀斜面压力分布影响较小。

在落压比范围 NPR=3~13,无源腔 SERN 比原型 SERN 轴向推力系数提高百分比如表 5-7 所示。除落压比 NPR=6 时,其余落压比条件下,带无源腔结构 SERN 的轴向推力系数都比原型 SERN 的高,且在 NPR=3 时 SERN 轴向推力系数提高最大为 4.00%。当 NPR=6 时,此时喷管上膨胀斜面的回流区域与无源腔结

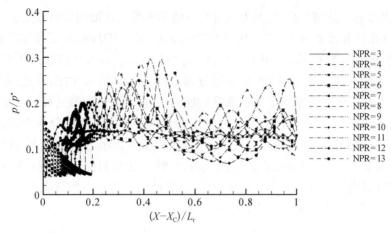

图 5 - 81　不同落压比条件下无源腔 SERN 上膨胀斜面压力分布

构基本重合,此时,无源腔的存在,并非提高喷管性能,反而降低了喷管的轴向推力系数。

表 5 - 7　带无源腔 SERN 推力系数提高百分比

NPR	3	4	5	6	7	8	9	10	11	12	13
推力系数提高/%	4.00	3.58	2.8	−1.41	0.70	1.75	2.26	1.59	0.53	1.22	1.37

　　由上可知当 NPR = 6 时,无源腔结构与喷管上膨胀斜面处的流动分离区域位置和大小基本重合,此时无源腔结构的存不但没有提升 SERN 的轴向推力系数,反而使 SERN 轴向推力系数降低,此时无源腔结构的存在也使无源腔 SERN 轴向推力系数比原型 SERN 的低。为此,计算了 NPR = 6 附近落压比分别为 5.5、5.8、6.2 和 6.5 情况下带无源腔 SERN 的流场及性能,以进一步说明此问题。在落压比 5.5~6.5 范围下,喷管的局部马赫数分布如图 5 - 82 所示。由图可看出,在此落压比 5.5~6.5 范围内,喷管上膨胀斜面处的分离区域基本与无源腔结构重合,无源腔结构的存在对喷管上膨胀斜面分离区域的大小和位置的基本无影响。原型 SERN 和带无源腔 SERN 在落压比 5.5~6.5 范围内轴向推力系数如表 5 - 8 所示,当无源腔结构大小与喷管内流动分离位置和大小基本重合时,无源腔结构的存在并不能改善喷管内部流场结构,带无源腔 SERN 轴向推力系数比原型 SERN 低。

表 5 - 8　原型 SERN 与带无源腔 SERN 推力系数比较

NPR	5.5	5.8	6.2	6.5
原型 SERN	0.651 6	0.674 2	0.694 1	0.705 3
带无源腔 SERN	0.647 5	0.666 5	0.682 8	0.695 9

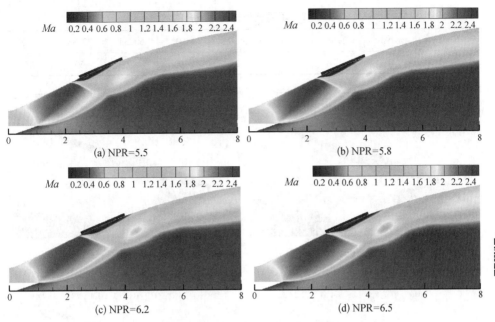

图 5-82 不同落压比条件下无源腔 SERN 局部马赫数分布

5.6.3 无源腔几何参数对串联式 TBCC 发动机用 SERN 性能的影响

由图 5-72 和图 5-73 表示的带无源腔结构 SERN 和无源腔结构体可看出, 无源腔的孔板开孔率、孔径和腔深是影响带无源腔 SERN 流场和性能的重要因素。因此分别对孔板开孔率、孔径的变化对无源腔 SERN 的影响进行数值模拟研究。

1. 孔板开孔率对无源腔 SERN 的影响

首先分析带无源腔 SERN 在过膨胀状态下, 孔板开孔率变化对喷管流场的影响, 保持孔直径为 20 mm 和腔深度为 100 mm 不变, 开孔率分别为 4.93%、11.08%、23.40%、35.71%、48.02%、60.33%、73.88% 和 80.04%, 不同孔板开孔率下孔数量如表 5-9 所示。在外流马赫数 $Ma=0.5$、落压比 NPR=8 工况下, 对不同孔板开孔率无源腔 SERN 进行了数值模拟。图 5-83 给出了无源腔附近的局部马赫数分布图, SERN 在过膨胀状态工况下, 喷管的性能与分离区大小以及分离区的起始位置有关。不同孔板开孔率的无源腔 SERN 内流场结构相似, 无源腔结构的存在使喷管上膨胀斜面处形成稳定的回流区域。对于不同孔板开孔率, 孔板上第一个孔的位置不同, 随着孔板开孔率的增加, 第一个孔的位置更靠近孔板前缘位置, 因此激波后压强较高的气流流入无源腔中, 而从无源腔前缘气流流出的起始位置不同, 导致形成前段斜压缩波位置和强度不同。由图可看出, 随着开孔率增加, 激波位置前移, 分离区起始位置前移。

表 5-9　不同孔板开孔率下孔的数量

开孔率/%	4.93	11.08	23.40	35.71	48.02	60.33	73.88	80.04
孔数/个	4	9	19	29	39	49	60	65

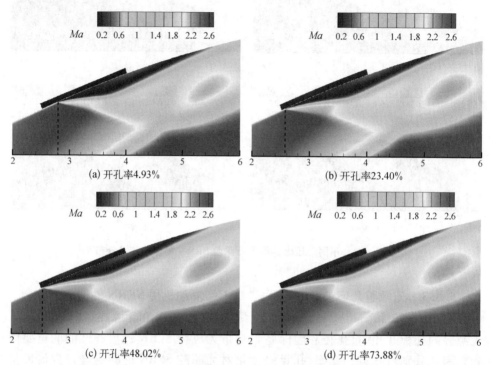

(a) 开孔率4.93%　　　　　　　(b) 开孔率23.40%

(c) 开孔率48.02%　　　　　　　(d) 开孔率73.88%

图 5-83　带不同孔板开孔率无源腔 SERN 无源腔附近局部马赫数分布

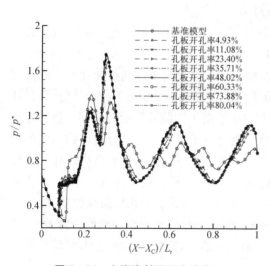

图 5-84　上膨胀斜面压力分布

图 5-84 给出了原型 SERN 和不同孔板开孔率的无源腔 SERN 上膨胀斜面的压力分布。与原型 SERN 相比较,由于带无源腔 SERN 上膨胀斜面处所产生的分离区向上游移动,且分离区面积增大,进而上游分离区的变化影响了喷管上膨胀斜面压力的变化。随孔板开孔率的增加,喷管上膨胀斜面分离起始位置前移,前段斜压缩波逐渐减弱,上膨胀斜面压力增幅逐渐减小,上膨胀斜面压力逐渐降低,导致推力系数逐渐降低。由图 5-85 所示的不

同孔板开孔率无源腔底面压力分布,以无源腔前缘点 X_f 为横坐标起点,用无源腔轴向长度 L 进行横坐标的无量纲化,可以更清楚地看出,在相同孔径和腔深情况下,随开孔率增加,无源腔处的回流逐渐增加,无源腔底面压力逐渐减小,进而该种压力分布特性持续影响上膨胀斜面压力分布,从而使得无源腔喷管推力系数随孔板开孔率变化规律如图 5-86 所示,随孔板开孔率增加,无源腔 SERN 轴向推力系数降低。

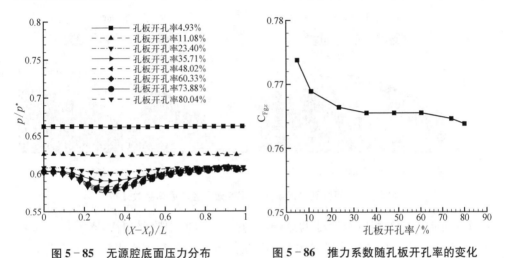

图 5-85　无源腔底面压力分布　　　　图 5-86　推力系数随孔板开孔率的变化

2. 孔板孔径大小对无源腔 SERN 的影响

分析无源腔孔板孔径大小变化对无源腔 SERN 的影响,保持孔板开孔率为 35.71% 和腔深为 100 mm 不变,孔直径分别为 10.00 mm、14.50 mm、20.00 mm、23.20 mm、29.00 mm 和 36.25 mm。在外流马赫数 $Ma = 0.5$、落压比 NPR = 8 工况下对 6 种孔径大小的无源腔 SERN 进行数值模拟。不同孔径大小条件下孔数量如表 5-10 所示。不同孔板孔径大小的无源腔喷管局部马赫数分布如图 5-87 所示,在相同开孔率和腔深条件下,孔板第一个孔离孔板边缘位置基本相同,因此气流流出无源腔前缘位置相同,无源腔前缘压缩波强度基本相同,各孔板孔径条件下的无源腔 SERN 流场基本相同。

表 5-10　不同孔径大小下孔数量

孔径/mm	10.00	14.50	20.00	23.20	29.00	36.25
孔数/个	58	40	29	25	20	16

不同孔板孔径大小的无源腔 SERN 上膨胀面压力系数分布如图 5-88 所示。在相同孔板开孔率和腔深情况下,整个喷管流场的变化很小,上膨胀斜面分离区的大小和位置几乎没有变化,高压区的大小、位置以及峰值几乎不变,这说明不同孔

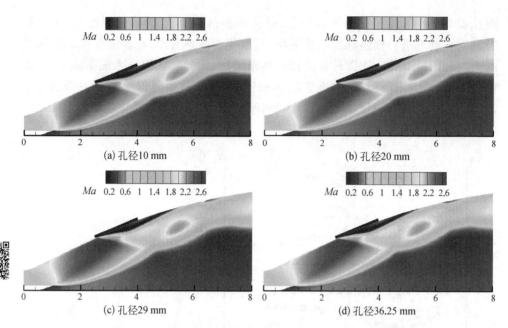

图 5-87　不同孔径无源腔 SERN 无源腔附近马赫数分布

板孔径无源腔喷管相应位置处的流场结构是一致的,上膨胀斜面压力几乎不变。因此,孔板孔径大小的变化对无源腔 SERN 内流场结构和上膨胀斜面压力分布影响较小。图 5-89 显示了不同孔板孔径大小的无源腔底面压力分布。在相同开孔率和腔深情况下,不同孔径大小无源腔处回流变化较小,底面压力分布变化较小。因此在相同孔板开孔率 35.71% 和腔深 100 mm 时,无源腔孔板孔径的大小对喷管内流动的影响较小,即对喷管推力系数影响较小。

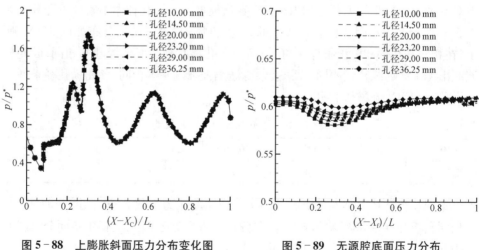

图 5-88　上膨胀斜面压力分布变化图　　　图 5-89　无源腔底面压力分布

在相同开孔率和腔深条件下,不同孔径大小无源腔 SERN 上膨胀斜面处诱导激波的相对位置(即激波位置与上膨胀斜面延伸段的轴向距离的比值)如表 5 - 11 所示。其中,诱导激波是由下斜板尾缘处的斜激波与 SERN 上膨胀斜面相交产生的入射激波进一步与附面层相互干扰而产生的。由表 5 - 11 可以看出,随着孔径的增加,诱导激波的相对位置向喷管出口移动,但是移动的相对位置较小,变化在 1%范围内。无源腔附近的两道激波的位置、强度和激波角基本相同,且其附近的激波串结构也相同。对于不同孔径大小,气流都是孔板前缘的第一个孔发生气流分离,虽然孔径大小是变化的,但由于开孔率是保持不变的,意味着进出无源腔的气流流量的绝对值之和是不变的,不同孔径大小对无源腔附近的流动影响相同。因此在无源腔处的流动分离区面积大小相同,无源腔下游的小分离区面积大小也相同,喷管整体内流变化较小。图 5 - 90 显示了带无源腔 SERN 推力系数随孔板孔径大小变化的变化规律,孔径的大小变化对喷管推力系数的影响较小。

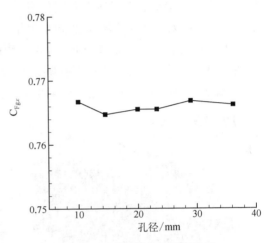

图 5 - 90　喷管轴向推力系数随
孔径大小变化的变化

表 5 - 11　诱导激波的相对位置

孔径/mm	10.00	14.50	20.00	23.20	29.00	36.25
相对位置/%	8.20	8.24	8.30	8.33	8.39	8.46

5.6.4　无源腔轴向位置对串联式 TBCC 发动机用 SERN 性能的影响

分析无源腔结构在 SERN 上膨胀斜面不同位置时对喷管流场及性能的影响。在某一落压比如 NPR = 8 条件下,选取孔径为 20 mm、腔深为 100 mm 的无源腔结构,保持无源腔大小即 $\widehat{X_f \cdot X_b}$ 不变。改变无源腔结构在喷管上膨胀斜面的位置即改变无源腔前缘位置 X_f/L_r,无源腔后缘位置 X_b/L_r 相应改变,使 $\widehat{X_f \cdot X_b}$ 保持不变,带无源腔 SERN 结构见图 5 - 74。无源腔在 SERN 上膨胀斜面不同位置点时前后缘点位置如表 5 - 12 所示,由原型 SERN 在落压比为 8 条件下的分离区域的位置及大小,可知其中位置 1 处整个无源腔结构基本在分离区的前面,位置 3 处为研究无源腔结构参数变化时选用的位置,位置 9 和位置 10 处整个无源腔结构基本在分离区的后面。针对两种孔板开孔率即 4.93%和 23.40%的无源腔结构,分析无源腔结构在 SERN 上膨胀斜面不同位置的影响。

表 5 - 12　无源腔在喷管上膨胀斜面的位置变化

	1	2	3	4	5	6	7	8	9	10
X_f/L_r	3.90%	6%	8.11%	12%	16%	18%	20%	23%	25%	27%
X_b/L_r	12%	14%	16%	20%	24%	26%	28%	31%	34%	36%

考虑孔板开孔率为 4.93%，孔径为 20 mm，腔深为 100 mm 的无源腔结构，按无源腔结构在 SERN 上膨胀斜面不同位置，分别计算无源腔结构在 SERN 上膨胀斜面不同位置时对 SERN 流场和性能的影响。在外流马赫数为 0.5，喷管落压比为 8 条件下进行数值模拟。原型 SERN 和带无源腔 SERN 在无源腔附近的局部马赫数如图 5 - 91 所示。当无源腔位置离喉部较较近时，上膨胀斜面上的分离区依然存在，无源腔的存在通过改变上膨胀斜面压力来影响喷管性能。在 12% 位置时，无源

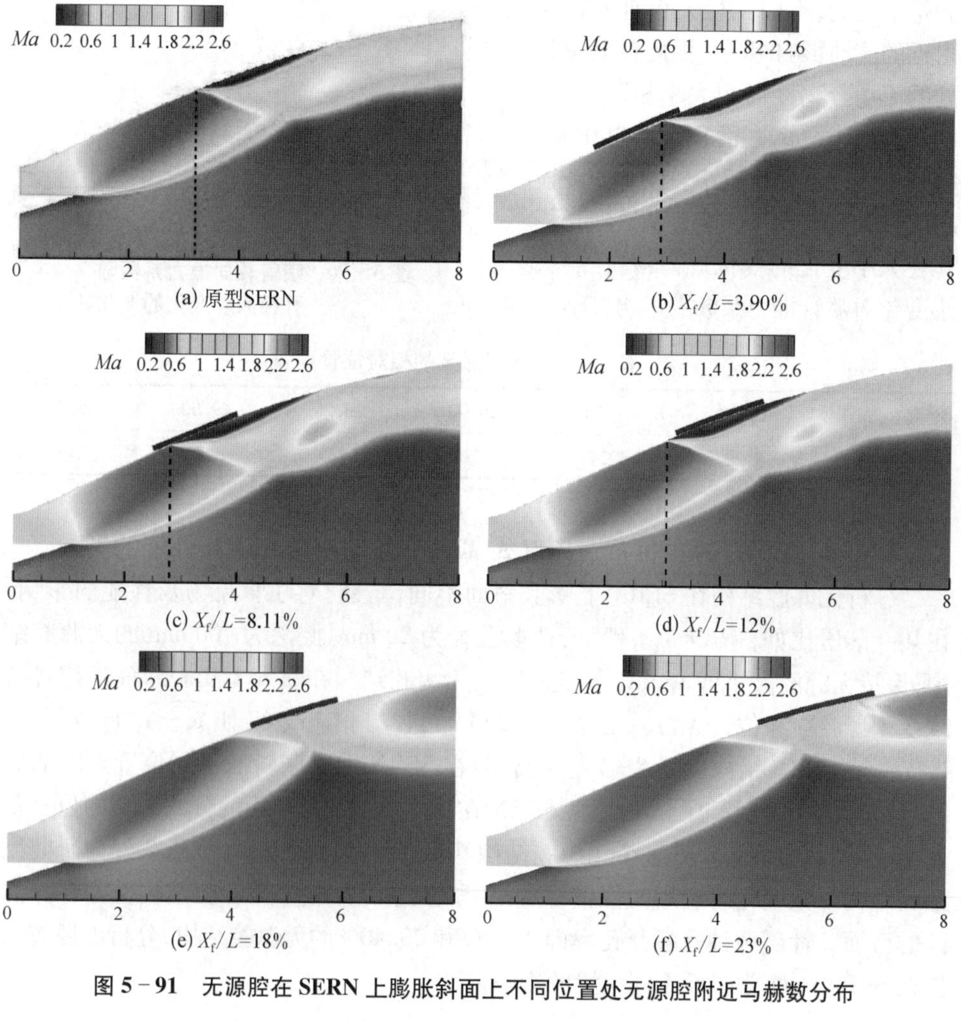

图 5 - 91　无源腔在 SERN 上膨胀斜面上不同位置处无源腔附近马赫数分布

腔结构基本和回流区重合,此时带无源腔 SERN 性能比原型 SERN 低。当无源腔结构逐渐远离喷管喉部位置时,在 18% 位置以后,上膨胀斜面的分离区减小并消失,此时无源腔起到了抑制流动分离的作用。

　　无源腔结构在喷管上膨胀斜面不同位置时,喷管上膨胀斜面压力分布如图 5-92 所示。当上膨胀斜面的分离区依然存在时,喷管上膨胀斜面压力分布基本相同,喷管内流场也基本相同。当上膨胀斜面分离区域消失时,喷管内流场发生明显变化,上膨胀斜面压力分布也发生明显变化,激波串数目更少,且激波峰值更高,明显提高了喷管的性能。如图 5-93 和表 5-13 所示,无源腔结构在 SERN 上膨胀斜面不同位置时,喷管轴向推力系数变化和轴向推力系数提高百分比。当无源腔结构的作用为促进喷管上膨胀斜面处流动分离时,存在一个最佳位置即位置 2,$X_f/L_r = 6\%$ 时,喷管轴向推力系数提高 3.10%。当无源腔结构的作用为抑制喷管上膨胀斜面处流动分离时,也存在一个最佳位置即位置 7,$X_f/L_r = 20\%$ 时,喷管轴向推力系数提高了 8.89%。可知无源腔结构起抑制流动分离作用时比起促进流动分离作用时喷管轴向推力系数提高较大。在位置 4 处,$X_f/L_r = 12\%$ 时,无源腔结构与喷管上膨胀斜面处的分离区域大小位置基本重合时,无源腔结构并未起到积极的作用,此时带无源腔结构 SERN 轴向推力系数比原型 SERN 稍低。

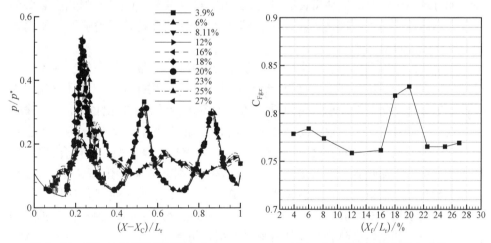

图 5-92　SERN 上膨胀斜面压力分布　　　　图 5-93　SERN 轴向推力系数

表 5-13　无源腔结构在喷管上膨胀斜面不同位置时 SERN 的推力系数提高百分比

X_f/L_r	3.90%	6%	8.11%	12%	16%	18%	20%	23%	25%	27%
推力系数提高/%	2.36	3.10	1.75	-0.25	0.11	7.64	8.89	0.61	0.61	1.13

第 6 章
特殊用途喷管与发动机整机耦合设计与计算

6.1 引 言

相较于常规喷管,特殊用途喷管往往具备特殊的几何构型或特殊的进气条件范围。这一方面增加了特殊用途喷管的设计参数,常规喷管对发动机整机工作点的影响主要是其喉部截面面积和喷管出口面积造成的,而特殊用途喷管的几何参数对航空发动机整机工作点的影响机理则会更加复杂;另一方面,特殊用途喷管在特殊的进气条件范围内的特性与常规喷管存在一定的差异,使用常规喷管特性开展装配特殊用途喷管的发动机性能研究也不合适(张科施,2005)。因此有必要建立特殊用途喷管与发动机整机耦合仿真模型,以研究装配特殊用途喷管对发动机整机工作点的影响。

传统的航空发动机性能仿真模型属于零维仿真模型,基于各部件特性图来表征部件工作特性。本章即采用喷管特性图的方式将特殊用途喷管三维计算流体力学数值仿真结果与航空发动机整机性能仿真模型进行耦合,首先针对特殊用途喷管开展三维计算流体力学数值仿真以获得特性数据点,然后以此建立特殊用途喷管特性代理模型,再将喷管特性代理模型与发动机整机仿真模型进行耦合,以形成具备考虑特殊用途喷管对发动机整机工作点影响的耦合仿真模型。

本章首先介绍航空发动机总体性能计算方法,然后给出了基于代理模型的先进部件与发动机整机耦合计算方法,再基于这一方法分别开展 S 弯喷管、三轴承偏转喷管以及单膨胀斜面喷管与发动机整机的耦合仿真。

6.2 面向对象的航空发动机总体
性能计算方法介绍

航空发动机性能仿真系统广泛应用于发动机的研制、使用和维护中,是航空发动机发展中不可缺少的工具。将发动机看作是由进气道部件、压缩部件、燃烧部件、膨胀部件、喷管部件等一系列部件的有机组合,通过对航空发动机工作原理及各部件之间的关系进行分析,分别从部件和整机角度描述航空发动机总体性能数值计算方法,从而为航空发动机总体性能的分析提供基础。

6.2.1　航空发动机总体各部件计算方法

1. 进气道

发动机气动热力计算从发动机进气道开始,首先根据高度运用国际标准大气温度和压力计算方法计算大气环境的温度 T_0 和压力 p_0,再根据马赫数 Ma_0、进气道总压恢复系数 σ_{inlet},运用式(6-1)和式(6-2)计算进气道出口的总温 T_{t2} 和总压 p_{t2}。

$$p_{t2} = p_0\left(1 + \frac{\gamma - 1}{2}Ma_0^2\right)^{\frac{\gamma}{\gamma-1}}\sigma_{\text{inlet}} \tag{6-1}$$

$$T_{t2} = T_0\left(1 + \frac{\gamma - 1}{2}Ma_0^2\right) \tag{6-2}$$

2. 压缩过程

当气流经过风扇、增压级和高压压气机时,都会经过相同的压缩过程,其计算方法类似,给定压缩部件的压比 π_c、等熵效率 η_c 或者多变效率 e_c、进口流量 $\dot{W}_{\text{in}}$、总温 T_{tin}、总压 p_{tin}、比湿度 ψ_{in}、油气比 f_{rin}(对于压缩部件其值为零)。运用式(6-3)和式(6-4)计算压缩部件进口的比焓 H_{in}、比熵 S_{in}:

$$H_{\text{in}} = f(T_{\text{tin}}, f_{\text{rin}}, \psi_{\text{in}})_{\text{h}} \tag{6-3}$$

$$S_{\text{in}} = f(T_{\text{tin}}, f_{\text{rin}}, \psi_{\text{in}})_{\text{s}} \tag{6-4}$$

当给定等熵效率 η_c 时,根据压比 π_c、进口比熵 S_{in} 计算等熵压缩情况下的压缩部件出口比熵 $S_{\text{out, s}}$:

$$S_{\text{out, s}} = S_{\text{in}} + R\ln(\pi_c) \tag{6-5}$$

由等熵压缩下的出口比熵 S_{out} 计算此时的出口总温 $T_{\text{tout, s}}$:

$$T_{\text{tout, s}} = f(S_{\text{out, s}}, f_{\text{rout}}, \psi_{\text{out}})_{\text{t}} \tag{6-6}$$

由 $T_{\text{tout, s}}$ 计算此时的出口比焓 $H_{\text{out, s}}$:

$$H_{\text{out, s}} = f(T_{\text{tout, s}}, f_{\text{rout}}, \psi_{\text{out}})_{\text{h}} \tag{6-7}$$

由等熵效率 η_c 计算实际的出口总焓 H_{out}:

$$H_{\text{out}} = H_{\text{in}} + (H_{\text{out, s}} - H_{\text{in}})/\eta_c \tag{6-8}$$

由出口比焓 H_{out} 以及压比 π_c 计算出口处实际的总温 T_{tout} 和总压 p_{tout}:

$$T_{\text{tout}} = f(H_{\text{out}}, f_{\text{rout}}, \psi_{\text{out}})_{\text{h}} \tag{6-9}$$

$$p_{\text{out}} = \pi_{\text{c}} p_{\text{in}} \tag{6-10}$$

当给定多变效率 e_{c} 时,根据压比 π_{c}、进口比熵 S_{in}、多变效率 e_{c} 计算压缩部件出口处实际的比熵 S_{out}:

$$S_{\text{out}} = S_{\text{in}} + R\ln(\pi_{\text{c}})/e_{\text{c}} \tag{6-11}$$

由压缩部件出口处实际的比熵 S_{out} 计算压缩部件出口处实际的总温 T_{tout}:

$$T_{\text{tout}} = f(S_{\text{out}}, f_{\text{rout}}, \psi_{\text{out}})_{\text{t}} \tag{6-12}$$

由压比 π_{c} 根据式(6-10)计算出口处实际的总压 p_{tout},根据式(6-12)计算得到的出口处实际的总温 T_{tout} 计算该状态下的比焓 H_{out}:

$$H_{\text{out}} = f(T_{\text{tout}}, f_{\text{rout}}, \psi_{\text{out}})_{\text{h}} \tag{6-13}$$

最后由流量 $\dot{W}_{\text{in}}$、出口总温 T_{tout} 计算压缩过程所需要的功:

$$L_{\text{c}} = \dot{W}_{\text{in}}(H_{\text{out}} - H_{\text{in}}) \tag{6-14}$$

3. 燃烧过程

在燃烧室中,空气与燃料混合点燃后进行化学反应产生热量,气体温度升高。计算时给定燃烧室效率 η_{b}、燃烧室出口总温 T_{tout}、燃油热值 L_{cv},通过燃烧室能量平衡关系,可导出油气比 f_{r} 与燃烧室进口比焓 H_{in}、燃烧室出口比焓 H_{out}、燃烧效率 η_{b} 以及燃油热值 L_{cv} 之间的关系式:

$$f_{\text{r}} = \frac{H_{\text{out}} - H_{\text{in}}}{\eta_{\text{b}} L_{\text{cv}} - H_{\text{out}}} \tag{6-15}$$

根据油气比计算燃油流量 $\dot{W}_{\text{f}}$:

$$\dot{W}_{\text{f}} = \dot{W}_{\text{in}} f_{\text{b}} \tag{6-16}$$

而此时的燃烧室出口流量 $\dot{W}_{\text{out}}$ 为燃油流量 $\dot{W}_{\text{f}}$ 与进口空气流量 $\dot{W}_{\text{in}}$ 之和:

$$\dot{W}_{\text{out}} = \dot{W}_{\text{in}} + \dot{W}_{\text{f}} \tag{6-17}$$

4. 膨胀做功过程

膨胀做功过程主要发生在气流流经涡轮时,燃气推动涡轮转动做功,同时气流的总温与总压下降。当给定部件的压比 π_{c}、等熵效率 η_{c} 或者多变效率 e_{c}、进口流量 $\dot{W}_{\text{in}}$、总温 T_{tin}、总压 p_{tin}、比湿度 ψ_{in}、油气比 f_{rin} 时,计算过程为前文中压缩过程的逆过程,此处不再赘述。当给定涡轮进口的总温 T_{tin}、总压 p_{tin},比湿度 ψ_{in}、油气比 f_{rin}、等熵效率 η_{t} 或者多变效率 e_{t} 以及气流流经涡轮时的比焓降 ΔH 时,由进口

的总温 T_{tin} 计算进口的比焓 H_{in}：

$$H_{in} = f(T_{tin}, f_{rin}, \psi_{in})_h \qquad (6-18)$$

当给定等熵效率 η_t 时，由进口的比焓 H_{in} 和比焓降 ΔH 计算等熵膨胀后出口的比焓 $H_{out,s}$、出口的总温 $T_{tout,s}$ 以及出口的比熵 $S_{out,s}$：

$$H_{out,s} = H_{in} - \Delta H/\eta_t \qquad (6-19)$$

$$T_{tout,s} = f(H_{out}, f_{rout}, \psi_{out})_t \qquad (6-20)$$

$$S_{out,s} = f(T_{tout,s}, f_{rout}, \psi_{out})_s \qquad (6-21)$$

由进出口的比熵之差计算涡轮膨胀比：

$$\pi_t = \exp\left(\frac{S_{out,s} - S_{in}}{R}\right) \qquad (6-22)$$

由膨胀比 π_t 计算出口的总压 p_{tout}：

$$p_{tout} = p_{tin}\pi_t \qquad (6-23)$$

当给定多变效率 e_t 时，由进口的比焓 H_{in} 和比焓降 ΔH 计算实际状态下涡轮出口的比焓 H_{out}、出口的总温 T_{tout} 以及出口的比熵 S_{out}：

$$H_{out} = H_{in} - \Delta H \qquad (6-24)$$

$$T_{tout} = f(H_{out}, f_{rout}, \psi_{out})_t \qquad (6-25)$$

$$S_{out} = f(T_{tout}, f_{rout}, \psi_{out})_s \qquad (6-26)$$

由进出口的比熵差、多变效率 e_t 计算涡轮膨胀比：

$$\pi_t = \exp\left(\frac{S_{out} - S_{in}}{e_t R}\right) \qquad (6-27)$$

再根据式（6-23）计算出口的总压 p_{tout}。

5. 混合室掺混过程

在混合室中，由管道掺混理论计算混合室出口参数。其中，最重要的一点是必须保证混合室进口内/外涵静压平衡。计算时给定外涵进口流量 $\dot{W}_{in\_sub}$、总温 T_{tin_sub}、总压 p_{tin_sub}，比湿度 ψ_{in_sub}、油气比 f_{rin_sub} 以及内涵进口流量 $\dot{W}_{in}$、总温 T_{tin}、总压 p_{tin}，比湿度 ψ_{in}、油气比 f_{rin}。由进口的总温计算进口的比焓：

$$H_{in\_sub} = f(T_{tin\_sub}, f_{rin\_sub}, \psi_{in\_sub})_h \qquad (6-28)$$

$$H_{in} = f(T_{tin}, f_{rin}, \psi_{in})_h \qquad (6-29)$$

根据流量守恒、能量守恒和动量守恒等条件可获得以下控制方程：

$$\dot{W}_{\text{in\_sub}} + \dot{W}_{\text{in}} = \dot{W}_{\text{out}} \qquad (6-30)$$

$$\dot{W}_{\text{in\_sub}} H_{\text{in\_sub}} + \dot{W}_{\text{in}} H_{\text{in}} = \dot{W}_{\text{out}} H_{\text{out}} \qquad (6-31)$$

$$\dot{W}_{\text{in\_sub}} V_{\text{in\_sub}} + p_{\text{sin\_sub}} A_{\text{in\_sub}} + \dot{W}_{\text{in}} V_{\text{in}} + p_{\text{sin\_in}} A_{\text{in}} = I_{\text{out}} \qquad (6-32)$$

$$H_{\text{out}} = C_{\text{p}} T_{\text{out}} + V_{\text{out}}^2/2 \qquad (6-33)$$

$$I_{\text{out}} = W_{\text{out}} V_{\text{out}} + p_{\text{sout}} A_{\text{out}} \qquad (6-34)$$

$$\dot{W}_{\text{out}} = V_{\text{out}} A_{\text{out}} p_{\text{sout}}/R T_{\text{sout}} \qquad (6-35)$$

由式(6-35)、式(6-33)、式(6-34)确定混合室出口的 $\dot{W}_{\text{out}}$、H_{out}、I_{out}，联立式(6-30)、式(6-31)、式(6-32)发现，方程左边项已知，而右边项只包含 V_{out}、T_{sout}、p_{sout} 三个未知数，此三元非线性方程组封闭，通过迭代可求出 V_{out}、T_{sout}、p_{sout}。

由出口比焓 H_{out} 计算得出口总温 T_{tout}（其中 f_{rout} 与 ψ_{out} 根据质量平均得到）：

$$T_{\text{tout}} = f(H_{\text{out}}, f_{\text{rout}}, \psi_{\text{out}})_{\text{t}} \qquad (6-36)$$

由出口总温 T_{tout}、静温 T_{sout} 及静压 p_{sout} 求出出口总压 p_{tout}：

$$p_{\text{tout}} = p_{\text{sout}} (T_{\text{tout}}/T_{\text{sout}})^{\frac{\gamma}{\gamma-1}} \qquad (6-37)$$

6. 喷管膨胀加速过程

气流流经喷管时，经过膨胀加速后进入大气环境。以收敛喷管为例，计算时给定进口流量 $\dot{W}_{\text{in}}$、总温 T_{tin}、总压 p_{tin}、比湿度 ψ_{in}、油气比 f_{rin}、环境压力 p_0 以及喷管的收缩角 κ，如图 6-1 所示。

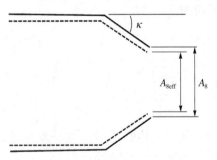

由进口的总温 T_{tin} 计算进口的比熵 S_{in}：

$$S_{\text{in}} = f(T_{\text{tin}}, f_{\text{r}}, \psi)_{\text{s}} \qquad (6-38)$$

由于气流经过喷管时的膨胀过程可看为绝能等熵膨胀过程，因此 $T_{\text{tout}} = T_{\text{tin}}$，$H_{\text{out}} = H_{\text{in}}$，$S_{\text{out}} = S_{\text{in}}$。

根据出口的总温 T_{tout}、总压 p_{tout}、进口的比熵 S_{out}、环境压力 p_0 计算出口的静温 T_{sout}：

图 6-1 喷管出口几何面积与有效面积的关系图

$$T_{\text{sout}} = f((f(T_{\text{tout}}, f_{\text{rout}}, \psi_{\text{out}})_{\text{s}} - R\log(p_{\text{tout}}/p_0)), f_{\text{rout}}, \psi_{\text{out}})_{\text{s}} \qquad (6-39)$$

由喷管出口气流的比焓 H_{out} 与单位质量流量动能之间的关系，可计算喷管出

口处的气流速度 V_{out}：

$$V_{out} = \sqrt{2\left[H_{out} - f(T_{sout}, f_{rout}, \psi_{out})\right]} \qquad (6-40)$$

由喷管出口的气流速度 V_{out}、静温 T_{sout} 计算出口的气流马赫数 Ma：

$$Ma = \frac{V_{out}}{\sqrt{\gamma R T_{sout}}} \qquad (6-41)$$

当由式(6-41)计算得到的 $Ma < 1.0$ 时,此时喷管处于亚临界完全膨胀状态,由式(6-39)~式(6-41)所计算得到的气流参数为喷管出口的参数;当式(6-41)中的 $Ma > 1.0$ 时,此时喷管处于超临界欠膨胀状态,出口的马赫数为 1.0,计算时通过迭代求解马赫数为 1.0 时,喷管出口的静温 T_{sout}、静压 p_{sout}。 由喷管出口的流量 $\dot{W}_{out}$、静温 T_{sout}、静压 p_{sout} 和气流速度 V_{out} 计算喷管出口的有效面积 A_{8eff}：

$$A_{8eff} = \frac{\dot{W}_{out} R T_{sout}}{p_{sout} V_{out}} \qquad (6-42)$$

喷管出口有效面积 A_{8eff} 与喷管出口几何面积之间的关系为

$$A_8 = \frac{A_{8eff}}{C_D} \qquad (6-43)$$

式中, C_D 为喷管流量系数。

流量系数 C_D 与喷管的落压比 π_{noz}、喷管的收缩角 κ 存在函数关系,如图 6-2 所示。在给定喷管的落压比 π_{noz} 和喷管的收缩角 κ 情况下,可通过插值计算得到

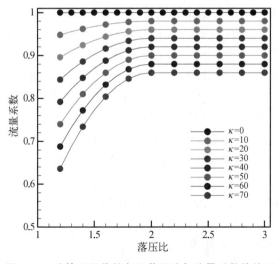

图 6-2　喷管不同收缩角下落压比与流量系数的关系

喷管的流量系数 C_D。

6.2.2 航空发动机整机匹配与特性计算方法

1. 设计点性能计算方法

发动机设计点,顾名思义是指:在给定飞行条件下选定满足性能要求(如推力和耗油率等)的发动机工作过程参数,依据推力进一步确定发动机尺寸(迎风面积)和部件特征尺寸(如喷管喉部面积)。因此发动机设计点热力计算的目的在于:对选定的发动机工作过程参数(如涵道比、总增压比、涡轮进口总温)和部件效率或损失系数,计算发动机进气道进口截面至尾喷管出口截面的气流参数以获得发动机单位性能参数随工作过程的变化规律。设计点计算时由于部件参数都已经确定,计算不需要迭代求解,也不需要解非线性方程,只需按照设置的设计点参数完成一次由发动机进口到出口的热力计算,在此不详细描述。

2. 非设计点整机匹配与特性计算方法

由于发动机在实际工作过程中油门杆位置、飞行马赫数、飞行高度和大气条件会发生变化,使发动机的工作状态偏离了原有的设计点而处于非设计点工作状态。通常把发动机相关性能参数(如推力和耗油率等参数)随油门杆位置、飞行马赫数、飞行高度和大气条件的变化关系称为发动机特性。为了研究方便,一般把发动机特性又分为与高度和速度相关的高度速度特性,以及在一定高度和马赫数下与发动机油门杆位置相关的节流特性。

在发动机非设计点计算中,除了控制因素的影响外,其部件效率以及各流道中的总压恢复系数也会偏离设计点。因此,非设计点计算主要是通过各部件之间的平衡方程求解各部件的相关参数,再通过求解后的相关参数进行热力计算,最终得到发动机的推力和耗油率等性能参数。以混排涡扇发动机非设计点热力循环计算为例,在单参数控制规律(如控制风扇相对换算转速)下,其热力循环计算假定的未知量为 7 个,分别是风扇涵道比、风扇压比、压气机压比、燃烧室出口总温、高压压气机相对换算转速、高压涡轮落压比、低压涡轮落压比(实际计算中可将以上变量在设计点处的值作为其初始值)。在进行非设计点多点计算时,为了加快非设计点计算的收敛速度,可以将以上变量在上一个计算点的计算结果作为下一个计算点的初始值。对于以上变量的求取,主要是根据发动机部件共同工作要求,使发动机在非设计点工作时必须满足如下 7 个平衡方程:

(1) 风扇内涵出口与压气机进口流量连续;

(2) 燃烧室出口与低压涡轮入口流量连续;

(3) 低压涡轮出口与高压涡轮入口流量连续;

(4) 混合室掺混气流静压平衡;

（5）风扇与低压涡轮功率平衡；

（6）压气机与高压涡轮功率平衡；

（7）混合室出口与喷管入口流量连续。

以上 7 个平衡方程构成了发动机非设计点计算的平衡方程组,将 7 个平衡方程写成如下的参量形式：

$$\begin{cases} E_1 = f_1(X_1, X_2, \cdots, X_7) \\ E_2 = f_2(X_1, X_2, \cdots, X_7) \\ \quad\quad\quad \vdots \\ E_7 = f_7(X_1, X_2, \cdots, X_7) \end{cases} \quad\quad (6-44)$$

式中, $X_1 \sim X_7$ 为 7 个变量; $E_1 \sim E_7$ 为 7 个变量的偏差函数。方程组通常使用 Newton-Raphson 法进行迭代求解,当 7 个变量的偏差函数小于某设定精度值时,即可求出 7 个变量值。

6.3　基于代理模型的先进部件与发动机整机耦合计算方法

6.3.1　基于数值试验设计的部件计算点选择

在进行代理模型建立时需要一定量样本点作为基础,这些样本点一般是通过系统精确模型分析计算所得到的。对于复杂系统来说精确模型分析计算非常耗时,这就希望样本点尽可能少,以便减少系统精确模型分析的次数。同时,样本点数量又必须满足代理模型建模需要。如何选取较少的样本点同时又能保证代理模型建立的精度这就需要通过试验设计方法来合理安排。

试验设计（Desgin of Experiments, DOE）是数量统计学的一个分支,是参数优化、模型评估等过程中主要的统计方法之一（米栋等,2012;Sehonlau, 1997）。试验设计主要用于辨识关键试验因子、确定最佳参数组合、构建经验公式和代理模型等。本书研究试验设计的主要目的是为了合理安排试验方案建立代理模型。为了便于理解,试验设计中所用的术语说明如下。

试验：在数值计算中,特指数值试验,即对仿真系统进行一次系统计算。

因子：影响试验指标的因变量,即对应于仿真系统中的设计变量。

水平：试验中因子不同取值的多少,如两水平代表取两个值,以此类推。

目前常见的试验设计方法主要有：全因子试验设计、正交数组设计、中心点复合设计及拉丁超立方设计等（何为等,2012;刘晓路等,2011）。

全因子试验设计（full factorial design）是最基本的试验设计方法,它是把各个水平试验因子进行完全组合。全因子试验设计试验点的个数是每个因子个数的乘积,即为 m^n,其中 m 表示水平数,n 表示因子数。最常用的为两水平(2^n)和三水平(3^n)的全因子试验设计,其中两水平三因子的全因子试验设计如图 6 – 3(a)所示(图中"·"表示选择的试验点)。全因子试验设计方法简单、精度高,但是全因子试验设计试验点数随着因子数目及各因子水平数呈指数增长。如试验中若有 3 个因子,各个因子均有 5 个水平,则有 5^3 种不同的组合,若每一种组合进行一次数值试验,总共需进行 125 次试验。在多学科设计中,往往系统设计变量较多,若按照全因子试验设计方法来构造代理模型,将会十分耗时。因此,该方法只适应于因子很少且各因子水平也较少的情况。

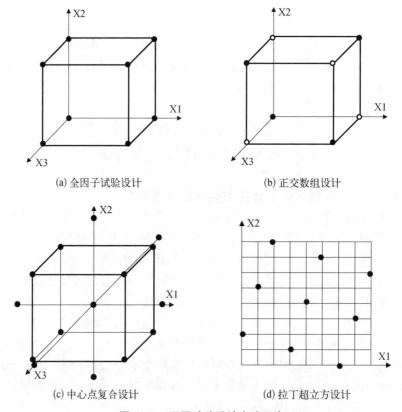

(a) 全因子试验设计　　　　　　　　　(b) 正交数组设计

(c) 中心点复合设计　　　　　　　　　(d) 拉丁超立方设计

图 6 – 3　不同试验设计方法示意

正交数组(orthogonal arrays)设计通过采用预先编制好的正交表格合理安排试验,它是一种高效、快速的试验设计方法。常用的正交表格有 L_4、L_8、L_9、L_{27} 等,表 6 – 1 为 4 因子 3 水平正交表,更多正交表及使用方法可参考相关文献。正交设计的优点是:各因子水平搭配均衡,数据点分布均匀,能大大减少试验分析的次数。图 6 – 3(b)为三因子两水平的正交数组设计选择试验点示意图。由图可以看出,和全因子试验设计相比,正交数组设计能有效减少试验次数。

表 6 - 1 正交数组设计表 L_9

序　号	X1	X2	X3	X4
1	1	1	1	1
2	1	2	2	2
3	1	3	3	3
4	2	1	2	3
5	2	2	3	1
6	2	3	1	2
7	3	1	3	2
8	3	2	1	3
9	3	3	2	1

中心点复合设计(central composite design, CCD)又称二次回归旋转设计,该方法扩展了设计空间的高阶信息,具有设计简单、预测性好等优点。它是在 2^n 全因子设计基础上增加了中心点,以及对每个因子增加两个位于中心点轴线上的距中心点距离为 α 试验点,这些点又称为星点。三因子中心点复合设计示意如图 6-3(c)所示,当 $\alpha = 1$ 时,星点则会位于立方体的各个平面中心上。此时的中心点复合设计又称为面中心点复合设计。在面中心点复合设计中,一个中心点坐标及一个半径因子即可以表示所有的试验点,非常易于编程,且也适用于因子数大于 3 的情况。

中心点复合设计试验次数为 $2^{n-k} + 2n + 1$ 次,其中 n 为因子数,k 为试验控制系数。当因子数目增加时,为了避免试验点急剧增长,可以通过增大 k 值,从而有效控制试验次数。和全因子试验设计相比,中心点复合设计具有试验次数少的特点,因而该方法得到了广泛应用。

拉丁超立方设计(Latin hypercube design, LHD)是由 Mckay、Beckman 等首先提出的,是专门为计算机仿真试验提出的一种试验设计方法。其基本原理是在包含有 n 个因子的设计空间中,将每个因子在其设计范围内等分为 m 个区间,即 m 水平。然后随机选取 m 个点,且满足每个因子的每一水平只被选中一次。

拉丁超立方设计由于每个因子设计空间都均匀划分,且每个水平只使用一次。因而所选取的试验点能相对均匀地充满整个设计空间。且能够以较少的样本点反映整个设计空间的特征,能有效地缩减样本点数。如一个 2 因子 9 水平试验,如采用全因子设计需要 81(9×9)个点,而采用拉丁超立方设计只需 9 个样本点,其中拉丁超立方设计如图 6-3(d)所示。

6.3.2 高精度代理模型建模方法研究

代理模型建模方法是用于处理一组独立变量与系统响应之间某种近似关系的

技术,代理模型用一个简单的函数关系式近似替代实际的复杂仿真系统模型,因此可以有效简化计算过程、提高计算效率,具有很高的工程实用价值(刘新亮等,2009)。代理模型建模方法最初是利用多项式拟合方法建立代理模型,后续逐渐发展了多种函数拟合方法。按照代理模型拟合函数构造方法的不同,代理模型又可分为:多项式代理模型、Kriging 代理模型、径向基函数代理模型等。

　　建立代理模型的关键是如何有效地建立系统响应与输入变量之间的近似函数关系,使其最大限度地逼近真实模型响应,以便在系统分析中替代复杂的真实模型(王永菲等,2005)。其基本思路是通过数值试验设计对试验样本点的输入参数及响应值进行分析,然后以此建立研究对象的代理模型,并用该代理模型代替原有复杂模型进行计算分析或参数优化(郭勤涛等,2006;Frederic et al.,2000)。响应面建立的一般步骤如下:

　　(1) 选取代理模型类型;

　　(2) 基于数值试验样本点构造代理模型;

　　(3) 对所建立的代理模型进行评估;

　　(4) 将满足性能要求的代理模型应用于所研究系统中。

　　代理模型描述的是独立变量与系统响应之间的近似关系,通常可以用下式来描述变量与响应之间的关系。

$$y(x) = \hat{y}(x) + \varepsilon \tag{6-45}$$

式中,$y(x)$ 为响应的真实模型(精确模型),一般为未知函数或复杂函数;$\hat{y}(x)$ 为响应的代理模型;ε 为近似值与实际值之间的随机误差,一般认为 ε 服从标准正态分布 $N(0, \sigma^2)$。

　　多项式代理模型采用多项式对试验点进行回归拟合,得到响应与输入变量之间的近似函数关系,是建立代理模型最常用的方法。根据 Weierstrass 多项式最佳逼近定理,任何类型的函数都可以采用多项式逼近。因而复杂系统总可以用相应的多项式代理模型来进行逼近。同时,由于采用多项式拟合法建立代理模型,建模过程简单,且具有较高的拟合精度、非常高的计算效率,因而在实际计算中被广泛采用。多项式代理模型的拟合函数一般可用下式表示:

$$\hat{y}(x) = \sum_{i=1}^{n} b_i f_i(x) \tag{6-46}$$

式中,$f_i(x)$ 为多项式基函数;b_i 为多项式拟合系数;n 为拟合系数个数。

　　多项式拟合中多项式阶数并不是越高越好,当阶数增加时,多项式中待定系数的个数将呈指数增长,待定系数个数的增加进而会影响代理模型建立过程及分析过程;同时,阶数越高需要的试验点数量也会大大增加,这样也会增加数值试验设计的难度,且这些试验点响应值的获得也需要通过精确模型计算得到,这样会大大影响计算效率。因而实际使用中通常采用二次多项式进行拟合。也可根据具体问题加以选择,对于线性问题可以采用一次多项式进行拟合;对于非线性问题,则采用二次多项式拟合。但是,二次多项式对于高阶非线性问题不能很好地描述,因而不适合拟合高阶非线性模型。下式所示为二次拟合多项式一般表达形式:

$$\hat{y}(x) = b_0 + \sum_{i=1}^{n} b_i x_i + \sum_{i=1}^{n} b_{ii} x_i^2 + \sum_{1 \leq i < j \leq n} b_{ij} x_i x_j \tag{6-47}$$

式中,n 为拟合系数个数;b_i 为多项式拟合系数,在多项式拟合中也称为回归系数。对于二次多项式拟合,其回归系数的个数为 $(n+1)(n+2)/2$,当变量为二维时,回归系数个数为 6 个。

对于上式中回归系数的求解可以采用最小二乘法,获得回归系数后即可获得多项式代理模型,然后则需要对代理模型的精度进行评估。

代理模型的评估方法主要有相对均方根误差法和 R^2 判定系数法,这两种方法能很好地反映代理模型的拟合程度,其中 R^2 判定系数法应用更为广泛。

相对均方根误差法(root mean squared error,RMSE)其定义如下:

$$\text{RMSE} = \frac{1}{n\bar{y}} \sqrt{\sum_{i=1}^{n} (y_i - \hat{y}_i)^2} \tag{6-48}$$

式中,n 为试验样本点数;y_i 为真实响应值;$\hat{y}_i$ 为代理模型得到的拟合值;$\bar{y}$ 为真实响应值的均值。

RMSE 反映了代理模型与真实值之间的差异程度,其越小表示代理模型拟合精度越高。

R^2 判定系数法是对代理模型拟合精度进行检验的另一种非常有效的方法。它通过建立能够表征拟合程度的变量来进行判断。其定义如下:

$$R^2 = 1 - \frac{\sum_{i=1}^{n} (y_i - \hat{y})^2}{\sum_{i=1}^{n} (y_i - \bar{y})^2}, \quad 0 \leq R^2 \leq 1 \tag{6-49}$$

对于判定系数 R^2,若 R^2 越接近 1,则说明代理模型的拟合度越高。R^2 值在 $0 \sim 0.25$ 之间,则表明代理模型与样本响应值无相关性;R^2 值在 $0.25 \sim 0.5$ 之间,则表明两者之间相关性不强;R^2 在 $0.5 \sim 0.75$ 之间,则表明两者之间相关性强;R^2 在 $0.75 \sim 1$ 之间,则表明两者之间相关性非常好。若所有样本点的拟合值都被代理模型所接受,即 $R^2 = 1$ 说明代理模型完全拟合了样本响应值。

6.3.3 基于代理模型的发动机部件与整机性能模型研究

发动机部件模型与发动机整机性能模型之间的耦合方法的关键在于,利用发动机整机性能模型计算获得部件模型边界条件,然后利用部件模型边界条件获得发动机部件模型性能仿真结果,再将这一性能仿真结果代入发动机整机性能模型迭代求解中,直至获得最终收敛结果。

以混排涡扇发动机为例,基准发动机各部件的共同工作流程参考6.2.2节,本节不再赘述,喷管与整机耦合模型的共同工作匹配流程如图6-4所示。在发动机整机仿真基准流程的基础上,喷管模型与发动机整机模型之间主要依靠流量平衡进行耦合,这就需要在发动机整机模型中引入喷管流量系数特性,将喷管代理模型中的流量系数代入到发动机性能计算中的流量平衡方程,从而实现两者的流量匹配。将喷管模型通过流量平衡耦合进发动机整机模型后,发动机整机推力的计算需考虑喷管推力系数的影响,则需要引入喷管推力系数特性,将喷管代理模型中的推力系数代入到发动机的推力计算中,从而获得发动机整机与喷管匹配的推力性能及耗油率特性。

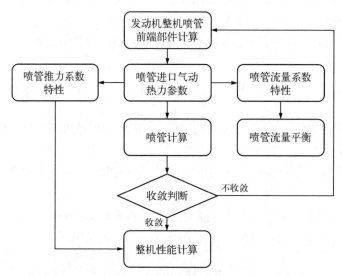

图 6-4 喷管与整机耦合模型的共同工作匹配流程

6.4 S 弯喷管与涡扇发动机耦合计算

6.4.1 S 弯喷管高精度代理模型建立及评估

从 S 弯喷管的设计过程可以看出,S 弯喷管涉及的几何参数众多,如图6-5所示,通过其参数化影响研究发现,对于双S 弯喷管的气动性能具有影响的参数包括:中心线变化规律、喷管长径比 L/D、出口宽高比 W_e/H_e、两弯轴向长度比 L_1/L_2、

第一弯出口面积 A_1、第一弯出口宽度 W_1、第一弯纵向偏距 ΔY_1、喷管落压比 NPR 等。由于中心线变化规律不易量化,所以,本节选取其余 7 个参数作为独立变量,包括:L/D、L_2/L_1、$L_1/\Delta Y_1$、A_1/A_{in}、W_1/D、W_e/H_e、NPR。对于基准喷管,$L/D=2.8$、$L_2/L_1=2$、$L_1/\Delta Y_1=3$、$A_1/A_{in}=0.65$、$W_1/D=1.1$、$W_e/H_e=7$、NPR=2.2。双 S 弯喷管的中心线变化规律均采用"前急后缓"的变化规律,喷管构型均考虑了完全遮挡高温涡轮的约束条件。

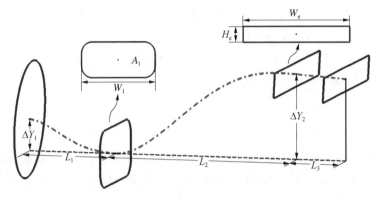

图 6-5　S 弯喷管几何设计参数

S 弯喷管的气动性能参数主要包括:总压恢复系数 δ_p,流量系数 C_D 和推力系数 C_{Fg}。本书通过对不同工况下、不同几何构型的 S 弯喷管的气动性能进行对比分析,以获取关键参数对 S 弯喷管气动性能的影响规律。表 6-2 中给出了研究问题的样本空间。

表 6-2　双 S 弯喷管近似模型样本空间

L/D	L_2/L_1	$L_1/\Delta Y_1$	A_1/A_{in}	W_1/D	W_e/H_e	NPR
2.3	1	2	0.50	1.0	5	1.4
2.8	2	3	0.65	1.1	7	2.2
3.3	3	4	0.80	1.2	9	3.0

选取 Box-Behnken designs(BBD)方法完成试验设计并建立响应面模型。表 6-3 给出了双 S 弯喷管近似模型各响应的 R^2 值,可以看出本节所关注的两个响应其拟合度均在 0.80 以上,表明近似模型与响应值之间相关性非常好,该模型能够用来代替精确模型。

表 6-3　双 S 弯喷管近似模型 R^2

	C_D	C_{Fg}
R^2	0.804 8	0.871 4

获得的各响应与自变量的关联关系式如下。

流量系数 C_D：

$$
\begin{aligned}
C_D =\ & 0.553\,19 + 0.132\,09 \times (L/D) + 0.032\,201 \times (L_2/L_1) + 0.026\,766 \\
& \times (L_1/\Delta Y_1) + 0.138\,28 \times (A_1/A_{in}) + 0.169\,17 \times (W_1/D) - 2.707\,71 \\
& \times 10^{-3} \times (W_e/H_e) + 0.020\,723 \times NPR - 9.720\,4 \times 10^{-3} \times (L/D) \\
& \times (L_2/L_1) - 3.313\,13 \times 10^{-3} \times (L/D) \times (L_1/\Delta Y_1) - 0.042\,112 \\
& \times (L/D) \times (W_1/D) - 0.014\,983 \times (L_1/\Delta Y_1) \times (W_1/D) - 9.493\,59 \\
& \times 10^{-3} \times (A_1/A_{in}) \times (W_1/D) + 1.585\,47 \times 10^{-3} \times (W_1/D) \times (W_e/H_e) \\
& - 9.527\,77 \times 10^{-3} \times (L/D)^2 - 1.119\,27 \times 10^{-3} \times (L_2/L_1)^2 \\
& - 0.086\,584 \times (A_1/A_{in})^2 - 3.808\,3 \times 10^{-3} \times NPR^2
\end{aligned}
$$

$$(6-50)$$

推力系数 C_{Fg}：

$$
\begin{aligned}
C_{Fg} =\ & 0.430\,93 + 0.155\,69 \times (L/D) + 0.034\,059 \times (L_2/L_1) + 0.031\,082 \\
& \times (L_1/\Delta Y_1) + 0.119\,37 \times (A_1/A_{in}) + 0.25\,342 \times (W_1/D) - 4.238\,54 \\
& \times 10^{-3} \times (W_e/H_e) + 0.042\,696 \times NPR - 0.012\,082 \times (L/D) \times (L_2/L_1) \\
& - 4.869\,37 \times 10^{-3} \times (L/D) \times (L_1/\Delta Y_1) - 0.059\,925 \times (L/D) \times (W_1/D) \\
& + 0.016\,257 \times (L_1/\Delta Y_1) \times (A_1/A_{in}) - 0.023\,978 \times (L_1/\Delta Y_1) \\
& \times (W_1/D) - 0.022\,829 \times (A_1/A_{in}) \times (W_1/D) + 2.444\,25 \times 10^{-3} \\
& \times (W_1/D) \times (W_e/H_e) - 8.636\,51 \times 10^{-3} \times (L/D)^2 - 0.092\,927 \\
& \times (A_1/A_{in})^2 - 7.515\,38 \times 10^{-3} \times NPR^2
\end{aligned}
$$

$$(6-51)$$

由上式可以看出，C_D、C_{Fg} 与自变量的关联式中除存在一次、二次项，还有一次交互项，它们反映了两因子之间的交互作用，是多参数相互关联特征的体现，并且交互项在模型中也起到非常重要的作用。表 6-4 与表 6-5 分别为双 S 弯喷管流量系数 C_D 及推力系数 C_{Fg} 的方差分析结果。表 6-4 表明，对于流量系数的近似模型：一、二阶项中的 NPR、$(L/D)^2$、$(A_1/A_{in})^2$、NPR^2 均有高度显著的影响，L/D、W_1/D 具有显著的影响，$L_1/\Delta Y_1$、$(L_2/L_1)^2$ 有影响，而 L_2/L_1、A_1/A_{in}、W_e/H_e 无影响；一阶交互项中的 $L/D-L_2/L_1$ 具有高度显著的影响，$L/D-W_1/D$ 具有显著的影响，$L/D-L_1/\Delta Y_1$、$L_1/\Delta Y_1-W_1/D$ 有影响，$A_1/A_{in}-W_1/D$、$W_1/D-W_e/H_e$ 无影响。表 6-5 表明，对于推力系数的近似模型，一、二阶项中的 NPR、NPR^2 具有高度显著的影响，L/D、$L_1/\Delta Y_1$、W_1/D 具有显著的影响，而 L_2/L_1、A_1/A_{in}、W_e/H_e 无影响；一阶交互项中的 $L/D-L_2/L_1$ 具有高度显著的影响，$L/D-L_1/\Delta Y_1$、$L/D-W_1/D$、$L_1/\Delta Y_1-A_1/A_{in}$、$L_1/\Delta Y_1-W_1/D$ 具有显著的影响，$A_1/A_{in}-W_1/D$、$W_1/D-W_e/H_e$ 无影响。

表 6-4　流量系数 C_D 近似模型方差分析结果

来　源	平方和	df	均方差	F 值	P 值概率>F
模型	1.025×10^{-3}	17	6.027×10^{-5}	10.67	<0.000 1
$A-L/D$	3.186×10^{-5}	1	3.186×10^{-5}	5.64	0.022 0
$B-L_2/L_1$	6.171×10^{-6}	1	6.171×10^{-6}	1.09	0.301 6
$C-L_1/\Delta Y_1$	1.625×10^{-5}	1	1.625×10^{-5}	2.88	0.097 0
$D-A_1/A_{in}$	3.624×10^{-9}	1	3.624×10^{-9}	6.417×10^{-4}	0.979 9
$E-W_1/D$	3.028×10^{-5}	1	3.028×10^{-5}	5.36	0.025 3
$F-W_e/H_e$	2.571×10^{-7}	1	2.571×10^{-7}	0.046	0.832 0
$G-NPR$	2.417×10^{-4}	1	2.417×10^{-4}	42.79	<0.000 1
AB	1.890×10^{-4}	1	1.890×10^{-4}	33.46	<0.000 1
AC	2.195×10^{-5}	1	2.195×10^{-5}	3.89	0.055 0
AE	3.547×10^{-5}	1	3.547×10^{-5}	6.28	0.016 0
CE	1.796×10^{-5}	1	1.796×10^{-5}	3.18	0.081 5
DE	1.622×10^{-7}	1	1.622×10^{-7}	0.029	0.866 2
EF	8.044×10^{-7}	1	8.044×10^{-7}	0.14	0.707 7
A^2	8.112×10^{-5}	1	8.112×10^{-5}	14.36	0.000 5
B^2	1.791×10^{-5}	1	1.791×10^{-5}	3.17	0.081 9
D^2	5.426×10^{-5}	1	5.426×10^{-5}	9.61	0.003 4
G^2	8.494×10^{-5}	1	8.494×10^{-5}	15.04	0.000 3
残差	2.485×10^{-4}	44	5.648×10^{-6}	—	—
失拟	2.485×10^{-4}	39	6.373×10^{-6}	—	—
纯误差	0.000	5	0.000	—	—
总和	1.273×10^{-3}	61	—	—	—

表 6-5　推力系数 C_{Fg} 近似模型方差分析结果

来　源	平方和	df	均方差	F 值	P 值概率>F
模型	3.006×10^{-3}	17	1.768×10^{-4}	17.53	<0.000 1
$A-L/D$	6.727×10^{-5}	1	6.727×10^{-5}	6.67	0.013 2
$B-L_2/L_1$	1.253×10^{-6}	1	1.253×10^{-6}	0.12	0.726 2
$C-L_1/\Delta Y_1$	4.155×10^{-5}	1	4.155×10^{-5}	4.12	0.048 5
$D-A_1/A_{in}$	8.689×10^{-8}	1	8.689×10^{-8}	8.616×10^{-3}	0.926 5
$E-W_1/D$	6.114×10^{-5}	1	6.114×10^{-5}	6.06	0.017 8
$F-W_e/H_e$	5.712×10^{-7}	1	5.712×10^{-7}	0.057	0.813 0
$G-NPR$	1.424×10^{-3}	1	1.424×10^{-3}	141.20	<0.000 1

来 源	平方和	df	均方差	F 值	P 值概率>F
AB	2.920×10^{-4}	1	2.920×10^{-4}	28.95	<0.000 1
AC	4.742×10^{-5}	1	4.742×10^{-5}	4.70	0.035 6
AE	7.182×10^{-5}	1	7.182×10^{-5}	7.12	0.010 6
CD	4.757×10^{-5}	1	4.757×10^{-5}	4.72	0.035 3
CE	4.600×10^{-5}	1	4.600×10^{-5}	4.56	0.038 3
DE	9.381×10^{-7}	1	9.381×10^{-7}	0.093	0.761 8
EF	1.912×10^{-6}	1	1.912×10^{-6}	0.19	0.665 4
A^2	6.742×10^{-5}	1	6.742×10^{-5}	6.68	0.013 1
D^2	6.322×10^{-5}	1	6.322×10^{-5}	6.27	0.016 1
G^2	3.346×10^{-4}	1	3.346×10^{-4}	33.17	<0.000 1
残差	4.438×10^{-4}	44	1.009×10^{-5}	—	—
失拟	4.438×10^{-4}	39	1.138×10^{-5}	—	—
纯误差	0.000	5	0.000	—	—
总和	3.450×10^{-3}	61	61	—	—

6.4.2 涡扇发动机整机环境下 S 弯喷管气动性能计算与分析

本书以某涡扇发动机为基础建立发动机仿真模型,该发动机是双涵道、混合排气的双轴式涡扇发动机,尾喷管为亚声速不可调喷口。以起飞状态作为设计点,设计点的参数如表 6-6 所示。

表 6-6　某型涡扇发动机在起飞状态下的各部件参数

设 计 点 参 数	数 值
空气流量/kg	285
风扇增压比	2.08
风扇效率	0.86
风扇物理转速/%	91.5
涵道比	2.33
高压压气机增压比	9.35
高压压气机效率	0.85
高压压气机物理转速/%	97.5
涡轮前温度/K	1450
高压涡轮效率	0.89
低压涡轮效率	0.91

图 6-6、图 6-7 分别给出了装配 S 弯喷管的航空发动机的高度特性、速度特性以及节流特性,并与装配轴对称喷管的航空发动机特性进行了对比。其中,发动机的控制规律为压气机物理转速等于常数,节流特性是在 $H=0$ km、$Ma=0$ 的飞行条件下获得的。由于 S 弯喷管与发动机的匹配主要是流量(流量系数)的匹配,所以,装配 S 弯喷管的航空发动机的高度特性、速度特性、节流特性与装配常规轴对称喷管的航空发动机特性相似。

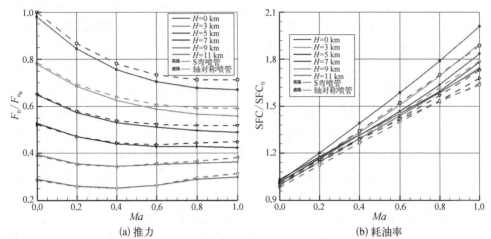

(a) 推力　　　　　　　　　　　　　(b) 耗油率

图 6-6　装配 S 弯喷管的航空发动机的高度、速度特性

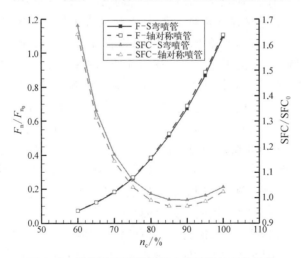

图 6-7　装配 S 弯喷管的航空发动机的节流特性

在低空条件下,发动机推力随着飞行马赫数的增大而降低,在高空条件下,发动机推力随着飞行马赫数的增大先减小后增大。耗油率随着飞行马赫数的增大而增大。这是因为,随着飞行马赫数的增大,由于发动机进口总温变大,风扇换算转速和压气机换算转速均变小,因此风扇压比、压气机压比均下降。然而,随着飞行马赫数的增大,进气道的增压比增大,风扇压比和压气机压比的降低使得总增压比的增长速率比进气道增压比的增长速率慢,因此,发动机尾喷管出口速度比飞行速度增大得缓慢些,结果使得发动机的单位推力随着飞行马赫数的增大而不断下降。而随着飞行马赫数的增大,发动机的流量是增大的。因此,在给定飞行高度上,当流量的增大比单位推力的减小慢时,发动机的推力随着飞行马赫数的增大是减小的,当流量的增大量超过单位推力的减小量时,发动机的推力是增大的。随着飞行马赫数的增大,由于喷管出口速度的增大比飞行速度增大慢,所以发动机的推进效率提高,由于总增压比的提高改善了热量的利用程度,所以发动机的热效率增大,因此总效率随着飞行马赫数的增大而提高。通过耗油率与飞行速度、总效率的关系可知,由于飞行速度的增大程度大于总效率,所以耗油率随着飞行马赫数的增大而上升。

随着飞行高度由 0 km 增加到 11 km,发动机的推力迅速地减小,而耗油率下降得却不多。在给定的飞行速度下,随着飞行高度的增大,大气温度变小,发动机进口总温的降低会引起风扇和压气机换算转速的提高及工作点沿工作线往上移动,所以风扇与压气机的增压比增大,发动机的总增压比是提高的,同时,空气在发动机中的加热比也是提高的,这两者的同时提高使得单位推力是增大的。由于周围大气压力及密度随着飞行高度的增加均下降,所以空气流量随着高度的增大而减小。由于空气流量的下降程度比单位推力的增大程度严重,所以发动机推力随着飞行高度的增大而减小。耗油率之所以下降是由于总压比的提高而使得热量的利用得到改善。

随着发动机的转速从设计转速下降时,发动机的推力急剧下降,耗油率则先略有下降,后随着发动机转速的先下降后增大,即存在最经济转速。节流时,低压转速和高压转速均减小,共同工作点沿共同工作线向下移,因此,流过风扇和压气机的空气质量流量均减小,同时,低压转速和高压转速的减小使得风扇压比和压气机压比均降低,所以发动机循环热效率降低。另一方面,涡轮前温度的减小使得加热比减小,增压比与加热比的减小都使得单位推力下降。因此,发动机的推力随着发动机的转速从设计转速下降时急剧下降。随着发动机的转速从设计转速下降时,在节流起始阶段,涡轮前温度、风扇压比以及压气机压比的下降使得喷管排气速度变小,所以,动能损失显著减小,因此,耗油率先略有下降,而进一步的节流使得热效率降低的影响占主导地位,因而引起耗油率的增加。

从 S 弯喷管与轴对称喷管的对比可以看出,在相同飞行马赫数、相同飞行高度以及相同转速下,装配 S 弯喷管的航空发动机的推力均小于装配轴对称喷管的航空发动机,推力下降 0.04% ~ 5.95%,耗油率均大于装配轴对称喷管的航空发动机,耗油率上升 1.43% ~ 6.48%。

图 6-8 给出了不同的高度、速度条件下,装配 S 弯喷管的航空发动机与装配轴对称喷管的航空发动机的风扇、压气机工作线的变化。可以看出,在压气机特性

图上,两者在相同条件下的共同工作线完全重合,而在风扇特性图上,装配 S 弯喷管的航空发动机的共同工作线向喘振边界移动。这与发动机共同工作线的变化过程相关:由于发动机控制规律为压气机物理转速等于常数,且高压涡轮导向器喉部截面与低压涡轮导向器喉部截面均处于临界状态,所以高压涡轮膨胀比不变,因此在压气机特性图上表现为装配 S 弯喷管的航空发动机与装配轴对称喷管的航空发动机的共同工作线完全重合;由混合排气涡扇发动机的共同工作过程可知,由于 S 弯喷管的流量系数低于轴对称喷管,S 弯喷管的引入使得混合室进口外涵、内涵的流量均变小,外涵流量的减小导致涵道比的减小,这表示风扇流通能力变小,风扇共同工作线向喘振边界移动,同时,内涵流量的减小将引起低压涡轮膨胀比的减小,从而使得风扇的共同工作线向远离喘振边界方向运动,最终风扇共同工作线的移动情况取决于内、外涵流量的变化速率,而这与设计涵道比 B 有关,当 $B>0.5$ 时,外涵流量减小得更快,因而风扇共同工作线向喘振边界移动,由于本书研究的发动机设计涵道比 $B=2.33$,因此,在风扇特性图上,装配 S 弯喷管的航空发动机的共同工作线向喘振边界方向移动。

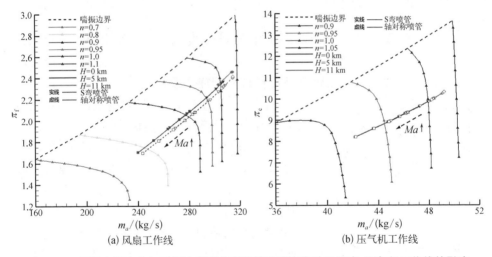

图 6-8　不同飞行高度与飞行速度下 S 弯喷管对航空发动机风扇、压气机工作线的影响

图 6-9 给出了不同转速下装配 S 弯喷管的航空发动机与装配轴对称喷管的航空发动机的风扇、压气机工作线的变化。同样可以看出,S 弯喷管未对压气机的共同工作产生影响,而使得风扇的共同工作线向喘振边界方向移动。

由上述分析可知,相比于装配轴对称喷管的航空发动机,S 弯喷管流量系数的降低使得其航空发动机的风扇工作线向喘振边界靠近,这使得风扇压比增大,从而导致发动机的推力增大,但是推力系数的降低会使得发动机的推力下降,由于 S 弯喷管的推力系数明显小于轴对称喷管,所以推力系数的降低起主要作用,因此装配

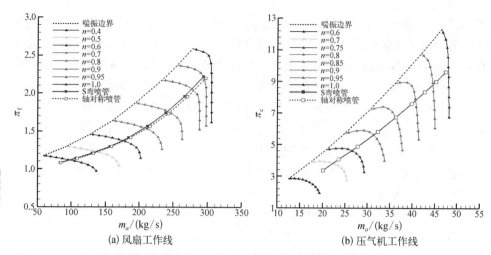

(a) 风扇工作线　　　　　　　　　　(b) 压气机工作线

图 6-9　不同转速下 S 弯喷管对航空发动机风扇、压气机工作线的影响

S 弯喷管的航空发动机的推力小于装配轴对称喷管的航空发动机,耗油率大于装配轴对称喷管的航空发动机。

6.5　三轴承偏转喷管与涡扇发动机耦合计算

6.5.1　三轴承偏转喷管高精度代理模型建立及评估

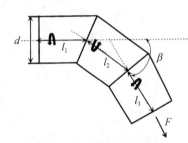

图 6-10　三轴承偏转喷管型面示意图

图 6-10 为三轴承偏转喷管型面示意图。其中 d 为第一段筒体入口截面直径,l_1、l_2、l_3 为三段筒体的轴线长度。定义三段筒体的无量纲长度为 $L_1 = l_1/d$,$L_2 = l_2/d$,$L_3 = l_3/d$,对于基准模型,$L_1 = 0.65$,$L_2 = 0.75$,$L_3 = 0.5$。三段可以相互旋转的筒体采用轴承连接,各级喷管绕着自身轴承的轴线旋转,使第三级喷管的轴线偏转角度 β,从而实现矢量推进(刘帅等,2015;刘增文等,2014)。

对于本节研究的三轴承偏转喷管,采用总压恢复系数 σ、流量系数 C_D、推力系数 C_{Fg} 和推力矢量角 δ_p 评价喷管在不同气动和几何参数下的气动性能。影响三轴承偏转喷管气动性能的参数主要有 5 个,如表 6-7 所示。

表 6-7　影响参数表

研　究　参　数	符　　号
主流落压比	NPR
喷管偏转角	β

续　表

研　究　参　数	符　号
第一段筒体无量纲长度	L_1
第二段筒体无量纲长度	L_2
第三段筒体无量纲长度	L_3

表 6-8 给出各影响参数的取值范围。

表 6-8　各影响参数取值范围

变　量	范　围
NPR	1.4~3.0
$\beta/(°)$	0~90
L_1	0.3~1.0
L_2	0.5~1.0
L_3	0.25~0.75

　　根据 BBD 试验设计原则,当自变量为 5 个的时候,设计试验次数为 46 次,其中析因部分试验次数为 40 次,中心点重复试验次数为 6 次。将数值计算的总压恢复系数 σ、流量系数 C_D、推力系数 C_{Fg} 和推力矢量角 δ_p 结果,通过 Design-Expert 软件进行 Quadratic 分析,得出二次回归方程。该方程包括常数项、一次项、交互项和平方项。采用逐步回归法对各个影响参数做显著性分析,略去影响作用不大的项后,各影响变量的显著性分析如表 6-9 所示。

表 6-9　略去影响作用不大项后,总压恢复系数 σ 的近似模型方差分析结果

来　源	平方和	df	均方差	F 值	P 值概率>F
模型	0.003 05	8	0.000 381	73.892 11	<0.000 1
B-β	0.001 992	1	0.001 992	386.066 4	<0.000 1
C-L_1	0.000 128	1	0.000 128	24.835 2	<0.000 1
D-L_2	2.41×10^{-5}	1	2.41×10^{-5}	4.675 897	0.037 1
E-L_3	3.21×10^{-5}	1	3.21×10^{-5}	6.221 502	0.017 2
BD	2.82×10^{-5}	1	2.82×10^{-5}	5.456 639	0.025 0
B^2	0.000 811	1	0.000 811	157.244 7	<0.000 1
C^2	0.000 101	1	0.000 101	19.599 91	<0.000 1
D^2	7.32×10^{-5}	1	7.32×10^{-5}	14.188 02	0.000 6
残差	0.000 191	37	5.16×10^{-6}	—	—

来　源	平方和	df	均方差	F 值	P 值概率>F
失拟	0.000 191	32	5.97×10^{-6}	—	—
纯误差	0	5	0	—	—
总和	0.003 241	45	—	—	—

经过模型的修正后,该模型的信噪比达到了 30.192。对模型进行 R^2 检验,总压恢复系数 σ 的 $R^2 = 0.941\,1 > 0.8$,表明精度满足要求,该模型可用。因此得到响应变量总压恢复系数 σ 与自变量之间的关系为

$$\sigma = 0.955\,18 - 2.211\,79\times10^{-5}\times\beta + 0.042\,034\times L_1 + 0.059\,620\times L_2$$
$$- 5.665\,75\times10^{-3}\times L_3 + 2.358\,25\times10^{-4}\times\beta\times L_2 - 4.474\,48$$
$$\times10^{-6}\times\beta^2 - 0.026\,114\times L_1^2 - 0.043\,547\times L_2^2$$

$$(6-52)$$

下面分析流量系数 C_D 的近似建模结果。流量系数 C_D 的近似模型方差分析方法与上述类似,表 6-10 给出了略去影响作用不大项后各影响变量的显著性分析结果。

表 6-10　略去影响作用不大项后,流量系数 C_D 的近似模型方差分析结果

来　源	平方和	df	均方差	F 值	P 值概率>F
模型	0.027 112	11	0.002 465	912.789 3	< 0.000 1
A – NPR	0.017 243	1	0.017 243	6 385.903	< 0.000 1
B – β	0.004 259	1	0.004 259	1 577.12	< 0.000 1
C – L_1	0.000 196	1	0.000 196	72.603 13	< 0.000 1
D – L_2	4.48×10^{-5}	1	4.48×10^{-5}	16.604 54	0.000 3
E – L_3	4.57×10^{-5}	1	4.57×10^{-5}	16.907 03	0.000 2
AB	0.000 218	1	0.000 218	80.776 82	< 0.000 1
BD	3.78×10^{-5}	1	3.78×10^{-5}	14.017 46	0.000 7
A^2	0.004 166	1	0.004 166	1 542.906	< 0.000 1
B^2	0.001 484	1	0.001 484	549.573 4	< 0.000 1
C^2	4.69×10^{-5}	1	4.69×10^{-5}	17.374 95	0.000 2
D^2	3.52×10^{-5}	1	3.52×10^{-5}	13.020 33	0.001 0
残差	9.18×10^{-5}	34	2.7×10^{-6}	—	—
失拟	9.18×10^{-5}	29	3.17×10^{-6}	—	—
纯误差	0	5	0	—	—
总和	0.027 204	45	—	—	—

经过模型的修正后,该模型的信噪比达到了 123.427。对模型进行 R^2 检验,流量系数 C_D 的 $R^2 = 0.9966 > 0.8$,表明精度满足要求,该模型可用。因此得到响应变量流量系数 C_D 与自变量之间的关系为

$$C_D = 0.71054 + 0.17632 \times \text{NPR} - 4.61302 \times 10^{-4} \times \beta + 0.033673 \times L_1$$
$$+ 0.040736 \times 10^{-3} \times L_3 + 2.05120 \times 10^{-4} \times \text{NPR} \times \beta$$
$$+ 2.73432 \times 10^{-4} \times \beta \times L_2 - 0.032845 \times \text{NPR}^2 - 6.19529 \times 10^{-6}$$
$$\times \beta^2 - 0.018210 \times L_1^2 - 0.030896 \times L_2^2$$

$$(6-53)$$

下面分析推力系数 C_{Fg} 的近似建模结果。推力系数 C_{Fg} 的近似模型方差分析方法与上述类似,表 6-11 给出了略去影响作用不大项后各影响变量的显著性分析结果。

表 6-11　略去影响作用不大项后,推力系数 C_{Fg} 的近似模型方差分析结果

来源	平方和	df	均方差	F 值	P 值概率>F
模型	0.002 904	12	0.000 242	133.061 7	< 0.000 1
A - NPR	0.000 652	1	0.000 652	358.593 7	< 0.000 1
B - β	0.001 468	1	0.001 468	807.237 1	< 0.000 1
C - L_1	8.15×10^{-5}	1	8.15×10^{-5}	44.792 75	< 0.000 1
D - L_2	2.54×10^{-5}	1	2.54×10^{-5}	13.966 62	0.000 7
E - L_3	2.12×10^{-5}	1	2.12×10^{-5}	11.656 46	0.001 7
AB	3.71×10^{-5}	1	3.71×10^{-5}	20.392 17	< 0.000 1
BD	2.5×10^{-5}	1	2.5×10^{-5}	13.731 02	0.000 8
CE	5.71×10^{-6}	1	5.71×10^{-6}	3.140 026	0.085 6
A^2	9.15×10^{-5}	1	9.15×10^{-5}	50.287 7	< 0.000 1
B^2	0.000 566	1	0.000 566	311.072	< 0.000 1
C^2	4.74×10^{-5}	1	4.74×10^{-5}	26.045 46	< 0.000 1
D^2	3.24×10^{-5}	1	3.24×10^{-5}	17.837 45	0.000 2
残差	6×10^{-5}	33	1.82×10^{-6}	—	—
失拟	6×10^{-5}	28	2.14×10^{-6}	—	—
纯误差	0	5	0	—	—
总和	0.002 964	45	—	—	—

经过模型的修正后,该模型的信噪比达到了 47.829。对模型进行 R^2 检验,流

量系数 C_{D} 的 $R^2 = 0.9798 > 0.8$，表明精度满足要求，该模型可用。因此得到响应变量推力系数 C_{Fg} 与自变量之间的关系为

$$
\begin{aligned}
C_{\mathrm{Fg}} = {} & 0.93859 + 0.025586 \times \mathrm{NPR} - 2.21244 \times 10^{-4} \times \beta + 0.023405 \times L_1 \\
& + 0.039563 \times L_2 - 0.013480 \times L_3 + 9.45806 \times 10^{-5} \times \mathrm{NPR} \times \beta \\
& + 2.22096 \times 10^{-4} \times \beta \times L_2 + 0.013655 \times L_1 \times L_3 - 4.86631 \times 10^{-3} \\
& \times \mathrm{NPR}^2 - 3.82520 \times 10^{-6} \times \beta^2 - 0.018297 \times L_1^2 - 0.029678 \times L_2^2
\end{aligned}
$$

$$(6-54)$$

下面分析推力矢量角 δ_{p} 的近似建模结果。推力矢量角 δ_{p} 的近似模型方差分析方法与上述类似，表 6-12 给出了略去影响作用不大项后各影响变量的显著性分析结果。

表 6-12　略去影响作用不大项后，推力矢量角 δ_{p} 的近似模型方差分析结果

来　源	平方和	df	均方差	F 值	P 值概率>F
模型	34 073.68	12	2 839.473	71 220.28	< 0.000 1
A－NPR	0.596 453	1	0.596 453	14.960 35	0.000 5
B－β	34 050.44	1	34 050.44	854 060.4	< 0.000 1
C－L_1	0.429 268	1	0.429 268	10.766 99	0.002 4
D－L_2	0.553 142	1	0.553 142	13.874 02	0.000 7
E－L_3	9.247 432	1	9.247 432	231.946 1	< 0.000 1
AE	0.118 796	1	0.118 796	2.979 664	0.093 7
BD	0.184 968	1	0.184 968	4.639 413	0.038 6
BE	1.999 227	1	1.999 227	50.145 03	< 0.000 1
A^2	0.779 643	1	0.779 643	19.555 17	0.000 1
B^2	5.024 159	1	5.024 159	126.017 1	< 0.000 1
D^2	0.152 877	1	0.152 877	3.834 504	0.058 7
E^2	2.003 531	1	2.003 531	50.253	< 0.000 1
残差	1.315 673	33	0.039 869	—	—
失拟	1.315 673	28	0.046 988	—	—
纯误差	0	5	0	—	—
总和	34 075	45	—	—	—

经过模型的修正后，该模型的信噪比达到了 883.528，说明模型的响应更加明显了。对模型进行 R^2 检验，推力矢量角 δ_{p} 的 $R^2 = 1.0000 > 0.8$，表明精度满足要求，该模型可用。因此得到响应变量推力矢量角 δ_{p} 与自变量之间的关系为

$$
\begin{aligned}
\delta_{\mathrm{p}} = &- 4.026\,43 + 2.649\,14 \times \mathrm{NPR} + 0.975\,63 \times \beta - 0.467\,99 \times L_1 \\
&- 2.939\,62 \times L_2 + 9.484\,31 \times L_3 - 0.861\,67 \times \mathrm{NPR} \times L_3 \\
&- 0.019\,115 \times \beta \times L_2 + 0.062\,842 \times \beta \times L_3 - 0.449\,31 \times \mathrm{NPR}^2 \\
&+ 3.604\,82 \times 10^{-4} \times \beta^2 + 2.037\,36 \times L_2^2 - 7.375\,56 \times L_3^2
\end{aligned}
$$

$$(6-55)$$

6.5.2　涡扇发动机整机环境下三轴承偏转喷管气动性能计算与分析

本书以某涡扇发动机为基础建立发动机仿真模型,该发动机是双涵道、混合排气的双轴式涡扇发动机,尾喷管为亚声速不可调喷口,其仿真模型如图 6-11 所示。

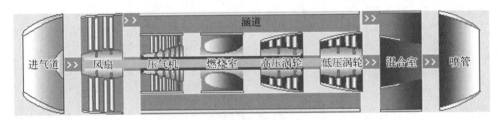

图 6-11　混排涡扇发动机仿真模型

设计点的参数如表 6-13 所示。

表 6-13　某型涡扇发动机在设计点的各部件参数

设 计 点 参 数	数　　值
空气流量/kg	90
风扇增压比	2.3
风扇效率	0.86
风扇相对物理转速/%	100
涵道比	0.8
高压压气机增压比	9
高压压气机效率	0.85
高压压气机物理转速/%	100
涡轮前温度/K	1 450
高压涡轮效率	0.9
低压涡轮效率	0.9

三轴承偏转喷管与发动机整机匹配研究的关键在于通过喷管的流量与通过发

动机的流量相匹配(刘帅,2016)。因此三轴承偏转喷管与发动机整机建模的过程即是将三轴承偏转喷管近似模型中的流量系数 C_D 代入到发动机性能计算中的流量平衡方程中,从而实现两者的匹配。

除流量匹配外,发动机推力的计算需考虑喷管推力系数的影响。因此将三轴承偏转喷管近似模型中的推力系数 C_{Fg} 代入到发动机的推力计算中,从而获得三轴承偏转喷管与发动机整机匹配的推力性能及耗油率特性。

图 6-12 给出了设计状态下装配三轴承偏转喷管的航空发动机的节流特性,设计点在 $H=0$ km、$Ma=0$,三轴承喷管为 90° 状态,并与装配普通喷管的航空发动机特性进行了对比。由于三轴承偏转喷管与发动机的匹配主要是流量(流量系数)的匹配,所以装配三轴承偏转喷管的航空发动机的节流特性与装配常规喷管的航空发动机特性相似。

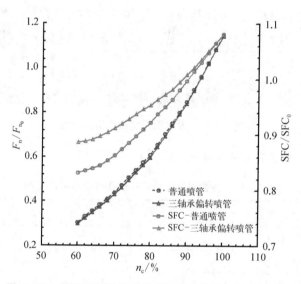

图 6-12　装配三轴承偏转喷管的航空发动机的节流特性

随着发动机的转速从设计转速下降时,发动机的推力及耗油率急剧下降,耗油率降低速率逐渐变缓。节流时,低压转速和高压转速均减小,共同工作点沿共同工作线向下移,因此流过风扇和压气机的空气质量流量均减小,同时,低压转速和高压转速的减小使得风扇压比和压气机压比均降低,所以发动机循环热效率降低。另一方面,涡轮前温度的减小使得加热比减小,增压比与加热比的减小都使得单位推力下降。因此发动机的推力随着发动机的转速从设计转速下降时急剧下降。随着发动机的转速从设计转速下降时,涡轮前温度、风扇压比以及压气机压比的下降使得喷管排气速度变小,所以动能损失显著减小,因此,耗油迅速下降,而进一步的节流使得热效率降低的影响增加,因而引起耗油率减速变缓。

从三轴承偏转喷管与普通喷管的对比可以看出,在相同飞行马赫数、相同飞行高度以及相同转速下,装配三轴承偏转喷管的航空发动机的推力均小于装配普通喷管的航空发动机,耗油率均大于装配普通喷管的航空发动机。

图 6-13~图 6-16 给出了 $H=0$ km, $Ma=0$ 条件下,三轴承偏转喷管几何参数的变化对发动机关键截面参数及整机性能参数的影响。

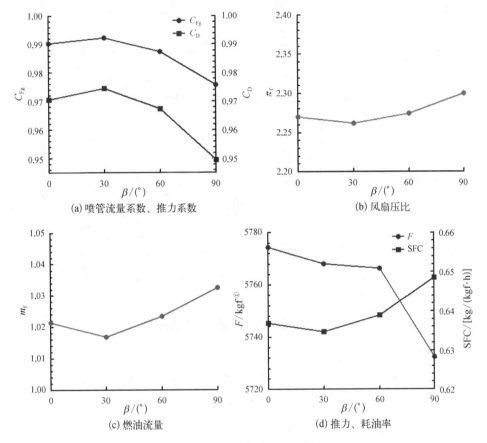

图 6-13　β 对发动机关键截面参数及整机性能参数的影响

由图 6-14 可以看出,随着喷管偏转角 β 增大,推力系数、流量系数的变化趋势相同,先稍有上升,后迅速下降。流量系数的变化使得风扇压比、燃油流量,以及发动机推力均先减小后增大。随着 β 的增加,耗油率的变化表现为持续减小。

由图 6-14 可以看出,L_1 的变化对推力系数、流量系数的影响不大,随着 L_1 的增加,推力先减小后增大,耗油率的变化与推力呈现相反趋势,先增大后减小。

由图 6-15 可以看出,随着 L_2 的增加,推力系数与流量系数同步增加,推力逐

① 　1 kgf = 9.806 65 N。

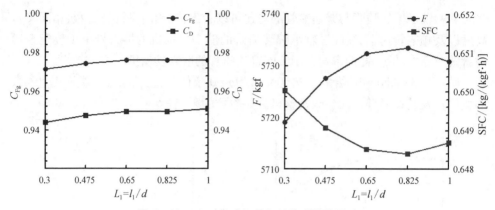

图 6-14　L_1 对发动机整机性能参数的影响

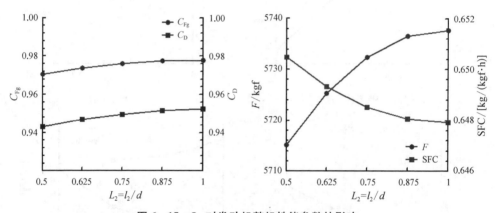

图 6-15　L_2 对发动机整机性能参数的影响

渐减少而耗油率持续增加。

由图 6-16 可以看出,L_3 的变化对推力系数、流量系数的影响不大,随着 L_3 的增加,推力系数与流量系数均略有下降,推力线性上升,耗油率以相同趋势下降。

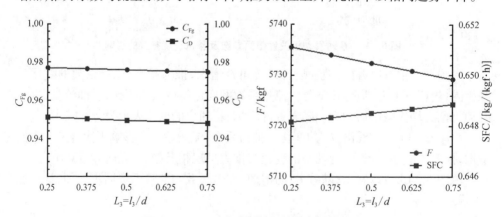

图 6-16　L_3 对发动机整机性能参数的影响

6.6　单膨胀斜面喷管与 TBCC 发动机耦合计算

6.6.1　单膨胀斜面喷管高精度代理模型建立及评估

为研究单膨胀斜面喷管的气动特性随关键几何参数和来流参数的变化规律，获得喷管的性能特性，使用特征线法建立了带二次流喷射的单膨胀斜面喷管的二维模型（郝东兴等，2009；刘爱华，2007；王占学等，2007），如图 6-17 所示。喷管的内膨胀比 $A_l/A_T = 1.78$，外膨胀比 $A_e/A_T = 6.39$，外膨胀面长度 L_r 与喉部高度 H_T 的比值 $L_r/H_T = 36.08$，下斜板长度 L_c 与喉部高度 H_T 的比值为 $L_c/H_T = 1.93$，其中 A_T 为喉部面积。二次流入口的开口位置在下斜板上，距离出口面的距离为 L，$L/L_c = 1/8$（刘爱华等，2007）。

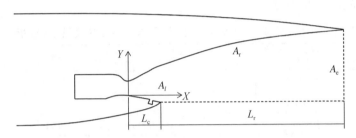

图 6-17　带二次流喷射的单膨胀斜面喷管二维模型

对于本节研究的带二次流的单膨胀斜面喷管，采用流量系数 C_D 和推力系数 C_{Fg} 评价喷管在不同工况下的气动性能，因此在近似建模过程中，使用流量系数和推力系数作为响应量（周莉等，2015）。影响带二次流的单膨胀斜面喷管气动性能的参数主要有 5 个，如表 6-14 所示。

表 6-14　影响参数表

研　究　参　数	符　　号
主流落压比	NPR
主流总温	T^*
二次流总压与主流总压之比	π
二次流喷射角度	β
二次流喷射面积与喉部面积之比	ω

表 6-15 给出了各影响参数的取值范围。

由于在给定的 NPR 范围内，单膨胀斜面喷管处于过膨胀状态，气流在喉道处始终处于声速状态，因此喷管的流量系数 C_D 基本保持不变。故不再对流量系数的试验设计结果进行分析。下面分析推力系数 C_{Fg} 的试验设计结果。

表 6-15　各影响参数取值范围

变　量	范　围
NPR	8~20
T^*/K	600~1 200
π	0.7~1.3
$\beta/(°)$	60~120
ω	0.06~0.1

　　将数值计算的推力系数 C_{Fg} 结果,通过 Design-Expert 软件进行 Quadratic 分析,得出二次回归方程。该方程包括常数项、一次项、交互项和平方项。采用逐步回归法对各个影响参数做显著性分析,略去影响作用不大的项后,各影响变量的显著性分析如表 6-16 所示。

表 6-16　略去影响作用不大项后,推力系数C_{Fg}的近似模型方差分析结果

来　源	平方和	df	均方差	F 值	P 值概率>F
模型	0.013 166	7	0.001 881	70.400 09	< 0.000 1
A - NPR	0.010 232	1	0.010 232	382.959	< 0.000 1
B - π	0.000 181	1	0.000 181	6.761 719	0.013 2
C - T^*	0.000 177	1	0.000 177	6.619 055	0.014 1
D - β	0.001 635	1	0.001 635	61.207 57	< 0.000 1
BD	0.000 235	1	0.000 235	8.810 181	0.005 2
A^2	0.000 661	1	0.000 661	24.748 83	< 0.000 1
D^2	0.000 11	1	0.000 11	4.133 704	0.049 1
残差	0.001 015	38	$2.67×10^{-5}$	—	—
失拟	0.001 015	33	$3.08×10^{-5}$	—	—
纯误差	0	5	0	—	—
总和	0.014 182	45	—	—	—

　　经过模型的修正后,该模型的信噪比达到了 32.843,说明模型的响应更加明显了。对模型进行 R^2 检验,推力系数 C_{Fg} 的 $R^2 = 0.928\ 4 > 0.8$,表明精度满足要求,该模型可用。因此得到响应变量推力系数 C_{Fg} 与自变量之间的关系为

$$C_{\mathrm{Fg}} = 0.834\ 71 - 2.047\ 59 \times 10^{-3} \times \mathrm{NPR} + 0.065\ 511 \times \pi - 1.108\ 19$$
$$\times 10^{-5} \times T^* - 1.427\ 5 \times 10^{-4} \times \beta - 8.523\ 5 \times 10^{-4} \times \pi \times \beta$$
$$+ 2.236\ 52 \times 10^{-4} \times \mathrm{NPR}^2 + 3.656\ 16 \times 10^{-6} \times \beta^2$$

$$(6-56)$$

6.6.2　TBCC 发动机整机环境下单膨胀斜面喷管气动性能计算与分析

本节以 TBCC 发动机(图 6 - 18)为基础建立发动机仿真模型,设计点参数如表 6 - 17 所示。

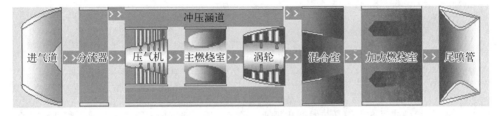

图 6 - 18　TBCC 发动机

表 6 - 17　TBCC 发动机设计点参数

设计点参数	数　值
空气流量/kg	285
风扇增压比	2.08
风扇效率	0.86
风扇物理转速/%	91.5
涵道比	2.33
高压压气机增压比	9.35
高压压气机效率	0.85
高压压气机物理转速/%	97.5
涡轮前温度/K	1 450
高压涡轮效率	0.89
低压涡轮效率	0.91

图 6 - 19、图 6 - 20 分别给出了装配单膨胀斜面喷管的 TBCC 发动机在涡轮模式和冲压模式下推力随飞行马赫数变化的规律。当发动机在涡轮模式下工作时,发动机推力随着马赫数的增大先减小,在马赫数大于 1.5 后推力随马赫数增大而增大,当马赫数大于 2.3 后,推力随马赫数增大而快速减小。这是因为当马赫数与飞行高度较小时,随着马赫数增大,发动机进口总温增大,压气机换算转速减小,压气机压比下降。发动机的流量是随着马赫数的增大而增大的,当流量的增大量超过单位推力的减小量时,发动机的推力逐渐增大。而随着飞行高度增大,发动机周围大气压力和密度均下降,故当高度较高即马赫数超过 2.3 时,空气流量的减小占主导作用,使得发动机推力减小。当发动机在冲压模式下工作时,推力随马赫数的增大而持续增大。

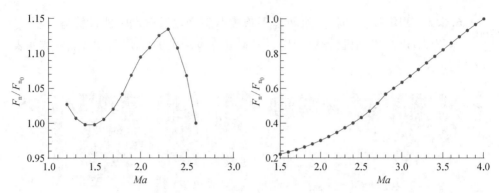

图 6-19　涡轮模式下推力随马赫数变化规律　　**图 6-20　冲压模式下推力随马赫数变化规律**

　　下面研究单膨胀斜面喷管二次流喷流角度及引气量变化对 TBCC 发动机整机性能的影响,主要研究内容为喷流角度和引气量在涡轮模式和冲压模式下,对发动机推力、耗油率、压气机压比和尾喷管推力系数的影响。

　　图 6-21、图 6-22 给出了在涡轮模式和冲压模式下,喷流角度对 TBCC 发动

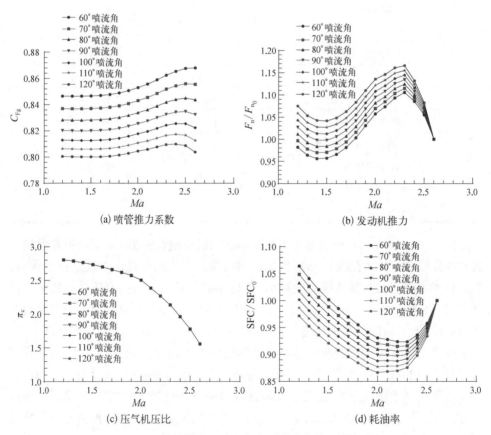

(a) 喷管推力系数　　　　　　　　　　　　(b) 发动机推力

(c) 压气机压比　　　　　　　　　　　　　(d) 耗油率

图 6-21　涡轮模式下喷流角度对发动机整机性能影响

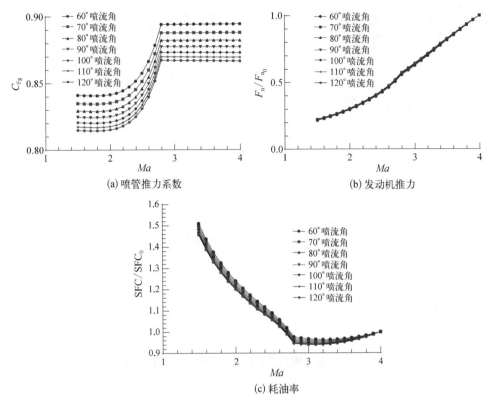

(a) 喷管推力系数　　　　　(b) 发动机推力

(c) 耗油率

图 6-22　冲压模式下喷流角度对发动机整机性能影响

机整机性能的影响。当发动机工作在涡轮模式下时,尾喷管推力系数随着马赫数的增大先增大后略有减小,喷流角度的增大使得喷管推力系数不断减小;发动机推力随着马赫数的增大呈现出与图 6-19 相同的趋势,喷流角度的增大使得推力也逐渐增大;压气机压比随着马赫数的增大不断减小,由于二次流喷射位置在单膨胀斜面喷管下膨胀斜面处,位于喷管喉道下游,因此对压气机压比不产生影响;发动机耗油率随着马赫数的增大先减小后增大,喷流角度的增大使得发动机耗油率不断减小。

　　当发动机工作在冲压模式下时,喷管推力系数随马赫数的增大先增大后基本保持不变,喷流角度的增大使得推力系数不断减小;发动机推力随着马赫数的增大不断增大,喷流角度对推力几乎没有影响;发动机耗油率随着马赫数的增大先减小后略有增大,喷射角度对耗油率几乎没有影响。

　　图 6-23、图 6-24 给出了在涡轮模式和冲压模式下,引气量对 TBCC 发动机整体性能的影响。当发动机工作在涡轮模式下时,喷管推力系数、发动机推力、压气机压比和发动机耗油率随马赫数的变化趋势与图 6-21 的分析相同,随着二次流引气量的增大,尾喷管推力系数逐渐增大,发动机推力逐渐减小,压气机压比逐

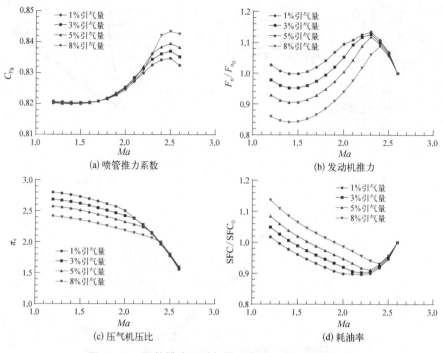

图 6 - 23 涡轮模式下引气量对发动机整机性能影响

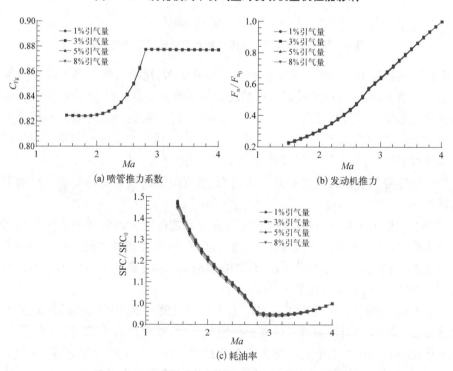

图 6 - 24 冲压模式下引气量对发动机整机性能影响

渐减小,耗油率逐渐增大。

　　当发动机工作在冲压模式下时,喷管推力系数、发动机推力和发动机耗油率的变化趋势与图 6 - 22 的分析相同,二次流引气量对尾喷管推力系数、发动机推力和耗油率几乎没有影响。

参考文献

艾俊强,周莉,杨青真,2017. S 弯隐身喷管[M].北京:国防工业出版社.

查理,2002."脱胎换骨"的"神秘夜鹰"——称雄海湾战场的 F-117[J].国防科技 (9):6-12.

崔响,徐志晖,2018.航空发动机尾喷管及其发展趋势[J].山东工业技术(3): 234.

甘杰,张杰,2016.隐身目标探测技术现状与发展研究[J].现代雷达,38(8): 13-16.

高翔,施永强,杨青真,等,2015.介质涂覆位置对双 S 弯排气系统电磁散射特性影响研究[J].物理学报,64(2):1-10.

高彦玺,金长江,肖业伦,1995.推力矢量控制与推力矢量喷管[J].飞行力学,13 (2):1-5,12.

郭勤涛,张令弥,费庆国,2006.用于确定性计算仿真的响应面法及其试验设计研究 [J].航空学报,27(1):55-61.

韩建友,2004.高等机构学[M].北京:机械工业出版社.

郝东兴,王占学,2009.下斜板可调的单膨胀斜面喷管型面设计和流场模拟[J].机械设计与制造(12):8-10.

何为,薛卫东,唐斌,2012.优化试验设计方法及数据分析[M].北京:化学工业出版社.

何晓群,2010.应用多元统计分析[M].北京:中国统计出版社.

黄全军,刘志成,2013.飞机后向红外隐身技术应用探讨[J].飞机设计,33(1): 10-14.

蒋旭旭,2006.激波诱导边界层分离的研究[D].哈尔滨:哈尔滨工程大学.

乐贵高,马大为,马艳琴,等,2003.不对称喷管欠膨胀超音速射流的数值模拟[J].流体力学实验与测量,17(4):17-21.

李岳锋,杨青真,环夏,等,2014.出口宽高比对 S 形二元收敛喷管雷达散射截面的影响[J].航空动力学报,29(3):645-651.

廉筱纯,2005.航空发动机原理[M].西安:西北工业大学出版社.

林春土,1985.关于 m 个相关回归方程系统回归系数的两步估计[J].应用数学学报,8(3):277-283.

刘爱华,2007.单膨胀斜面喷管型面设计及其流动控制研究[D].西安:西北工业大学.

刘爱华,王占学,2007.二次流喷射对喷管流场性能的影响[J].推进技术,28(2):144-147.

刘常春,吉洪湖,黄伟,等,2013.一种双 S 弯二元喷管的红外辐射特性数值研究[J].航空动力学报,28(7):1482-1488.

刘大响,2002.航空发动机设计手册:进排气装置(第 7 册)[M].北京:航空工业出版社.

刘巧伶,2010.理论力学[M].北京:科学出版社.

刘帅,2016.短垂起降飞机用推进系统性能模拟及三轴承偏转喷管设计技术研究[D].西安:西北工业大学.

刘帅,王占学,周莉,等,2015.三轴承旋转喷管矢量偏转规律及流场特性研究[J].推进技术,36(5):656-663.

刘晓路,陈英武,荆显荣,等,2011.优化拉丁方试验设计方法及其应用[J].国防科技大学学报,5:73-77.

刘新亮,郭波,2009.适用于复杂系统仿真试验的试验设计方法[J].国防科技大学学报,6:95-99.

刘友宏,陈中原,2015.非对称波瓣上外扩张角对 S 弯二元喷管性能影响[J].推进技术,36(11):1616-1623.

刘增文,李瑞宇,刘帅,等,2014.三轴承旋转喷管型面设计与运动规律研究[J].机械设计与制造(7):65-67.

流火,2004.高超声速飞行器的发展现状[J].现代军事(12):20-23.

米栋,尹泽勇,钱正明,等,2012.基于试验设计及支持向量机的向心叶轮结构优化设计方法[J].航空动力学报,10:2336-2341.

桑建华,2013.飞行器隐身技术[M].北京:航空工业出版社.

桑建华,张宗斌,2013.红外隐身技术发展趋势[J].红外与激光工程,42(1):14-19.

桑学仪,吉洪湖,王丁,2019.长径比和偏径比对双 S 形二元喷管性能的影响[J].红外技术,41(5):443-449.

宋新波,吕雪艳,章建军,2012.飞机红外隐身技术研究[J].激光与红外,42(1):3-7.

孙啸林,2018.低可探测 S 弯喷管设计及性能评估方法研究[D].西安:西北工业大学.

索德军,梁春华,张世福,等,2014. S/VTOL 战斗机及其推进系统的技术研究[J]. 航空发动机,40(4): 7-13.

谈和平,2006. 红外辐射特性与传输的数值计算[D]. 哈尔滨: 哈尔滨工业大学.

王丁,吉洪湖,刘常春,等,2017. 截面变化类型对双 S 形二元排气系统性能的影响[J]. 推进技术,38(1): 47-53.

王新月,2006. 气体动力学基础[M]. 西安: 西北工业大学出版社.

王永菲,王成国,2005. 响应面法的理论与应用[J]. 中央民族大学学报,14(3): 236-240.

王月梅,1988. 计算刚体绕几个轴转动的一组公式[J]. 太原机械学院学报,2: 99-106.

王占学,刘爱华,蔡元虎,2007. 高超声速推进系统用单膨胀斜面喷管型面设计和流场模拟[J]. 燃气涡轮试验与研究(1): 8-12.

王占学,刘帅,周莉,2014. S/VTOL 战斗机用推力矢量喷管技术的发展及关键技术分析[J]. 航空发动机,40(4): 1-6.

温羡峤,2001. 浅谈"B-2"隐身战略轰炸机[J]. 现代防御技术,29(4): 1-4.

邢银玲,董志兴,2014. "神经元",欧洲无人机崛起[N]. 中国国防报,2014-07-01 (13)[2020-03-20].

徐顶国,桑建华,罗明东,2012. 红外隐身技术在无人机上的应用研究[J]. 红外与激光工程,41(12): 3154-3159.

杨世学,1985. 柔性喷管全轴摆动动态特性分析与计算[J]. 宇航学报,1: 59-77.

杨世学,1989. 柔性喷管力矩特性的识别[J]. 宇航学报,4: 16-22.

杨思孝,1993. 珠承全轴摆动喷管的设计和分析[J]. 固体火箭技术,3: 23-30.

尤军锋,张永敬,常新龙,2001. 球窝喷管接触应力及摆动力矩计算[J]. 固体火箭技术,4: 20-24.

张科施,2005. 飞机设计的多学科优化方法研究[D]. 西安: 西北工业大学.

张留欢,徐惊雷,莫建伟,等,2012. 二元非对称喷管可调方案试验研究[J]. 航空学报.34(3): 772-778.

张少丽,单勇,张勇,等,2012. 膨胀边开槽对单边膨胀喷管性能影响的数值研究[J]. 推进技术.33(3): 436-442.

张维仁,艾俊强,崔力,2014. 飞行器排气系统红外隐身技术探析[J]. 航空科学技术,12: 5-9.

周莉,王占学,肖华,等,2015. 带无源腔结构的单膨胀斜面喷管性能分析[J]. 工程热物理学报,36(7): 1456-1460.

周孝明,2017. 低可探测双 S 弯喷管气动和红外辐射特性研究[D]. 南京: 南京航空航天大学.

左克罗,霍夫曼,1984. 气体动力学[M]. 北京:国防工业出版社.

ALAA E K S, ABDOL H, CRAIG A H, 2005. Numerical investigation of flow in an over-expanded nozzle with porous surfaces[R]. AIAA − 2005 − 4159.

ANDERSON S B, 1983. An overview of V/STOL aircraft development[R]. AIAA − 83 − 2491.

BARANWAL N, MAHULIKAR S P, 2016. Infrared signature of aircraft engine with choked converging nozzle[J]. Journal of Thermophysics and Heat Transfer, 30(4): 854 − 862.

BARATA J M M, 1993. Fountain flows produced by multi-jet impingement on a ground plane[J]. Journal of Aircraft, 30(1): 50 − 56.

BARTOLOTTA P A, MCNELIS N B, 2003. High speed turbines: development of a turbine accelerator (RTA) for space access[R]. AIAA − 2003 − 6943.

BEVILAQUA P M, 1990. Joint strike fighter dual-cycle propulsion system[J]. Journal of Aircraft, 27(7): 1990: 577 − 582.

BEVILAQUA P M, 2003. Future applications of the JSF variable propulsion cycle[R]. AIAA − 2003 − 2614.

BEVILAQUA P M, 2009a. Genesis of the F − 35 Joint strike fighter[J]. Journal of Aircraft, 46(6): 1825 − 1836.

BEVILAQUA P M, 2009b. Inventing the F − 35 joint strike fighter[R]. AIAA − 2009 − 1650.

BRADFORD J E, 2002. Rapid prediction of afterbody nozzle performance in SCCREAM [R]. AIAA − 2002 − 3605.

BRUNET E, DARIS T, PAGE A, et al. , 2009. Elbow-shaped propulsion gas exhaust assembly in an aircraft[P]. US7581400B2.

CABRITA P M, SADDINGTON A J, KNOWLES K, 2002. Unsteady features of twin-jet STOVL ground effects[R]. AIAA − 2002 − 6014.

CAPONE F J, RE R J, BARE E A, 1992. Parametric investigation of single-expansion-ramp nozzles at Mach numbers from 0. 60 to 1. 20[R]. NASA TP − 3240.

CHENG W, WANG Z X, ZHOU L, et al. , 2017. Influences of shield ratio on the infrared signature of serpentine nozzle[J]. Aerospace Science and Technology, 71: 299 − 311.

CHENG W, WANG Z X, ZHOU L, et al. , 2019. Investigation of infrared signature of serpentine nozzle for turbofan[J]. Journal of Thermophysics and Heat Transfer, 33(1): 170 − 178.

CHRISTOPHER A S, JAIME J M, 1991. The design and performance estimates for the propulsion module for the booster of a TSTO vehicle[R]. AIAA - 1991 - 3136.

COATES TD, PAGE G J, 2012. CFD based study of unconventional aeroengine exhaust systems[R]. AIAA - 2012 - 2775.

CROWE D S, MARTIN C L, 2019. Hot streak characterization of high-performance double-serpentine exhaust nozzles at design conditions[J]. Journal of Propulsion and Power, 35(11): 1 - 11.

CROWE D S, MARTIN J C L, 2015. Effect of geometry on exit temperature from serpentine exhaust nozzles[R]. AIAA - 2015 - 1670.

DEERE K A, ASBURY S C, 1996. An Experimental and computational investigation of a translating throat single expansion ramp nozzle[R]. AIAA - 96 - 2540.

DUSA D J, 1987. High Mach propulsion system installation and exhaust system design considerations[R]. AIAA - 1987 - 2941.

ERIC G, DAN H, 2004. Improving off-design nozzle performance using fluidic injection [R]. AIAA - 2004 - 1206.

FARAH J I. 2007, Torque load transfer attachment hardware[P]. US: 2007/0158527.

FREDERIC C S, CROSSLEY W A, 2000. Investigating response surface approaches for drag optimization of a subsonic turbofan nacelle[R]. AIAA - 2000 - 4797.

FROST T P, BISHOP R A, 1965. Vectored thrust engines for single and multi-engined aircraft[J]. Journal of Aircraft, 2(1): 13 - 19.

GRARNLAND T, BERENS T, 1995. Nozzle/Afterbody Integration for hypersonic vehicles by means of secondary air injection[R]. AIAA - 1995 - 6050.

GRIDLEY M C, WALKER S H, 1996. Inlet and nozzle technology for 21st century fighter aircraft[R]. ASME - 1996 - GT - 244.

HOOKER S, 1981. History of the Pegasus vectored thrust engine[J]. Journal of Aircraft, 18(5): 322 - 326.

JOHANSSON M, 2006. FOT25 2003 - 2005 Propulsion integration — final report[R]. FOI - R - 2017 - SE.

JURGEN G, ALFRED E B, 1998. Passive control for the off-design performance of a single expansion-ramp nozzle[R]. AIAA - 1998 - 1602.

KENTFIELD J A C, 1967. Nozzles for jet-lift V/STOL aircraft[J]. Journal of Aircraft, 4(4): 283 - 291.

KNIGHT D, YAN H, PANARAS A G, et al. , 2003. Advances in CFD prediction shockwave turbulent boundary interaction[J]. Progress in Aerospace Sciences, 39 (2 - 3): 121 - 184.

LAUGHREY J A, DRAPE D J, HILEY P E, 1979. Performance evaluation of an air vehicle utilizing non-axisymmetric nozzles[R]. AIAA - 1979 - 1811.

LEE C C, LOUIS M S, BOEDICKER C, 1985. Subsonic diffuser design and performance for advanced fighter aircraft[R]. AIAA - 85 - 3073.

LEWIS W D, 2000. Fundamentals of V/STOL design with joint strike fighter applications: an international cooperative effort[R]. AIAA - 2000 - 0805.

LOCKWOOD F C, SHAH N G, 1981. A new radiation solution method for incorporation in general combustion prediction procedures [J]. Symposium (International) on Combustion, 18(1): 1405 - 1414.

MACLEAN M K, 1993. Static internal performance tests of single expansion ramp nozzle concepts designed with considerations[R]. AIAA - 93 - 2429.

MAHULIKAR S P, SONAWANE H R, RAO G A, 2007. Infrared signature studies of aerospace vehicles[J]. Progress in Aerospace Sciences, 43(7): 218 - 245.

MIYAGI H, KIMURA H, KISHI K, et al., 1998. Combined cycle engine research in Japanese HYPR program[R]. AIAA - 98 - 3728.

MODEST M F, 2013. The radiative heat transfer[M]. New York: Academic Press.

PALMER K D, 1998. Data collection plans and metamodels for chemical process flowsheet simulators[M]. Atlanta: Georgia Institute of Technology.

PERRY J D, 2011. Navy unmanned air systems[R]. AIAA - 2011 - 6948.

POMRANING G C, 1973. The equations of radiation hydrodynamic[M]. New York: Pergamon Press.

RANSONE R, 2002. An overview of VSTOL aircraft and their contributions [R]. AIAA - 2002 - 5979.

RAO G A, MAHULIKAR S P, 2002. Integrated review of stealth technology and its role in airpower[J]. Aeronautical Journal New Series, 106(1066): 629 - 642.

RAO G A, MAHULIKAR S P, 2005. Aircraft powerplant and plume infrared signature modelling and analysis[C]. Reno: 43rd AIAA Aerospace Science Meeting and Exhibit.

Russian Federation, 2010. Saturn RD - 41 [EB/OL]. http://janes.ihs.com/CustomPages/Janes/DisplayPage.aspx? DocType = FileName&Itemld = JAE _ 1029&Pubabbrev = JAE_[2019 - 06 - 15].

Russian Federation, 2014. AMNTK Soyuz R79 and R179[EB/OL]. http://janes.ihs.com/CustomPages/Janes/DisplayPage.aspx? DocType = FileName&Itemld = JAE_0689&Pubabbrev = JAE_[2019 - 06 - 17].

SADDINGTON A J, KNOWLES K, CABRITA P M, 2009. Flow measurements in a short takeoff, vertical landing fountain: splayed jets [J]. Journal of Aircraft, 46(3): 874 - 882.

SEHONLAU M, 1997. Computer experiments and global optimization[D]. Waterloo: The University of Waterloo.

SIEGEL R, HOWELL J R, 2002. Thermal radiation heat transfer[M]. New York: Taylor & Francis.

SIMMONS R J, 2009. Design and control of a variable geometry turbofan with an independently modulated third stream[D]. Columbus: The Ohio State University.

SIMPSON T W, ALLEN J K, MISTREE F, 1998. Spatial correlation metamodels for global approximation in structural design optimization[C]. Atlanta: Proceedings of ASME 1998 Design Engineering Technical Conferences.

SMITH M S, CHAWLA K, VANDALSEM W R, 1991. Numerical simulation of a complete STOVL aircraft in ground effect[R]. AIAA - 91 - 3293.

STEELANT J, 2008. Achievements obtained for sustained hypersonic flight within the LAPCAT Project[R]. AIAA - 2008 - 2578.

SUN X L, WANG Z X, ZHOU L, et al. , 2016. Influences of design parameters on a double serpentine convergent nozzle [J]. ASME Journal of Engineering for Gas Turbines and Power, 138(7): 072301.

SUN X L, WANG Z X, ZHOU L, et al. , 2018. Flow characteristics of double serpentine convergent nozzle with different inlet configuration[J]. ASME Journal of Engineering for Gas Turbines and Power, 140(8): 1 - 12.

WATANABE Y, MIYAGI H, SEKIDO H, et al. , 1993. Conceptual design study on Combined-Cycle engine for hypersonic transport[R]. ISABE 93 - 7018.

WOODWARD C S, 1987. Vectorable exhaust nozzle for a gas turbine engine [P]. England: 4679732.

YUNGSTER S, TREFNY C J, 1994. Computational study of single-expansion-ramp nozzles with external burning[R]. AIAA - 1994 - 0024.